普通高等教育"十五"国家级规划教材

高等学校给水排水工程专业指导委员会规划推荐教材

给水排水管网系统

严煦世　刘遂庆　主编

龙腾锐　主审

U0361274

中国建筑工业出版社

图书在版编目（CIP）数据

给水排水管网系统/严煦世，刘遂庆主编．—北京：中国建
筑工业出版社，2002

普通高等教育"十五"国家级规划教材

高等学校给水排水工程专业指导委员会规划推荐教材

ISBN 978-7-112-04827-4

Ⅰ．给… Ⅱ．①严…②刘… Ⅲ．给排水系统－管网－高
等学校－教材 Ⅳ．TU82

中国版本图书馆 CIP 数据核字（2002）第 041311 号

　　本书是根据全国高校给水排水工程学科专业指导委员会的本科生教材改革方案和规划编写的，是国内第一次将给水和排水管道系统合并成一本书编写的全国统编教材。编者针对现代科学技术发展和 21 世纪教材改革的要求，力求全面和系统地阐述给水排水管网系统的基础理论、工程规划与设计、管网系统的管理和运行的知识和技能，包括管道水力学、管网图论基础、给水和排水管道系统规划与设计方法、管网管理和运行、管网信息化技术和应用等内容。使学生掌握给水排水管网系统的全面知识和解决工程问题的能力。本书作为给水排水专业本科生的专业教材，教学时数可安排 64 学时，并建议另外增加 18 至 36 学时的课程设计实践。

普通高等教育"十五"国家级规划教材

高等学校给水排水工程专业指导委员会规划推荐教材

给水排水管网系统

严煦世　刘遂庆　主编

龙腾锐　主审

*

中国建筑工业出版社出版、发行（北京西郊百万庄）

各地新华书店、建筑书店经销

北京云浩印刷有限责任公司印刷

*

开本：787×960 毫米　1/16　印张：19¼　字数：388 千字

2002 年 7 月第一版　2008 年 6 月第十一次印刷

印数：29501—31500 册　定价：**30.40** 元

ISBN 978-7-112-04827-4

（10305）

前　　言

　　水是人类生活、工农业生产和社会经济发展的重要资源，科学用水和排水是人类社会发展史上最重要的社会活动和生产活动内容之一。特别是在近代历史中，随着人类居住和生产的城市化进程，给水排水工程已经发展成为城市建设和工业生产的重要基础设施，成为人类生命健康安全和工农业科技与生产发展的基础保障，同时，也发展成为高等专业教育和人才培养的重要专业领域。

　　给水排水工程分为给水工程和排水工程两个组成部分。给水工程的任务是向城镇居民、工矿企业、机关、学校、公共服务部门及各类保障城市发展和安全的用水个人和单位供应充足的水量和安全的水质，包括居民家庭生活和卫生用水、工矿企业生产和生活用水、冷却用水、机关和学校生活用水、城市道路喷洒用水、绿化浇灌用水、消防以及水体环境景观用水等等。给水工程必须满足各类用户或单位部门对水量、水质和水压的需求。水在经过使用以后，受到了不同程度和不同物质的污染，必须及时进行收集，输送到污水处理厂进行处理，符合规定的废水排放水质标准，才能排放到指定的接纳水体或排放地点，达到控制和防止污染的目的，形成良好的水体环境保护和自然循环，保持水资源和水环境的优良状态，使资源、环境与人类社会协调发展。排水工程的任务是完成废水收集、输送、处理和排放。给水排水工程是城镇和工矿企业建设的重要组成部分，建设投资巨大。据国内外统计资料表明，城市人均综合需水量（包括生活、工业企业、城市公共用水）为 $0.5 \sim 0.6 \mathrm{m^3/(cap \cdot d)}$ 左右，在我国当前价格水平条件下，给水排水工程建设的单位水量综合投资费用（包括取水、给水和废水处理、给水排水管网系统等直接建设投资费用）约为 6000 元/$\mathrm{m^3}$ 左右，其中，给水工程和排水工程约各占 50% 左右。因此，城镇给水排水工程建设人均投资额为 3000~4000 元左右。同时，给水排水工程设施的运行、维护和管理费用也很高，建设和运行给水排水系统需要相当昂贵的代价。

　　给水排水工程专业技术工作者必须掌握全面的理论基础和专业理论基础知识，掌握和运用本专业工程设计与管理的系统工程理论和技能，用现代科学手段做好工程设计和运行管理，发展本专业的理论基础研究和新技术应用，既保证给水排水系统的安全与可靠运行，保证用户的用水需求，又能最大限度地降低建设投资和运行成本。这是本专业人才培养的主要任务。

　　给水排水工程专业课程内容包括水资源规划与保护、取水工程、水处理工程和管网系统工程，使学生学习全面的专业知识和技能，成为给水排水工程领域的专业科学技术人才。

　　本教材针对给水排水管网系统，讲授给水的输送和分配以及废水的收集和输送管道系统网络的理论、工程设计与管网的管理、维护和运行调度的基础理论和工程技术。

　　给水排水管网系统的建设投资占给水排水工程建设总投资的70%左右，受到给水排水工程建设、管理和运营部门的高度重视。管网系统的科学研究和高新技术开发与应用，是长期以来备受关注和重视的领域，特别是给水排水管网系统的最优化设计理论和方法得到了很好的发展。给水排水管网系统是贯穿给水排水工程整体工艺流程和连接所有工程环节和对象的通道和纽带，在系统的功能顺序上，给水管网在前段，排水管网在后段，而在工程的地理关系上，两者却始终是平行建设的。在建设过程中，必须作为一个整体系统工程考虑。全国高校给水排水工程学科专业指导委员会决定将给水管网和排水管网系统作为一个统一的专业教材内容体系，成为一门专业课程，将有利于加强给水排水管网系统的整体性和科学性。

　　按照全国高校给水排水工程学科专业指导委员会的指导精神，本教材注重内容的系统性，使学生学习和掌握给水排水管网的基础理论和应用能力，包括管网的规划与布置、用水量和排水量的计算与预测、管网的水力计算和最优化设计理论与方法，以及给水排水管网的运行管理和维护，力求采用国内外最新的管网理论和科技成果，并根据编者的教学经验和研究成果，对给水管网设计的水力计算和最优化理论与计算方法等内容做了较大的变动和改进。在本书的内容编排上，则根据给水管网与排水管网的统一性和差异性，力求使读者学习和掌握它们具有统一性的基础知识，又根据其差异性分别阐述给水管网和排水管网的特别要求和计算方法。本书力求结合工程实际，介绍和讲述给水排水管网系统中的最新理论和应用成果，使读者认识和掌握本领域中的最新技术及发展方向。

　　本书是国内第一次在给水排水专业本科专业教材中将给水管网和排水管网合编成一本书的，这是一个新的教材体系，需要用新的教学方法和手段。为了使给水排水管网系统成为一个整体，本书在内容安排上，采用了有分有合的方法，将水力学、管网模型理论、管道材料与附件、管网维护与管理等内容进行了统一；而对于管网设计与水力计算、管网优化设计等内容，由于给水管网和排水管网的设计规范和工程差异，则分别设章节论述。

　　本书共12章，分为基本教学内容和选讲教学内容。基本教学内容按照本课程教学大纲的基本要求编写，为教学中的必教内容。本书第8章（给水管网优化调度与水质控制）为选讲内容，是为了使学生了解给水排水管网系统的新技术需求和研究发展方向，各学校可根据各自的具体情况和教学要求选择讲授，也可供学生自学和研究生学习参考。

　　本书由严煦世教授、刘遂庆教授和方永忠教授合作编写，严煦世教授和刘遂庆教授主编。其中，第1、2章由刘遂庆和严煦世合写，第3、4章由严煦世和方永忠合写，第5、6、7、8章由方永忠和刘遂庆合写，第9、10章由刘遂庆和方永忠合写，第11、12章由严煦世和方永忠合写。在编写过程中，王荣合教授和吴一蘩副教授参加了前期准备和讨论工作。全书由龙腾锐教授主审。

　　本书参考了大量书目和文献，其中的主要参考书目附于书后。本书从主要参考书目中录用了很多十分经典的素材和文字材料，本书编者对这些著作的作者表示诚挚的感谢。

　　由于给水排水管网系统涉及的内容和知识领域广泛，加之编者水平所限，谬误在所难免，恳请本书的使用者和广大读者批评指正。

　　本书可供给水排水工程技术人员和研究生参考。

编　者

2002 年 3 月于同济大学

目　　录

第1章 给水排水管网系统概论

1.1 给水排水系统的功能与组成

给水排水系统是为人们的生活、生产和消防提供用水和排除废水的设施总称。它是人类文明进步和城市化聚集居住的产物，是现代化城市最重要的基础设施之一，是城市社会文明、经济发展和现代化水平的重要标志。给水排水系统的功能是向各种不同类别的用户供应满足需求的水质和水量，同时承担用户排出的废水的收集、输送和处理，达到消除废水中污染物质对于人体健康的危害和保护环境的目的。给水排水系统可分为给水和排水两个组成部分，亦分别被称为给水系统和排水系统。

给水的用途通常分为生活用水、工业生产用水和市政消防用水三大类。生活用水是人们在各类生活活动中直接使用的水，主要包括居民生活用水、公共设施用水和工业企业生活用水。居民生活用水是指居民家庭生活中饮用、烹饪、洗浴、冲洗等用水，是保障居民身体健康、家庭清洁卫生和生活舒适的重要条件。公共设施用水是指机关、学校、医院、宾馆、车站、公共浴场等公共建筑和场所的用水供应，其特点是用水量大，用水地点集中，该类用水的水质要求基本上与居民生活用水相同。工业企业生活用水是工业企业区域内从事生产和管理工作的人员在工作时间内的饮用、烹饪、洗浴、冲洗等生活用水，该类用水的水质与居民生活用水相同，用水量则根据工业企业的生产工艺、生产条件、工作人员数量、工作时间安排等因素而变化。工业生产用水是指工业生产过程中为满足生产工艺和产品质量要求的用水，又可以分为产品用水（水成为产品或产品的一部分）、工艺用水（水作为溶剂、载体等）和辅助用水（冷却、清洗等）等，工业企业门类多，系统庞大复杂，对水量、水质、水压的要求差异很大。市政和消防用水是指城镇或工业企业区域内的道路清洗、绿化浇灌、公共清洁卫生和消防的用水。

为了满足城市和工业企业的各类用水需求，城市供水系统需要具备充足的水资源、取水设施、水质处理设施和输水及配水管道网络系统。

上述各种用水在被用户使用以后，水质受到了不同程度的污染，成为废水。这些废水携带着不同来源的污染物质，会对人体健康、生活环境和自然生态环境带来严重危害，需要及时地收集和处理，然后才可排放到自然水体或者重复利用。为此而建设的废水收集、处理和排放工程设施，称为排水工程系统。另外，城市化地区的降水会造成地面积水，甚至造成洪涝灾害，需要建设雨水排水系统及时排除。因此，根据排水系统所接纳的废水的来源，废水可以分为生活污水、工业废水和雨水三种类型。污水主要是指居民生活用水所造成的废水和工业企业中的生活污水，其中含有大量有机污染物，受污染程度比较严重，通常称为生活污水，是废水处理的重点对象。大量的工业用水在工业生产过程中被用作冷却和洗涤的用途，受到较轻微的水质污染或水温变化，这类废水往往经过简单处理后重复使用；另一类工业废水在生产过程中受到严重污染，例如许多化工生产废水，含有很高浓度的污染物质，甚至含有大量有毒有害物质，必须给予严格的处理。降水指雨水和冰雪融化水，雨水排水系统的主要目标是排除降水，防止地面积水和洪涝灾害。在水资源缺乏的地区，降水应尽可能被收集和利用。只有建立合理、经济和可靠的排水系统，才能达到保护环境、保护水资源、促进生产和保障人们生活和生产活动安全的目的。给水排水系统的功能和组成如图1.1所示。

图1.1　给水排水系统功能关系示意图

给水排水系统应具有以下三项主要功能：

1）水量保障。向人们指定的用水地点及时可靠地提供满足用户需求的用水量，将用户排出的废水（包括生活污水和生产废水）和雨水及时可靠地收集并输送到指定地点。

2）水质保障。向指定用水地点和用户供给符合质量要求的水及按有关水质标准将废水排入受体。包括三个方面：采用合适的给水处理措施使供水（包括水的循环利用）水质达到或超过人们用水所要求的质量；通过设计和运行管理中的物理和化学等手段控制贮水和输配水过程中的水质变化；采用合适的排水处理措施使废水水质达到排放要求，保护环境不受污染。

3）水压保障。为用户的用水提供符合标准的用水压力，使用户在任何时间都

能取得充足的水量；同时，使排水系统具有足够的高程和压力，使之能够顺利排
入受纳体。在地形高差较大的地方，应充分利用地形高差所形成的重力提供供水
的压力和排水的输送能量；在地形平坦的地区，给水压力一般采用水泵加压，必
要时还需要通过阀门或减压设施降低水压，以保证用水设施安全和用水舒适。排
水一般采用重力输送，必要时用水泵提升高程，或者通过跌水消能设施降低高程，
以保证排水系统的通畅和稳定。

给水排水系统可划分为以下子系统：

1）水源取水系统。包括水资源（如江河、湖泊、水库、海洋等地表水资源，
潜水、承压水和泉水等地下水资源，复用水资源）、取水设施、提升设备和输水管
渠等。

2）给水处理系统。包括各种采用物理、化学、生物等方法的水质处理设备和
构筑物。生活饮用水一般采用反应、絮凝、沉淀、过滤和消毒处理工艺和设施，工
业用水一般有冷却、软化、淡化、除盐等工艺和设施。

3）给水管网系统。包括输水管渠、配水管网、水压调节设施（泵站、减压
阀）及水量调节设施（清水池、水塔等）等，又称为输水与配水系统，简称输配
水系统。

4）排水管网系统。包括污水和废水收集与输送管渠、水量调节池、提升泵站
及附属构筑物（如检查井、跌水井、水封井、雨水口等）等。

5）废水处理系统。包括各种采用物理、化学、生物等方法的水质净化设备和
构筑物。由于废水的水质差异大，采用的废水处理工艺各不相同。常用物理处理

图 1.2 城镇给水排水系统示意图

1-取水系统；2-给水处理系统；3-给水管网系统；4-排水管网系统；5-废水处理系统；6-排放系统

工艺有格栅、沉淀、曝气、过滤等，常用化学处理工艺有中和、氧化等，常用生物处理工艺有活性污泥处理、生物滤池、氧化沟等。

6）排放和重复利用系统。包括废水受纳体（如水体、土壤等）和最终处置设施，如排放口、稀释扩散设施、隔离设施和废水回用设施等。

一般城镇给水排水系统如图 1.2 所示。

1.2　给水排水系统工作原理

给水排水系统中的各组成部分在水量、水质和水压（能量）上有着紧密的联系，必须正确认识和理解它们之间的相互关系并有效地进行控制和运行调度管理，才能满足用户给水排水的水量、水质和水压需要，达到水资源优化利用、满足生产要求、保证产品质量、方便人们生活、保护环境、防止灾害等目标。

1.2.1　给水排水系统的流量关系

给水排水系统各子系统及其组成部分具有流量连续关系，原水从给水水源进入系统后形成流量，然后顺序通过取水系统、给水处理系统、给水管网系统、用户、排水管网系统、排水处理系统，最后排放或复用，但各子系统的流量在同一时间内并不一定相等，且会随时变化。

图 1.3　给水排水系统流量关系

给水排水系统流量关系如图 1.3 所示，其中：q_1 为给水处理系统自用水；q_2 为给水管网系统漏失水量；q_3 为给水管网系统水量调节，其流向根据水塔（或高位水池）进水或出水而变；q_4 为用户使用后未进入排水系统的水量；q_5 为进入排水管网系统的降水或渗入的地下水；q_6 为排水管网水量调节，其流向根据调节池进水或出水而变化；q_7 为排水处理系统自耗水。

清水池用于调节给水处理水量与管网中的用水量之差，因为用户用水量在一天中往往变化较大，而取水与给水处理系统则应按较均匀的流量（接近日平均流量）设计和运行，以节约建设投资和方便运行管理，两者流量之差主要通过清水池进行调节。实际上，取水系统运行时，取水量就是根据清水池水位控制的，只要保证清水池存有足够量的水，就能保证供水管网中用户的用水。水塔（或高位水池）也具有水量调节作用，不过其容积一般较小，调节能力有限，所以大型系统一般不建水塔。有些给水管网系统中也建有清水池（贮水池）和提升（加压）泵站，同样也起到水量调节作用。

调节池和均和池用于调节排水管网流量和排水处理流量之差，因为排水量在一日中的变化同样也是很大的，而排水处理和排放设施一般按日均流量设计和运行，以节约建设投资和方便运行管理。由于雨水排除的流量相当集中，有时在排水管网中建雨水调节池可以减小排水管（渠）尺寸，节约投资。排水调节池（均和池）还具有均和水质的作用，以降低因污染物随时间变化造成的处理困难。

1.2.2　给水排水系统的水质关系

给水排水系统的水质主要表现三个水质标准和三个变化过程，三个水质标准是：

1）原水水质标准：作为城镇给水水源，其水质必须符合国家生活饮用水水源水质标准，并加强监测、管理与保护，使原水水质能够达到和保持国家标准要求；

2）给水水质标准：供应城镇用户使用的水，必须达到国家生活饮用水水质卫生规范要求，工业用水和其他用水必须达到有关行业水质标准或用户特定的水质要求；

3）排放水质标准：即废水经过处理后要达到的水质要求，应按照国家废水排放水质标准要求及废水排放受纳水体的承受能力确定。

三个水质变化过程是：

1）给水处理：即将原水水质净化或加入有益物质，使之达到给水水质要求的处理过程；

2）用户用水：即用户用水改变水质，使之成为污水或废水的过程，水质受到不同程度污染；

3）废水处理：即对污水或废水进行处理，去除污染物质，使之达到排放水质标准的过程。

除了这三个水质变化过程外，由于管道材料的溶解、析出、结垢和微生物滋生等原因，给水管网的水质也会发生变化，虽然其变化并不显著，但在供水水质标准不断提高的今天，管网水质变化与控制问题也已逐步引起重视并成为专业技术人员研究的对象。

1.2.3　给水排水系统的水压关系

水压不但是用户用水所要求的，也是给水和排水输送的能量来源。水的机械能有位能、压能和动能三种形式，位能与压能之和称为测压管水头，工程上又称压力水头，或简称水头。这里论述给水排水系统的水压关系实际上就是指水头关系，即包含了高程因素的水压关系，广义地讲就是能量关系。

在给水系统中，从水源开始，水流到达用户前一般要经过多次提升，特殊情况下也可以依靠重力直接输送给用户，水在输送中的压力方式有：

1）全重力给水：当水源地势较高时，如取用山溪水、泉水或高位水库水等，水流通过重力自流输水到水厂处理，然后又通过重力输水管和管网送至用户使用，在原水水质优良而不用处理时，原水可直接通过重力输送给用户使用，或仅经过消毒等简单处理直接输送给用户使用。这种情况属于完全利用原水的位能克服输水能量损失和转换成为用户要求的水压关系，这是一种最经济的给水方式。当原水位能有富余时可以通过阀门调节供水压力。

2）一级加压给水：有多种情况可能采用一级加压给水，一是当水厂地势较高时，从水源取水到水厂采用一级提升，处理后的清水依靠水厂的地势高，直接重力输水给用户；二是水源地势较高时，靠重力输水至水厂，处理后的清水加压输送给用户使用；三是当原水水质优良时，无需处理，从取水时加压直接输送给用户使用；四是当给水处理全过程采用封闭式设施时，从取水处加压后，采用承压方式进行处理，直接输送给用户使用。

3）二级加压给水：这是目前采用最多的给水方式，水流在水源取水时经过第一级加压，提升到水厂进行处理，处理好的清水贮存于清水池中，清水经过第二级加压进入输水管和管网，供用户使用。第一级加压的目的是取水和提供原水输送与处理过程中的能量要求，第二级加压的目的是提供清水在输水管与管网中流动所需要的能量，并提供用户用水所需的水压。

4）多级加压给水：有两种情形，一是长距离输水时需要多级加压提升，如水源离水厂很远时，原水需经多级提升输送到水厂，或水厂离用水区域很远时，清水需要多级提升输送到用水区的管网；二是大型给水系统的用水区域很大，或用水区域为窄长型，一级加压供水不经济或前端管网水压偏高，应采用多级供水加压。

排水系统首先是间接承接给水系统的压力，也就是说，用户用水所处位置越高，排水源头的位能（水头）越大。排水系统往往利用地形重力输水，只有当管渠埋深太大时，采用排水泵站进行提升。

排水输送到处理厂后往往先贮存到均和池中，在处理和排放（或复用）过程中往往还要进行一到两级提升。当处理厂所处地势较低时，排水可以靠重力自流进入处理设施，处理完后再提升排放或复用；当处理厂所处地势较高时，排水经提升后进入处理设施，处理完后靠重力自流排放或复用；更多的情况下，排水需要经提升后进入处理设施，处理完后再次提升排放或复用。

1.3 给水排水管网系统的功能与组成

1.3.1 给水排水管网系统的功能与特点

给水排水管网系统是给水排水工程设施的重要组成部分，是由不同材料的管道和附属设施构成的输水网络。根据其功能可以分为给水管网系统和排水管网系统。给水管网系统承担供水的输送、分配、压力调节（加压、减压）和水量调节任务，起到保障用户用水的作用；排水管网系统承担污废水收集、输送、高程或压力调节和水量调节任务，起到防止环境污染和防治洪涝灾害的作用。

给水管网系统和排水管网系统均应具有以下功能：

1）水量输送：即实现一定水量的位置迁移，满足用水与排水的地点要求；

2）水量调节：即采用贮水措施解决供水、用水与排水的水量不平均问题；

3）水压调节：即采用加压和减压措施调节水的压力，满足水输送、使用和排放的能量要求。

给水排水管网系统具有一般网络系统的特点，即分散性（覆盖整个用水区域）、连通性（各部分之间的水量、水压和水质紧密关联且相互作用）、传输性（水量输送、能量传递）、扩展性（可以向内部或外部扩展，一般分多次建成）等。同时给水排水管网系统又具有与一般网络系统不同的特点，如隐蔽性强、外部干扰因素多、容易发生事故、基建投资费用大、扩建改建频繁、运行管理复杂等。

1.3.2 给水管网系统的构成

给水管网系统一般由输水管（渠）、配水管网、水压调节设施（泵站、减压阀）及水量调节设施（清水池、水塔、高位水池）等构成。图 1.4 为一个典型的

图 1.4　给水管网系统示意图

1-取水口；2-处理厂；3-输水管渠；4-城市配水管网；5-污水处理厂；6-加压泵站；7-减压阀

给水管网系统示意图。

1) 输水管（渠）：是指在较长距离内输送水量的管道或渠道，输水管（渠）一般不沿线向外供水。如从水厂将清水输送至供水区域的管道（渠道）、从供水管网向某大用户供水的专线管道、区域给水系统中连接各区域管网的管道等。输水管道的常用材料有铸铁管、钢管、钢筋混凝土管、PVC-U 管等，输水渠道一般由砖、砂、石、混凝土等材料砌筑。

由于输水管发生事故将对供水产生较大影响，所以较长距离输水管一般敷设成两条并行管线，并在中间的一些适当地点分段连通和安装切换阀门，以便其中一条管道局部发生故障时由另一条并行管段替代，参见图1.5。采用重力输水方案时，许多地方采用渡槽输水，可以就地取材，降低造价，如图1.6所示。

图1.5　钢筋混凝土输水管道

图1.6　原水输水渡槽

输水管的流量一般都较大，输送距离远，施工条件差，工程量巨大，甚至要穿越山岭或河流。输水管的安全可靠性要求很严格。特别是在现代化城市建设和发展中，远距离输水工程越来越普遍，对输水管道工程的规划和设计必须给予高度重视。

2) 配水管网：是指分布在供水区域内的配水管道网络。其功能是将来自于较集中点（如输水管渠的末端或贮水设施等）的水量分配输送到整个供水区域，使用户能从近处接管用水。

配水管网由主干管、干管、支管、连接管、分配管等构成。配水管网中还需要安装消火栓、阀门（闸阀、排气阀、泄水阀等）和检测仪表（压力、流量、水质检测等）等附属设施，以保证消防供水和满足生产调度、故障处理、维护保养等管理需要。

3）泵站：泵站是输配水系统中的加压设施，一般由多台水泵并联组成（图1.7）。当水不能靠重力流动时，必须使用水泵对水流增加压力，以使水流有足够的能量克服管道内壁的摩擦阻力，在输配水系统中还要求水被输送到用户接水地点后有符合用水压力要求的水压，以克服用水地点的高差及用户的管道系统与设备的水流阻力。

图 1.7 给水泵站

给水管网系统中的泵站有供水泵站（又称二级泵站）和加压泵站（又可称三级泵站）两种形式。供水泵站一般位于水厂内部，将清水池中的水加压后送入输水管或配水管网。加压泵站则对远离水厂的供水区域或地形较高的区域进行加压，即实现多级加压。泵站一般从贮水设施中吸水，也有部分加压泵站直接从管道中吸水，前一类属于间接加压泵站（亦称为水库泵站），后一类属于直接加压泵站。

泵站内部以水泵机组为主体，由内部管道将其并联或串联起来，管道上设置阀门，以控制多台水泵灵活地组合运行，并便于水泵机组的拆装和检修。泵站内还应设有水流止回阀（逆止阀），必要时安装水锤消除器、多功能阀（具有截止阀、止回阀和水锤消除作用）等，以保证水泵机组安全运行。

4）水量调节设施：有清水池，又称清水库（图1.8）、水塔（图1.9）和高位水池（或水塔）等形式。其主要作用是调节供水与用水的流量差，也称调节构筑物。水量调节设施也可用于贮存备用水量，以保证消防、检修、停电和事故等情况下的用水，提高系统的供水安全可靠性。

设在水厂内的清水池（清水库）是水处理系统与管网系统的衔接点，既作为处理好的清水贮存设施，也是管网系统中输配水的水源点。

5）减压设施：用减压阀和节流孔板等降低和稳定输配水系统局部的水压，以避免水压过高造成管道或其他设施的漏水、爆裂、水锤破坏，或避免用水的不舒适感。

图 1.8　清水池

图 1.9　水塔

1.3.3　排水管网系统的构成

排水管网系统一般由废水收集设施、排水管网、水量调节池、提升泵站、废水输水管（渠）和排放口等构成。图 1.10 为一个典型的排水管网系统示意图。

图 1.10　排水管网系统示意图

1-集水管网；2-水量调节池；3-提升泵站；4-输水管（渠）

1）废水收集设施：它们是排水系统的起始点。用户排出的废水一般直接排到用户的室外窨井，通过连接窨井的排水支管将废水收集到排水管道系统中，如图 1.11 所示。雨水的收集是通过设在屋面或地面的雨水口将雨水收集到雨水排水支管，如图 1.12 所示。

2）排水管网：指分布于排水区域内的排水管道（渠道）网络，其功能是将收集到的污水、废水和雨水等输送到处理地点或排放口，以便集中处理或排放。

排水管网由支管、干管、主干管等构成，一般顺沿地面高程由高向低布置成树状网络。排水管网中设置雨水口、检查井、跌水井、溢流井、水封井、换气井等附属构筑物及流量等检测设施，便于系统的运行与维护管理。由于污水含有大量的漂浮物和气体，所以污水管网的管道一般采用非满管流，以保留漂浮物和气体的流动空间。雨水管网的管道一般采用满管流。工业废水的输送管道是采用满管流或者非满管流，则应根据水质的特性决定。

图 1.11　生活污水收集管道系统

1-卫生设备和厨房设备；2-存水弯（水封）；3-支管；
4-竖管；5-房屋出流管；6-庭院沟管；7-连接支管；8-窨井

图 1.12　道路路面雨水排水口

（a）边沟雨水口；（b）侧石雨水口

1-雨水进口；2-连接管；3-侧石；
4-道路；5-人行道

图 1.13　排水支管施工现场

图 1.14　排水干管施工现场

　3）排水调节池：指具有一定容积的污水、废水或雨水贮存设施。用于调节排水管网流量与输水量或处理水量的差值。通过水量调节池可以降低其下游高峰排水流量，从而减小输水管渠或排水处理设施的设计规模，降低工程造价。

水量调节池还可在系统事故时贮存短时间排水量，以降低造成环境污染的危险。水量调节池也能起到均和水质的作用，特别是工业废水，不同工厂或不同车间排水水质不同，不同时段排水的水质也会变化，不利于净化处理，调节池可以中和酸碱，均化水质。

4）提升泵站：指通过水泵提升排水的高程或使排水加压输送。排水在重力输送过程中，高程不断降低，当地面较平坦时，输送一定距离后管道的埋深会很大（例如，当达到5m以上时），建设费用很高，通过水泵提升可以降低管道埋深以降低工程费用。另外，为了使排水能够进入处理构筑物或达到排放的高程，也需要进行提升或加压。某排水提升泵站如图1.15所示。

图1.15　排水提升泵站

提升泵站根据需要设置，较大规模的管网或需要长距离输送时，可能需要设置多座泵站。

5）废水输水管（渠）：指长距离输送废水的压力管道或渠道。为了保护环境，排水处理设施往往建在离城市较远的地区，排放口也选在远离城市的水体下游，都需要长距离输送。

6）废水排放口：排水管道的末端是废水排放口，与接纳废水的水体连接。为了保证排放口部的稳定，或者使废水能够比较均匀地与接纳水体混合，需要合理设置排放口。排放口有多种形式，图1.16所示为常用的两种，(a)为岸边式排放口，具有较好的防止冲刷能力；(b)为分散式排放口，可使废水与接纳水体均匀混合。

图 1.16 废水排放口

(a) 岸边式排放口；(b) 分散式排放口

1-排水管；2-水下扩散排水口

1.4 给水排水管网系统类型与体制

1.4.1 给水管网系统类型

（1）按水源的数目分类

1）单水源给水管网系统：即只有一个清水池（清水库），清水经过泵站加压后进入输水管和管网，所有用户的用水来源于一个水厂清水池（清水库）。较小的给水管网系统，如企事业单位或小城镇给水管网系统，多为单水源给水管网系统，如图 1.17 所示。

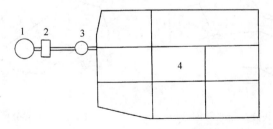

图 1.17 单水源给水管网系统示意图

1-地下水集水池；2-泵站；3-水塔；4-管网

2）多水源给水管网系统：有多个水厂的清水池（清水库）作为水源的给水管网系统，清水从不同的地点经输水管进入管网，用户的用水可以来源于不同的水厂。较大的给水管网系统，如大中城市甚至跨城镇的给水管网系统，一般是多水源给水管网系统，如图1.18所示。

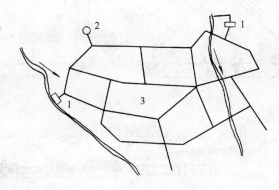

图1.18   多水源给水管网系统示意图

1-水厂；2-水塔；3-管网

对于一定的总供水量，给水管网系统的水源数目增多时，各水源供水量与平均输水距离减小，管道输水流量也比较分散，因而可以降低系统造价与供水能耗。但多水源给水管网系统的管理复杂程度提高。

（2）按系统构成方式分类

1）统一给水管网系统：系统中只有一个管网，即管网不分区，统一供应生产、生活和消防等各类用水，其供水具有统一的水压。

2）分区给水管网系统：将给水管网系统划分为多个区域，各区域管网具有独立的供水泵站，供水具有不同的水压。分区给水管网系统可以降低平均供水压力，避免局部水压过高的现象，减少爆管的几率和泵站能量的浪费。

图1.19   并联分区给水管网系统

1-清水池；2-高压泵站；3-低压泵站；

4-高压管网；5-低压管网；6-水塔；7-连通阀门

图1.20   串联分区给水管网系统

1-清水池；2-供水泵站；3-加压泵站；

4-低压管网；5-高压管网；6-水塔

管网分区的方法有两种：一种是采用串联分区，设多级泵站加压；另一种是并联分区，不同压力要求的区域由不同泵站（或泵站中不同水泵）供水。大型管网系统可能既有串联分区又有并联分区，以便更加节约能量。图1.19所示为并联分区给水管网系统，图 1.20 所示为串联分区给水管网系统。

（3）按输水方式分类

1）重力输水管网系统：指水源处地势较高，清水池（清水库）中的水依靠自身重力，经重力输水管进入管网并供用户使用。重力输水管网系统无动力消耗，是一类运行经济的输水管网系统。图 1.21 所示为重力输水管网系统。

2）压力输水管网系统：指清水池（清水库）的水由泵站加压

图 1.21　重力输水管网系统
1-清水池；2-输水管；3-配水管网

送出，经输水管进入管网供用户使用，甚至要通过多级加压将水送至更远或更高处用户使用。压力给水管网系统需要消耗动力。如图 1.19 和图 1.20 所示均为压力输水管网系统。

1.4.2　排水管网系统的体制

废水分为生活污水、工业废水和雨水三种类型，它们可采用同一个排水管网系统来排除，也可采用各自独立的分质排水管网系统来排除。不同排除方式所形成的排水系统，称为排水体制。

排水系统主要有合流制和分流制两种。

（1）合流制排水系统

将生活污水、工业废水和雨水混合在同一管道（渠）系统内排放的排水系统称为合流制排水系统。早期建设的排水系统，是将排除的混合污水不经处理直接就近排入水体，国内外很多老城市在早期几乎都是采用这种合流制排水系统，如图 1.22 所示，又称直排式合流制排水系统。

由于污水未经处理就排放，使受纳水体遭受严重污染。现在常采用的是截流式合流制排水系统，这种系统建造一条截流干管，在合流干管与截流干管相交前或相交处设置溢流井，并在截留干管下游设置污水厂，如图 1.23 所示。晴天和降雨初期时，所有污水都输送至污水处理厂，经处理后排入水体，随着降雨量的增加，雨水径流增大，当混合污水的流量超过截流管的输水能力后，以雨水占主要比例的混合污水经溢流井溢出，直接排入水体。截流式合流制排水系统仍有部分混合污水未经处理直接排放，使水体遭受污染。然而，由于截流式合流制排水系统在旧城市的排水系统改造中比较简单易行，节省投资，并能大量降低污染物质的排放，因此，在国内外旧排水系统改造时经常采用。

图1.22 直排式合流制排水系统
1-合流支管；2-合流干管；3-河流

图1.23 截流式合流制排水系统
1-合流干管；2-溢流井；3-截流干管；4-污水
处理厂；5-排水口；6-溢流干管；7-河流

（2）分流制排水系统

将生活污水、工业废水和雨水分别在两套或两套以上管道（渠）系统内排放的排水系统称为分流制排水系统，如图1.24和图1.25所示均为分流制排水系统。

排除城市污水或工业废水的管网系统称为污水管网系统；排除雨水的管网系统称为雨水管网系统。

由于排除雨水方式的不同，分流制排水系统又分为完全分流制和不完全分流制两种排水系统，分别如图1.24和图1.25所示。在城市

图1.24 完全分流制排水系统
1-污水干管；2-污水主干管；3-污水厂；
4-排水口；5-雨水干管；6-河流

中，完全分流制排水系统包括污水排水系统和雨水排水系统。而不完全分流制只有污水排水系统，未建雨水排水系统，雨水沿天然地面、街道边沟、水渠等渠道系统排泄，或者为了补充原有渠道系统输水能力的不足而修建部分雨水道，待城市进一步发展后再修建雨水排水系统，使之成为完全分流制排水系统。

在工业企业中，一般采用分流制排水系统。由于工业废水的成分和性质很复杂，不但与生活污水不宜混合，且不同工业废水之间也不宜混合，否则将造成污水和污泥处理复杂化，以及给废水重复利用和回收有用物质造成很大困难。所以，在多数情况下，采用分质分流管道系统分别排除。如果生产废水的成分和性质同生活污水类似时，可将生活污水和生产污水用同一管道系统来排放。水质较清洁

的生产废水可直接排入雨水
道，或循环重复利用。图 1.26
为具有循环给水系统和局部处
理设施的分流制排水系统。生
活污水、生产污水、雨水分别设
置独立的管道系统。含有特殊
污染物质的有害生产污水，不
容许与生活或生产污水直接混
合排放，应在车间附近设置局
部处理设施。冷却废水经冷却
后在生产中循环使用。在条件
许可的情况下，工业企业的生
活污水和生产污水应直接排入
城市污水管道。

图 1.25　不完全分流制排水系统
1-污水干管；2-污水主干管；3-污水厂；
4-排水口；5-明渠或小河；6-河流

图 1.26　某工厂排水系统总平面示意图
1-生产车间；2-办公楼；3-值班宿舍；4-职工宿舍；5-废水利用车间；6-生产与生活污水管道；
7-特殊污染生产污水管道；8-生产废水与雨水管道；9-雨水口；10-污水泵站；11-废水处理站；
12-出水口；13-事故排出口；14-雨水出水口；15-压力管道

　　在一座城市中，有时是混合排水体制，即既有分流制也有合流制的排水系统。
在大城市中，因各区域的自然条件以及城市发展可能相差较大，因地制宜地在各
区域采用不同的排水体制也是合理的。
　　合理地选择排水系统的体制，是城市和工业企业排水系统规划和设计的重要

问题。它不仅从根本上影响排水系统的设计、施工、维护管理，而且对城市和工业企业的规划和环境保护影响深远，同时也影响排水系统的建设投资费用和运行管理费用。

据国内外经验，合流制排水管道的造价比完全分流制一般要低 20%～40%，但是合流制的泵站和污水厂却比分流制的造价要高。从初期投资来看，不完全分流制因初期只建污水排水系统，因而可节省初期投资费用，此外，又可缩短施工期，发挥工程效益快。因为合流制和完全分流制的初期投资均比不完全分流制要大，所以，我国过去很多新建的工业基地和居住区在建设初期经常采用不完全分流制排水系统。

在维护管理方面，晴天时污水在合流制管道中只占一小部分过水断面，雨天时才接近满管流，因而晴天时合流制管内流速较低，易于产生沉淀。但据经验，管中的沉淀物易被暴雨水流冲走，这样，合流管道的维护管理费用可以降低。但是，晴天和雨天时流入污水厂的水量变化很大，增加了合流制排水系统中的污水厂运行管理的复杂性。而分流制系统可以保持管内的流速，不致发生沉淀，同时，流入污水厂的水量和水质比合流制稳定得多，污水厂的运行易于控制。

我国《室外排水设计规范》规定，在新建地区排水系统一般采用分流制。但在附近有水量充沛的河流或近海，发展又受到限制的小城镇地区，在街道较窄和地下设施较多的地区，修建污水和雨水两条管线有较多困难，或在雨水稀少，废水全部处理的地区等，采用合流制排水系统，可能是有利和合理的。

思 考 题

1. 给水排水系统功能有哪些？请分类说明。
2. 给水的用途有哪几类？试分别列举出各类用水的实例。
3. 废水有哪些类型？请分别列举出各类废水的实例。
4. 给水排水系统由哪些子系统组成？各子系统包含哪些设施？
5. 给水排水系统各部分流量是否相同？若不同，是如何调节的？
6. 给水排水系统中的水质是如何变化的？哪些水质必须满足国家标准？
7. 重力给水和压力给水各有何特点？
8. 水在输送过程中，为何要进行加压或提升？
9. 给水排水管网系统具有哪些功能？其网络有哪些特点？
10. 给水排水管网系统分别由哪些部分组成？它们的作用是什么？
11. 给水管网系统如何分类？各类给水管网系统有何特点？
12. 何为排水系统体制？它们之间的不同点有哪些？

第2章 给水排水管网工程规划

2.1 给水排水工程规划原则和工作程序

给水排水系统规划是城市总体规划工作的重要组成部分，是对水源、供水系统、排水系统的综合优化功能和工程布局进行的专项规划，是城市专业功能规划的重要内容。在城市规划工作中，称为给水排水工程规划。给水排水工程规划必须与城市总体规划相协调，规划内容和深度应与城市规划的步骤相一致，充分体现城市规划和建设的合理性、科学性和可实施性。在给水排水工程规划中，又被划分为给水工程专项规划和排水工程专项规划。

给水排水工程规划包括给水水源规划、给水处理厂规划、给水管网规划、排水管网规划、排水处理厂规划和废水排放与利用规划等内容，规划工作的任务是：

1）确定给水排水系统的服务范围与建设规模；

2）确定水资源综合利用与保护措施；

3）确定系统的组成与体系结构；

4）确定给水排水主要构筑物的位置；

5）确定给水排水处理的工艺流程与水质保证措施；

6）给水排水管网规划和干管布置与定线；

7）确定废水的处置方案及其环境影响评价；

8）给水排水工程规划的技术经济比较，包括经济、环境和社会效益分析。

给水排水工程规划应以规划文本和说明书的形式进行表达。规划文本应阐述规划编制的依据和原则，确定近远期的用水与排水量计算依据和方法，以及对规划内容的分项说明。规划文本应有必要的附图，使规划的内容和方案更加直观、易读。

与城市规划步骤一样，给水排水工程规划应从城市总体规划到详细实施方案进行综合考虑，分区、分级进行规划，规划内容应逐级展开和细化，而且应该按近期和远期分别进行。一般近期按 5～10 年进行规划，远期按 10～20 年进行规划。

2.1.1 给水排水工程规划原则

（1）贯彻执行国家和地方的相关政策和法规

国家及地方政府颁布的《城市规划法》、《环境保护法》、《水污染防治法》、

《海洋环境保护法》、《水法》、《城市供水条例》、《城市排水条例》等法律和法规以及《城市给水工程规划规范》、《饮用水水源保护区污染防治管理规定》、《城市地下水开发利用保护管理规定》、《生活饮用水水源水质标准》、《生活饮用水卫生标准》、《防洪标准》等国家标准与设计规范，是城市规划和建设的指导方针，在进行给水排水工程规划时，必须认真贯彻执行。

（2）城镇及工业企业规划时应兼顾给水排水工程

在进行城镇及工业企业规划时应考虑水源条件，在水源缺乏的地区，不宜盲目扩大城市规模，也不应设置用水量大的工厂。用水量大的工业企业一般应设在水源较为充沛的地方。

对于采用统一给水系统的城镇，一般在给水厂站附近或地形较低处的建筑层次可以规划得较高些，在远离水厂或地形高处的建筑层次则宜低些。对于工业企业生产用水量占供水量比例较大的城镇应把同一性质的工业企业适当集中，或者把能复用水的工业企业规划在一起，以便就近统一供应同一水质的水和近距离输送复用，或便于将相近性质的废水集中处理。

（3）给水排水工程规划要服从城镇发展规划

城镇及工业区总体规划中的设计规模、设计年限、功能分区布局、城镇人口的发展、居住区的建筑层数和标准以及相应的水量、水质、水压资料等，是给水排水系统规划的主要依据。

当地农业灌溉、航运、水利和防洪等设施和规划等是水源和排水出路选择的重要影响因素；城市和工业企业的道路规划、地下设施规划、竖向规划、人防工程规划、防洪工程规划等单项工程规划对给水排水工程的规划设计都有影响，要从全局出发，合理安排，构成城市建设的有机整体。

（4）合理确定远近期规划与建设范围

给水排水工程一般可按远期规划，而按近期进行设计和分期建设。例如，近期给水先建一个水源、一条输水管以及树枝状配水管网，远期再逐步发展成多水源、多输水管和环状配水管网；地表水取水构筑物及取水泵房等土建工程如采用分期施工并不经济，故土建工程可按远期规模一次建成，但其内部设备则应按近期所需进行安装，投入使用后再分期安装或扩大；在环境容量许可的前提下，排水管网近期可以就近排入水体，远期可采用截流式合流排水体制并输送到排水处理厂处理，或近期先建污水与雨水合流排水管网，远期另建污水管网和污水处理厂，实现分流排水体制；排水主干管（渠）一般应按远期设计和建设更经济；给水和排水的调节水池并不会随远期供水或排水量同步增大，因为远期水量变化往往较小，如经计算远期水池调节容积增加不多，则可按远期设计和建设。

（5）要合理利用水资源和保护环境

给水水源有地表水源和地下水源，在选择前必须对所在地区水资源状况进行认真的勘察、研究，并根据城镇和工业总体规划以及农、林、渔、水电等各行业用水需要，进行综合规划、合理开发利用，同时要从供水水质的要求、水文地质及取水工程条件等出发，考虑整个给水系统的安全和经济性。

（6）规划方案应尽可能经济和高效

在保证技术合理和工程可行性的前提下，要努力提高给水排水工程投资效益和降低工程项目的运行成本，必要时进行多方面和多方案比较分析，选择尽可能经济的工程规划方案。

给水排水系统的体系结构对其经济性具有重要影响，对是否采用分区或分质给水或排水及其实施方案，应进行技术经济方案比较，认真论证；给水系统的供水压力应以满足大多数用户要求考虑，而不能根据个别的高层建筑或水压要求较高的工业企业来确定，在规划排水管网时，也不能因为局部地区地形低而降低整个管网埋深，而应采取局部加压或提升措施。

2.1.2　给水排水工程规划工作程序

给水排水工程规划工作程序如下：

1）明确规划任务，确定规划编制依据。了解规划项目的性质，明确规划设计的目的、任务与内容；收集与规划项目有关的方针政策性文件和城市总体规划文件及图纸；取得给水排水规划项目主管部门提出的正式委托书，签订项目规划任务的合同（或协议书）。

2）调查收集必需的基础资料，进行现场勘察。图文资料和现状实况是规划的重要依据，可以分清主次，逐步补充。在充分掌握详尽资料的基础上，应进行一定深度的调查研究和现场踏勘，增加现场概念，加强对水环境、水资源、地形、地质等的认识，为厂站选址、管网布局、水的处理与利用等的规划方案奠定基础。

3）在掌握资料与了解现状和规划要求的基础上，合理确定城市用水定额，估算用水量与排水量。这是确定给水排水工程规模的依据，应经过充分调查研究才能确定。水量预测应采用多种方法计算，并相互校核，确保数据的科学性。

4）制定给水排水工程规划方案。对系统体系结构、水源与取水点选择、给水处理厂址选择、给水处理工艺、给水排水管网布置、排水处理厂址选择、排水处理工艺、污废水最终处置与利用方案等进行规划设计，拟定不同方案，进行技术经济比较与分析，最后确定最佳方案。

5）根据规划期限，提出分期实施规划的步骤和措施，控制和引导给水排水工程有序建设，节省资金，有利于城镇和工业区的持续发展，增强规划工程的可实施性，提高项目投资效益。

6）编制给水排水工程规划文件，绘制工程规划图纸，完成规划成果文本。

2.2   给水排水工程技术经济分析方法

给水排水工程规划方案的科学性和合理性是一个技术与经济可行性的综合体现，需要通过技术经济分析来确定最佳规划方案。在技术上可行的方案，可能在经济上不符合当时当地的投资能力，而投资最省的规划方案在技术上可能不一定合理。通常情况下，给水排水工程规划是在多个方案中进行技术经济分析和计算，选择其中经济上节省、技术上可靠的最佳方案。

技术经济分析的主要方法有数学分析法和方案比较法。数学分析是将工程方案构成工程费用最小化数学模型，将工程费用作为目标函数，将工程技术要求作为约束条件，通过数学最优化求解计算，使目标函数达到最优解。一般情况下，给水排水工程规划是一个复杂的系统工程，建立数学模型往往比较困难，即可通过多方案的比较，从有限个方案中寻求经济效果最佳者，称为方案比较法，或称对比分析法。对于用数学模型可以完整表达的给水或排水管网系统，数学分析法的应用也已日益普及，而对给水或排水工程整体系统，仍经常采用方案比较法。

工程规划方案的技术经济分析是在技术上满足工程建设目标的条件下，计算方案的经济费用。在给水排水工程项目中，通常采用工程项目的年计算费用值来表达，即年平均费用值最低的工程方案为最佳方案。年费用计算值的计算方法有静态年计算费用法和动态年计算费用法两种。

2.2.1   静态年计算费用法

工程项目费用一般由建设投资费用和运行费用之和构成，静态年计算费用可用下式表达：

$$W = \frac{1}{T}C + Y \tag{2.1}$$

式中 W——年计算费用，元/a；

C——工程项目投资额，元；

T——投资偿还期，a，一般由项目的性质和投资来源情况确定；

Y——年运行费，元/a。

静态年计算费用法比较简便，但其中的投资偿还期具有多方面的影响因素，确定比较困难，而且年计算费用中不能反映资金的时间价值因素，经济概念不够清晰，在商品经济环境中，显得不够符合经济规律性。

2.2.2   动态年计算费用法

动态年计算费用法是针对不同时间的经济因素的变化，对项目在一定时期内发生的投资、运行成本等费用折算成当前的现值作为经济比较的指标，称为折现计算。特别是在工程项目分期投资实施的情况下，如何分期才能使项目的经济效益最佳，应采用动态计算法进行多种规划方案和分期投资方案的比较。

投资资金的时间价值计算通常采用复利法，常用的计算公式如下：

1）当资金的现值为 P，利率为 $i\%$，则 n 年后的资金终值 F 为：

$$F = (1 + i\%)^n P \qquad (2.2)$$

2）因此，当已知资金的终值为 F，则现值 P 为

$$P = \alpha F = \frac{F}{(1 + i\%)^n} \qquad (2.3)$$

式中 α——折现系数。

将资金的终值折算为现值称为贴现，其相应的利率称为贴现率。

3）当资金现值为 P，利率为 $i\%$，设在 n 年内各年平均分摊资金现金 A，则各年分摊资金现值的计算方法如下：

$$\text{第一年：} A_1 = \frac{A}{(1 + i\%)}$$

$$\text{第二年：} A_2 = \frac{A}{(1 + i\%)^2} \qquad (2.4)$$

$$\text{第 } n \text{ 年：} A_n = \frac{A}{(1 + i\%)^n}$$

为保证资金现值 P 得到回收，则有：

$$P = \Sigma(A_1 + A_2 + \cdots + A_n)$$
$$= \Sigma\left[\frac{A}{(1 + i\%)} + \frac{A}{(1 + i\%)^2} + \cdots + \frac{A}{(1 + i\%)^n}\right] \qquad (2.5)$$
$$= \frac{(1 + i\%)^n - 1}{i\%(1 + i\%)^n} A$$

亦即：

$$A = \theta P = \frac{i\%(1 + i\%)^n}{(1 + i\%)^n - 1} P \qquad (2.6)$$

式中 θ——资金回收系数，表示资金现金在 n 年内每年平均分摊的份额。

由此可见，动态法计算工程费用更能反映项目经济效益的真实性，在我国已经越来越广泛地得到了采用。因此，工程项目的年计算费用即为上述的年平均分摊资金额与项目年运行费用之和，即：

$$W = \theta C + Y = \frac{i\%(1 + 1\%)^T}{(1 + i\%)^T - 1} C + Y \qquad (2.7)$$

【例 2.1】 某给水工程项目建设投资为 5800 万元，年运行费用为 245 万元/年，求：1）投资偿还期为 20 年的静态年计算费用值；2）利率为 5.5%，还款期为 20 年的动态年计算费用值。

【解】　静态年计算费用值为：

$$W = \frac{5800}{20} + 245 = 535 \; 万元/a$$

动态年计算费用值：

$$W = \frac{0.055 \times (1 + 0.055)^{20}}{(1 + 0.055)^{20} - 1} \times 5800 + 245 = 730.34 \; 万元/a$$

2.3　城市用水量预测计算

城市用水量预测计算是给水排水工程规划的主要内容之一。规划用水量是决定水资源使用量、给水排水工程建设规模和投资额的基本依据。城市用水量应由下列两部分组成：

第一部分应为规划期内由城市给水工程统一供给的居民生活用水、工业用水、公共设施用水及其他用水水量的总和。应根据城市的地理位置、水资源状况、城市性质和规模、产业结构、国民经济发展和居民生活水平、工业回用水率等因素确定。

第二部分应为城市给水工程统一供给以外的所有用水水量的总和。其中应包括：工业和公共设施自备水源供给的用水、河湖环境用水和航道用水、农业灌溉和养殖及畜牧业用水、农村居民和乡镇企业用水等。

本书只论述第一部分用水量计算。自备水源供水的工矿企业和公共设施的用水量应另行计算，并纳入城市用水量中进行统一规划；城市河湖环境用水和航道用水、农业灌溉和养殖及畜牧业用水、农村居民和乡镇企业用水等的水量应根据有关部门的相应规划计算，并纳入城市用水量统一规划。

2.3.1　用水量及其变化

（1）用水量的表示

由给水工程统一供应的城市用水量包括：

1）综合生活用水量，包括居民生活用水和公共设施用水；

2）工业企业生产用水量和工作人员生活用水量；

3）消防用水量；

4）市政用水量，主要指浇洒道路和绿地用水量；

5）未预见用水量及给水管网漏失水量。

由于用水具有随机性，用水量是时刻变化的，用水量只能按一定时间范围内的平均值进行计算，通常用以下方式表示：

1）平均日用水量：即规划年限内，用水量最多一年的总用水量除以用水天数。

该值一般作为水资源规划和确定城市污水量的依据；

2）最高日用水量：即用水量最多一年内，用水量最多一天的总用水量。该值一般作为给水取水与水处理工程规划和设计的依据；

3）最高日平均时用水量：即最高日用水量除以 24 小时，得到的最高日平均每小时的用水量，实际上只是对最高日用水量进行了单位换算，它与最高日用水量作用相同；

4）最高时用水量：即用水量最多的一年内，用水量最高日的 24 小时中，用水量最大的一小时的总用水量。该值一般作为给水管网工程规划与设计的依据。

（2）用水量变化的表示

各种用水量都是经常变化的，但它们的变化幅度和规律有所不同。

生活用水量随着生活习惯、气候和人们生活节奏等变化，如假期比平日高，夏季比冬季高，白天比晚上高。从我国各城镇的用水统计情况可以看出，城镇人口越少，工业规模越小，用水量越低，用水量变化越大。

工业企业生产用水量的变化一般比生活用水量的变化小，但也是有变化的，而且少数情况下变化还很大。如化工厂、造纸厂等，生产用水量变化就很少，而冷却用水、空调用水等，受到水温、气温和季节影响变化很大。

其他用水量变化也都有各自的规律。用水量的变化可以用变化系数和变化曲线表示。

1）用水量变化系数

在一年中，每天用水量的变化可以用日变化系数表示，即最高日用水量与平均日用水量的比值，称为日变化系数，记作 K_d，即：

$$K_d = 365 \frac{Q_d}{Q_y} \tag{2.8}$$

式中 Q_d——最高日用水量，m^3/d；

Q_y——全年用水量，m^3/a。

在给水排水工程规划和设计时，一般首先计算最高日用水量，然后确定日变化系数，于是可以用式（2.8）计算出全年用水量或平均日用水量，即：

$$Q_y = 365 \frac{Q_d}{K_d} \quad (m^3/a) \tag{2.9}$$

$$Q_{ad} = \frac{Q_d}{K_d} \quad (m^3/d) \tag{2.10}$$

式中 Q_{ad}——平均日用水量，m^3/d。

在一日内，每小时用水量的变化可以用时变化系数表示，最高时用水量与平均时用水量的比值，称为时变化系数，记作 K_h，即：

$$K_h = 24 \frac{Q_h}{Q_d} \tag{2.11}$$

式中 Q_h——最高时用水量，m^3/h。

根据最高日用水量和时变化系数，可以计算最高时用水量：

$$Q_h = K_h \frac{Q_d}{24} \quad (m^3/h) \tag{2.12}$$

2）用水量变化曲线

用水量变化系数只能表示一段时间内最高用水量与平均用水量的比值，要表示更详细的用水量变化情况，就要用到用水量变化曲线。由于用水量往往在一天中的变化很大，所以，用水量变化曲线主要用于表示用水量在一天中 24 小时的变化情况。

图 2.1   用水量变化曲线

绘制 24 小时用水量变化曲线时，用横坐标表示时间，纵坐标为每小时用水量占全日用水量百分数，这种相对表示法便于相近城镇或系统相互参考。

图 2.1 为某城市的用水量变化曲线，从图中看出，最高时是上午 8～9 点，最高日用水量为 5.92％，时变化系数为 1.42。

用水量变化规律一般根据用水量历史数据统计求得，在无历史数据时，可以参考附近城市的实际资料确定。

2.3.2   城市用水量预测计算

城市用水量预测有多种方法，在给水排水工程规划时，要根据具体情况，选择合理可行的方法，必要时，可以采用多种方法计算，然后比较确定。这里介绍几种常用的方法。

（1）分类估算法

分类估算法先按照用水的性质对用水进行分类，然后分析各类用水的特点，确定它们的用水量标准，并按用水量标准计算各类用水量，最后累计出总用水量。

该方法比较细致，因而可以求得比较准确的用水量，但也因此增加了分析计算工作量，所以在规划阶段不宜采用，而主要用于设计计算，详见第 6 章论述。

（2）单位面积法

单位面积法根据城市用水区域面积估算用水量。《城市给水工程规划规范》（GB50282—98）给出了城市单位面积综合用水量指标，如表 2.1 所示。根据该指标可计算出最高日用水量。

居住用地最高日用水量指标 （$10^4 m^3/ (km^2 \cdot d)$）   表 2.1

区　域	城　市　规　模			
	特大城市	大城市	中等城市	小城市
一区	1.0~1.6	0.8~1.4	0.6~1.0	0.4~0.8
二区	0.8~1.2	0.6~1.0	0.4~0.7	0.3~0.6
三区	0.6~1.0	0.5~0.8	0.3~0.6	0.25~0.5

注：1. 特大城市指市区和近郊区非农业人口100万及以上的城市；大城市指市区和近郊区非农业人口50万及以上，不满100万的城市；中等城市指市区和近郊区非农业人口20万及以上，不满50万的城市；小城市指市区和近郊区非农业人口不满20万的城市。

2. 一区包括：贵州、四川、湖北、湖南、江西、浙江、福建、广东、广西、海南、上海、云南、江苏、安徽、重庆；二区包括：黑龙江、吉林、辽宁、北京、天津、河北、山西、河南、山东、宁夏、陕西、内蒙古河套以东和甘肃黄河以东的地区；三区包括：新疆、青海、西藏、内蒙古河套以西和甘肃黄河以西的地区。

3. 经济开发区和特区城市，根据用水实际情况，用水定额可酌情增加。

（3）人均综合指标法

根据已有历史数据，城市总用水量与城市人口具有密切的关系，城市人口平均总用水量称为人均综合用水量。世界部分大城市的人均综合用水量如表2.2所示。

1990年部分大城市人均日用水量 （$L/ (cap \cdot d)$）   表 2.2

城市名称	多伦多	费城	名古屋	横滨	洛杉矶	马德里	布达佩斯	罗马	苏黎世	伦敦	上海
人均日用水量	703	719	667	616	606	612	578	520	500	314	470

《城市给水工程规划规范》（GB50282—98）推荐了我国城市每万人最高日综合用水量，可以折算成人均综合用水量指标，如表2.3所示。

城市人均综合最高日用水量指标 （$m^3/ (cap \cdot d)$）   表 2.3

区　域	城　市　规　模			
	特大城市	大城市	中等城市	小城市
一区	0.8~1.2	0.7~1.1	0.6~1.0	0.4~0.8
二区	0.6~1.0	0.5~0.8	0.35~0.7	0.3~0.6
三区	0.5~0.8	0.4~0.7	0.3~0.6	0.25~0.5

注：同表2.1。

（4）年递增率法

城市发展进程中，供水量一般呈现逐年递增的趋势，在过去的若干年内，每年用水量可能保持相近的递增比率，可以如下公式表达：

$$Q_a = Q_0(1 + \delta)^t \quad (m^3/d) \tag{2.13}$$

式中　Q_0——起始年份平均日用水量，m^3/d；

Q_a——起始年份后第 t 年的平均日用水量，m^3/d；

δ——用水量年平均增长率，%；

t——年数，a。

上式实际上是一种指数曲线型的外推模型，可用来预测计算未来年份的规划预测总用水量。在具有规律性的发展过程中，用该式预测计算城市总用水量是可行的。

（5）线性回归法

城市日平均用水量亦可用一元线性回归模型进行预测计算，公式可写为：

$$Q_a = Q_0 + \Delta Q \cdot t \quad (m^3/d) \tag{2.14}$$

式中　ΔQ——日平均用水量的年平均增量，$(m^3/d)/a$，根据历史数据回归计算求得；

其余符号意义同式（2.13）。

（6）生长曲线法

城市发展规律可能呈现在初始阶段发展很快，总用水量呈快速递增趋势，而后城市发展趋缓慢增长到稳定甚至适度减少的趋势，生长曲线可用下式表达：

$$Q = \frac{L}{1 + ae^{-bt}} \quad (m^3/d) \tag{2.15}$$

式中　a, b——待定参数；

Q——预测用水量，m^3/d；

L——预测用水量的上限值，m^3/d。

随着水资源紧缺问题的加剧和国民水资源意识的提高，城市用水总量在不断地发生变化。根据实际情况，合理地确定城市供水总量，是一个值得注意和研究的课题。

城市供水总量受到多种因素的影响，诸如人口增长、生活条件、用水习惯、资源价值观念、科学用水和节约用水、水价及水资源丰富和紧缺程度等等。用水量增长到一定程度后将会达到一个稳定水平，甚至出现负增长趋势，这些规律性已经在国内外的用水量统计数据中得到了验证。表 2.4 数据表达了我国城市历年平均生活用水量的变化情况。

1979～1998 年全国人均生活用水量统计（L/（cap·d））　　表 2.4

年　份	1979	1980	1981	1982	1983	1984	1985	1986	1987	1988
人均生活用水量	122.0	128.0	130.4	132.2	138.0	143.0	151.0	161.9	164.0	170.4
年　份	1989	1990	1991	1992	1993	1994	1995	1996	1998	
人均生活用水量	172.4	175.7	196.0	186.0	188.6	194.0	195.4	208.0	214.0	

由 2000 年国外城市供水量统计数据，城市供水科学技术和管理方式都会对用

水量产生影响作用。新加坡人口 400 万，城市供水量为 130 万 m³/d，人均综合用水量 325L/（cap·d）；日本全国 1.2 亿人口，城市人口占 70% 以上，人均综合生活用水量 300～400 L/（cap·d）；以色列是一个水资源贫乏的国家，通过加强节约用水管理和提高科学用水技术水平，提高水资源利用效率，2000 年全国用水量为 6.4 亿 m³，人均 190 L/（cap·d），其中居民住宅用水仅 60L/（cap·d）；澳大利亚布里斯班（Brisbane）供水公司服务人口 100 万人，1997 年以前，该市供水的用户均未安装水表，居民按照家庭住房资产价值计算和缴纳水费，1997 年该市总用水量为 1.88 亿 m³/a，平均日人均综合用水量为 515L/（cap·d）。该年实施普及安装用户水表，开始用水计量收费，1999 年城市总用水量降为 1.5 亿 m³/a，人均综合用水量降为 411L/（cap·d）。

我国现行的《城市给水工程规划规范》提供的用水量指标显得过高，人均综合用水量远大于国外人均综合用水量，应予修正。通过加强科学研究和提高资源利用效率，用节约用水的资源意识指导给水排水工程规划，可以达到水资源综合利用和可持续发展的目标。

2.3.3 城市用水量变化系数

前述城市用水量计算一般按最高日用水量计算，在给水排水工程规划时，需要进行城市水资源供需平衡分析，城市给水工程统一供水部分所要求的水资源供水量为城市最高日用水量除以日变化系数再乘上供水天数。《城市给水工程规划规范》（GB 50282—98）给出了各类城市的日变化系数，见表 2.5，供参考。

城市用水量日变化系数 表 2.5

特大城市	大城市	中等城市	小城镇
1.1～1.3	1.2～1.4	1.3～1.5	1.4～1.8

城市污水量的计算也需要以日平均用水量为依据，同样可以采用表 2.5 所列日变化系数。

上表中所列日变化系数均有一个范围，应结合给水排水工程的规模、地理位置、气候、生活习惯、室内给水排水设施和工业生产情况等取值，有本市或相似城市历史资料时，可以进行一些统计分析，则能更准确地拟定日变化系数。

2.4 给水管网系统规划布置

给水管网系统规划布置包括输水管定线和管网布置，它是给水管网工程规划与设计的主要内容。

2.4.1   给水管网布置原则与形式

（1）给水管网布置原则

1）按照城市总体规划，结合当地实际情况布置给水管网，要进行多方案技术经济比较；

2）主次明确，先搞好输水管渠与主干管布置，然后布置一般管线与设施；

3）尽量缩短管线长度，节约工程投资与运行管理费用；

4）协调好与其他管道、电缆和道路等工程的关系；

5）保证供水具有安全可靠性；

6）尽量减少拆迁，少占农田；

7）管渠的施工、运行和维护方便；

8）远近期结合，留有发展余地，考虑分期实施的可能性。

（2）给水管网布置基本形式

在进行给水管网布置之前，首先要确定给水管网布置的基本形式——树状网和环状网。

树状网一般适用于小城市和小型工矿企业，这类管网从水厂泵站或水塔到用户的管线布置成树枝状，如图 2.2 所示。显而易见，树状网的供水可靠性较差，因为管网中任一段管线损坏时，在该管段以后的所有管线就会断水。另外，在树状网的末端，因用水量已经很小，管中的水流缓慢，甚至停滞不流动，因此水质容易变坏。

环状网中，管线连接成环状，当任一段管线损坏时，可以关闭附近的阀门，与其余管线隔开，然后进行检修，水还可从另外管线供应用户，断水的地区可以缩小，从而增加供水可靠性，如图 2.3 所示。环状网还可以大大减轻因水锤作用产生的危害，而在树状网中，则往往因此而使管线损坏。但是，环状网的造价明显地高于树状网。

图 2.2   树状网

图 2.3   环状网

一般，在城市建设初期可采用树状网，以后随着给水事业的发展逐步连成环状网。实际上，现有城市的给水管网，多数是将树状网和环状网结合起来。在城市中心地区，布置成环状网，在郊区则以树状网形式向四周延伸。供水可靠性要求较高的工矿企业须采用环状网，并用树状网或双管输水至个别较远的车间。

2.4.2　输水管渠定线

从水源到水厂或水厂到相距较远的给水管网的管道或渠道叫做输水管渠。当水源、水厂和给水区的位置相近时，输水管渠的定线问题并不突出。但是由于需水量的快速增长，以及水源污染的日趋严重，为了从水量充沛、水质良好、便于防护的水源取水，就需有几十公里甚至几百公里外取水的远距离输水管渠，定线就比较复杂。

输水管渠在整个给水系统中是很重要的。它的一般特点是距离长，因此与河流、高地、交通路线等的交叉较多。多数情况下，输水管渠定线时，缺乏现成的地形平面图可以参照。如有地形图时，应先在图上初步选定几种可能的定线方案，然后到现场沿线踏勘了解，从投资、施工、管理等方面，对各种方案进行技术经济比较后再作决定。缺乏地形图时，则需在踏勘选线的基础上，进行地形测量，绘出地形图，然后在图上确定管线位置。

输水管渠定线时，必须与城市建设规划相结合，尽量缩短线路长度，减少拆迁，少占农田，便于管渠施工和运行维护，保证供水安全；应选择最佳的地形和地质条件，尽量沿现有道路定线，以便施工和检修；减少与铁路、公路和河流的交叉；管线避免穿越滑坡、岩层、沼泽、高地下水位和河水淹没与冲刷地区，以降低造价和便于管理。这些是输水管渠定线的基本原则。

当输水管渠定线时，经常会遇到山嘴、山谷、山岳等障碍物以及穿越河流和干沟等。这时应考虑：在山嘴地段是绕过山嘴还是开凿山嘴；在山谷地段是延长路线绕过还是用倒虹管；遇独山时是从远处绕过还是开凿隧洞通过，穿越河流或干沟时是用过河管还是倒虹管等。即使在平原地带，为了避开工程地质不良地段或其他障碍物，也须绕道而行或采取有效措施穿过。

输水管渠定线时，前述原则难以全部做到，但因输水管渠投资很大，特别是远距离输水时，必须重视这些原则，并根据具体情况灵活运用。

为保证安全供水，可以用一条输水管渠而在用水区附近建造水池进行流量调节，或者采用两条输水管渠。输水管渠条数主要根据输水量、事故时需保证的用水量、输水管渠长度、当地有无其他水源和用水量增长情况而定。供水不许间断时，输水管渠一般不宜少于两条。当输水量小、输水管长或有其他水源可以利用时，可考虑单管渠输水另加调节水池的方案。

输水管渠的输水方式可分成两类：第一类是水源低于给水区，例如取用江河水时，需要采用泵站加压输水，根据地形高差、管线长度和水管承压能力等情况，有时需在输水途中再设置加压泵站；第二类是水源位置高于给水区，例如取用蓄水库水时，有可能采用重力管渠输水。

根据水源和给水区的地形高差及地形变化，输水管渠可以是重力式或压力式。远距离输水时，地形往往有起有伏，采用压力式的较多。重力管渠的定线比较简单，可敷设在水力坡线以下并且尽量按最短的距离供水。

远距离输水时，一般情况往往是加压和重力输水两者的结合形式。有时虽然水源低于给水区，但个别地段也可借重力自流输水，水源高于给水区时，个别地段也有可能采用加压输水，如图 2.4 所示，在 1、3 处设泵站加压，上坡部分如 1～2 和 3～4 段用压力管，下坡部分根据地形采用无压或有压管渠，以节省投资。

图 2.4　重力管和压力管相结合输水

1、3-泵站；2、4-高位水池

为避免输水管渠局部损坏时，输水量降低过多，可在平行的 2 条或 3 条输水管渠之间设置连接管，并装置必要的阀门，以缩小事故检修时的断水范围。

输水管的最小坡度应大于 $1:5D$，D 为管径，以毫米计。输水管线坡度小于 1：1000 时，应每隔 0.5～1km 装置排气阀。即使在平坦地区，埋管时也应做成上升和下降的坡度，以便在管坡顶点设排气阀，管坡低处设泄水阀。排气阀一般以每公里设一个为宜，在管线起伏处应适当增设。管线埋深应按当地条件决定，在严寒地区敷设的管线应注意防止冰冻。

图 2.5 为输水管的平面和纵断面图。

2.4.3　给水管网定线

城市给水管网定线是指在地形平面图上确定管线的走向和位置。定线时一般只限于管网的干管以及干管之间的连接管，不包括从干管到用户的分配管和接到用户的进水管。图 2.6 中，实线表示干管，管径较大，用以输水到各地区。虚线表示分配管，它的作用是从干管取水供给用户和消火栓，管径较小，常由城市消防流量决定所需最小的管径。

由于给水管线一般敷设在街道下，就近供水给两侧用户，所以管网的形状常随城市的总平面布置图而定。

桩号	1+030	1+050	1+100	1+150	1+200	1+250	1+295	1+300	1+335	1+375	1+400
地面标高	29.76	29.41	29.16	27.16	26.71	26.41	24.50	24.20	23.10	23.50	24.45
管底标高	28.05		28.05	26.05		25.30	23.10	23.10	22.00	22.40	23.35
距离	100		50	50	100	45	5	45	40	25	
坡度	0		0	0.04		0.0075	0.0480		0.01		

比例：1:1000   过河管 0.038

图 2.5　输水管平面和纵断面图

城市给水管网定线取决于城市平面布置，供水区的地形，水源和调节构筑物位置，街区和用户特别是大用户的分布，河流、铁路、桥梁等的位置等，考虑的要点如下：

图 2.6　城市管网布置示意图

1-水厂；2-干管；3-分配管；4-高地水库

定线时，干管延伸方向应和二级泵站输水到水池、水塔、大用户的水流方向基本一致，如图 2.6 中的箭头所示。循水流方向以最短的距离布置一条或数条干管，干管位置应从用水量较大的街区通过。干管的间距，可根据街区情况，采用 500～800m。从经济上来说，给水管网的布置采用一条干管接出许多支管，形成树状网，费用最省，但从供水可靠性着想，以布置几条接近平行的干管并形成环状网为宜。

干管和干管之间的连接管使管网形成了环状网。连接管的作用在于局部管线损坏时，可以通过它重新分配流量，从而缩小断水范围，提高供水管网系统的可靠性。连接管的间距可根据街区的大小考虑在800~1000m左右。

干管一般按城市规划道路定线，但尽量避免在高级路面或重要道路下通过，以减少今后检修时的困难。管线在道路下的平面位置和标高，应符合城市或厂区地下管线综合设计的要求，给水管线和建筑物、铁路以及其他管道的水平净距，均应参照有关规定。

考虑了上述要求，城市管网将是树状网和若干环组成的环状网相结合的形式，管线大致均匀地分布于整个给水区域。

给水管网中还需安排其他一些管线和附属设备，例如在供水范围内的道路下需敷设分配管，以便把干管的水送到用户和消火栓。最小分配管直径为100mm，大城市采用150~200mm，主要原因是通过消防流量时，分配管中的水头损失不致过大，以免火灾地区的水压过低。

城市内的工厂、学校、医院等用水均从分配管接出，再通过房屋进水管接到用户。一般建筑物用一条进水管，用水要求较高的建筑物或建筑物群，有时在不同部位接入两条或数条进水管，以增加供水的可靠性。

2.5　排水管网系统规划布置

2.5.1　排水管网布置原则与形式

（1）排水管网布置原则

1）按照城市总体规划，结合当地实际情况布置排水管网，要进行多方案技术经济比较；

2）先确定排水区域和排水体制，然后布置排水管网，应按从干管到支管的顺序进行布置；

3）充分利用地形，采用重力流排除污水和雨水，并使管线最短和埋深最小；

4）协调好与其他管道、电缆和道路等工程的关系，考虑好与企业内部管网的衔接；

5）规划时要考虑到使管渠的施工、运行和维护方便；

6）远近期规划相结合，考虑发展，尽可能安排分期实施。

（2）排水管网布置形式

排水管网一般布置成树状网，根据地形不同，可采用两种基本布置形式——

图 2.7 排水管网的布置基本形式

（a）平行式布置；（b）正交式布置

1-支管；2-干管；3-支干管；4-截流干管；5-主干管；6-出口渠渠头；7-溢流口；

8-泵站；9-污水厂；10-污水灌溉田；11-河流

平行式和正交式。

平行式：排水干管与等高线平行，而主干管则与等高线基本垂直，如图 2.7（a）所示。平行式布置适应于城市地形坡度很大时，可以减少管道的埋深，避免设置过多的跌水井，改善干管的水力条件。

正交式：排水干管与地形等高线垂直相交，而主干管与等高线平行敷设，如图 2.7（b）所示。正交式适应于地形平坦略向一边倾斜的城市。

由于各城市地形差异很大，大中城市不同区域的地形条件也不相同，排水管网的布置要紧密结合各区域地形特点和排水体制进行，同时要考虑排水管渠流动的特点，即大流量干管坡度小，小流量支管坡度大。实际工程往往结合上述两种布置形式，构成丰富的具体布置形式，如图 2.8 所示。

2.5.2 污水管网布置

在进行城市污水管道的规划设计时，先要在城市总平面图上进行管道系统平面布置，也称定线。主要内容有：确定排水区界，划分排水流域；选择污水厂和出水口的位置；拟定污水干管及主干管的路线；确定需要提升的排水区域和设置

图 2.8   排水管网布置方案

1-城市边界；2-排水流域分界线；3-支管；4-干管、主干管；5-出水口；6-泵站；

7-处理厂、灌溉田；8-河流

泵站的位置等。平面布置得正确合理，可为设计阶段奠定良好基础，并使整个排水系统的投资节省。

污水管道平面布置，一般按先确定主干管、再定干管、最后定支管的顺序进行。在总体规划中，只决定污水主干管、干管的走向与平面位置。在详细规划中，还要决定污水支管的走向及位置。污水管网布置一般按以下步骤进行：

（1）划分排水区域与排水流域

排水区界是排水系统规划的界限，在排水区界内应根据地形和城市的竖向规划，划分排水流域。

一般地，流域边界应与分水线相符合。在地形起伏及丘陵地区，流域分界线与分水线基本一致。在地形平坦无显著分水线的地区，应使干管在最大埋深的情况下，让绝大部分污水自流排出。如有河流或铁路等障碍物贯穿，应根据地形情况，周围水体情况及倒虹管的设置情况等，通过方案比较，决定是否分为几个排水流域。

每一个排水流域应有一根或一根以上的干管，根据流域高程情况，就能确定干管水流方向和需要污水提升的地区。

(2) 干管布置与定线

通过干管布置，将各排水流域的污水收集并输送到污水处理厂或排放口中。污水干管应布置成树状网络，根据地形条件，可采用平行式或正交式布置形式。

在进行定线时，要在充分掌握资料的前提下综合考虑各种因素，使拟定的路线能因地制宜地利用有利条件而避免不利条件。通常影响污水管平面布置的主要因素有：地形和水文地质条件；城市总体规划、竖向规划和分期建设情况；排水体制、线路数目；污水处理利用情况、处理厂和排放口位置；排水量大的工业企业和公建情况；道路和交通情况；地下管线和构筑物的分布情况。

地形是影响管道定线的主要因素。定线时应充分利用地形，在整个排水区域较低的地方，如集水线或河岸低处敷设主干管及干管，便于支管的污水自流接入。地形较复杂时，宜布置成几个独立的排水系统，如由于地表中间隆起而布置成两个排水系统。若地势起伏较大，宜布置成高低区排水系统，高区不宜随便跌水，利用重力排入污水厂，并减少管道埋深；个别低洼地区应局部提升。

污水主干管的走向与数目取决于污水厂和出水口的位置与数目。如大城市或地形平坦的城市，可能要建几个污水厂分别处理与利用污水，就需设几个主干管。小城市或地形倾向一方的城市，通常只设一个污水厂，则只需敷设一条主干管。若几个城镇合建污水厂，则需建造相应的区域污水管道系统。

污水干管一般沿城市道路布置。不宜设在交通繁忙的快车道下和狭窄的街道下，也不宜设在无道路的空地上，而通常设在污水量较大或地下管线较少一侧的人行道、绿化带或慢车道下。道路宽度超过 40m 时，可考虑在道路两侧各设一条污水管，以减少连接支管的数目及与其他管道的交叉，并便于施工、检修和维护管理。污水干管最好以排放大量工业废水的工厂〈或污水量大的公共建筑〉为起端，除了能较快发挥效用外，还能保证良好的水力条件。

某城市污水管网布置如图 2.9 所示。

(3) 支管布置与定线

污水支管的平面布置取决于地形及街区建筑特征，并应便于用户接管排水。当

图 2.9　某城市污水管网布置平面图

0-排水区界；Ⅰ、Ⅱ、Ⅲ、Ⅳ-排水流域编号；1、2、3、4-各排水流域干管；5-污水处理厂

图 2.10　污水支管布置形式

(a) 低边式；(b) 围坊式；(c) 穿坊式

街区面积不太大，街区污水管网可采用集中出水方式时，街道支管敷设在服务街区较低侧的街道下，如图 2.10（a）所示，称低边式布置；当街区面积较大且地形平坦时，宜在街区四周的街道敷设污水支管，如图 2.10（b）所示，建筑物的污水排出管可与街道支管连接，称围坊式；街区已按规定确定，街区内污水管网按各建筑的需要设计，组成一个系统，再穿过其他街区并与所穿过街区的污水管网相连，如图 2.10（c）所示，称为穿坊式布置。

2.5.3 雨水管渠布置

随着城市化进程和路面普及率的提高，地面的存水、滞洪能力大大下降，雨水的径流量增大很快，通过建立一定的雨水贮留系统，一方面可以避免水淹之害，另一方面可以利用雨水作为城市水源，缓解用水紧张。

城市雨水管渠系统是由雨水口（如图 2.11 所示）、雨水管渠、检查井、出水口等构筑物组成的整套工程设施。城市雨水管渠规划布置的主要内容有：确定排水流域与排水方式，进行雨水管渠的定线；确定雨水泵房、雨水调节池、雨水排放口的位置。

图 2.11　雨水口布置
（a）雨水口在道路上的布置；（b）道路边雨水口布置
1-路边石；2-雨水口；3-道路路面

雨水管渠系统的布置，要求使雨水能顺畅及时地从城镇和厂区内排出去。一般可从以下几个方面进行考虑：

1) 充分利用地形，就近排入水体。规划雨水管线时，首先按地形划分排水区域，进行管线布置。根据地面标高和河道水位，划分自排区和强排区。自排区利用重力流自行将雨水排入河道；强排区需设雨水泵站提升后排入河道。根据分散和直捷的原则，多采用正交式布置，使雨水管渠尽量以最短的距离重力流排入附近的池塘、河流、湖泊等水体中。只有当水体位置较远且地形较平坦或地形不利的情况下，才需要设置雨水泵站。一般情况下，当地形坡度较大时，雨水干管宜布置在地形低处或溪谷线上。当地形平坦时，雨水干管宜布置在排水流域的中间，以便尽可能扩大重力流排除雨水的范围。

2）尽量避免设置雨水泵站。由于暴雨形成的径流量大，雨水泵站的投资也很大，且雨水泵站在一年中运转时间短，利用率低，所以应尽可能靠重力流排水。但在一些地形平坦、地势较低、区域较大或受潮汐影响的城市，在必须设置雨水泵站的情况下，把经过泵站排泄的雨水径流量减少到最小限度。

3）结合街区及道路规划布置。道路通常是街区内地面径流的集中地，所以道路边沟最好低于相邻街区地面标高，尽量利用道路两侧边沟排除地面径流。雨水管渠应平行于道路敷设，宜布置在人行道或草地下，不宜设在交通量大的干道下。

4）雨水管渠采用明渠和暗管相结合的形式。在城市市区，建筑密度较大、交通频繁地区，应采用暗管排雨水，尽管造价高，但卫生情况较好，养护方便，不影响交通；在城市郊区或建筑密度低、交通量小的地方，可采用明渠，以节省工程费用，降低造价。在受到埋深和出口深度限制的地区，可采用盖板明渠排除雨水。

5）雨水出口的设置。雨水出口的布置有分散和集中两种布置形式。当出口的水体离流域很近，水体的水位变化不大，洪水位低于流域地面标高，出水口的建筑费用不大时，宜采用分散出口，以便雨水就近排放，使管线较短，减小管径。反之，则可采用集中出口。

6）调蓄水体的布置。充分利用地形，选择适当的河湖水面和洼地作为调蓄池，以调节洪峰，降低沟道设计流量，减少泵站的设置数量。必要时，可以开挖池塘或人工河，以达到调节径流的目的。调蓄水体的布置应与城市总体规划相协调，把调蓄水体与景观规划、消防规划结合起来，亦可以把贮存的水量用于市政绿化和农田灌溉。

7）城市中靠近山麓建设的中心区、居住区、工业区，除了应设雨水管道外，应考虑在规划地区周围设置排洪沟，以拦截从分水岭以内排泄的洪水，避免洪水的损害。

2.5.4　废水综合治理和区域排水系统

城市污水和工业废水是造成水体污染的一个重要污染源。实践证明，对废水进行综合治理并纳入水污染防治体系，是解决水污染的重要途径。

废水综合治理应当对废水进行全面规划和综合治理。做好这一工作是与很多因素有关的，如要求有合理的生产布局和城市区域功能规划；要合理利用水体、土壤等自然环境的自净能力；严格控制废水和污染物的排放量；做好区域性综合治理及建立区域排水系统，等等。

合理的工业布局，有利于合理开发和利用自然资源，达到既保证自然资源的充分利用，并获得最佳的经济效果，又能使自然资源和自然环境免受破坏，减少废水及污染物的排放量。合理的生产布局也有利于区域污染的综合防治，合理地规划居住区、商业区、工业区等，使产生废水和污染物的单位尽量布置在水源的下游，同时应搞好水源保护和污水处理工程规划等。

各地区的水体、土壤等自然环境都不同程度地对污染物具有稀释、转化、扩散、净化等能力，而污水最终出路是要排放到外部水体或灌溉农田及绿地，所以应当充分发挥和合理利用自然环境的自净能力。例如，由生物氧化塘、贮存湖和污水灌溉田等组成的土地处理系统便是一种节省能源和合理利用水资源的经济有效方法，它又是生态系统物质循环和能量交换的一种经济高效的技术手段。

严格控制废水及污染物的排放量。防治废水污染，不是消极处理已产生的废水，而是控制和消除产生废水的源头。如尽量做到节约用水、废水重复使用及采用闭路循环系统、发展不用水或少用水或采用无污染或少污染生产工艺等，以减少废水及污染物的排放量。

发展区域性废水及水污染综合整治系统。区域是按照地理位置、自然资源和社会经济发展情况划定的，可以在更大范围内统筹安排经济、社会和环境的发展关系。区域规划有利于对废水的所有污染源进行全面规划和综合整治。

将两个以上城镇地区的污水统一排出和处理的系统，称作区域（或流域）排水系统。这种系统是以一个大型区域污水厂代替许多分散的小型污水厂，可以降低污水厂的基本建设和运行管理费用，而且能有效地防止工业和人口稠密地区的地面水污染，改善和保护环境。实践证明，生活污水和工业废水的混合处理效果以及控制的可靠性，大型区域污水厂比分散的小型污水厂高。所以，区域排水系统是由局部单项治理发展至区域综合治理，是控制水污染、改善和保护环境的新发展。要解决好区域综合治理应运用系统工程学的理论和方法以及现代计算技术，对复杂的各种因素进行系统分析，建立各种模拟试验和数学模拟方法，寻找污染控制的设计和管理的最优化方案。

图2.12为某地区的区域排水系统的平面示意图。区域内有6座已建和新建的城镇，在已建的城镇中均分别建了污水厂。按区域排水系统的规划，废除了原建的各城镇污水厂，用一个区域污水厂处理全区域排出的污水，并根据需要设置了泵站。区域排水系统的干管、主干管、泵站、污水厂等，分别称为区域干管、主干管、泵站、污水厂等。

区域排水系统在欧美、日本等一些国家，正在推广使用。它具有下列优点：污水厂数量少，处理设施大型化集中化，每单位水量的基建和运行管理费用低，因而比较经济；污水厂占地面积小，节省土地；水质、水量变化小，有利于运行管

图 2.12   区域排水系统示意图

1-区域主干管；2-压力管道；3-新建城市污水干管；4-泵站；5-废除的城镇污水厂；6-区域污水厂

理；河流等水资源利用与污水排放的体系合理化，而且可能形成统一的水资源管理体系等。区域排水系统的缺点有：当排入大量工业废水时，有可能使污水处理发生困难；工程设施规模大，组织与管理要求高，而且一旦污水厂运行管理不当，对整个河流影响较大。

在选择排水系统方案时，是否选择区域排水系统，应根据环境保护的要求，通过技术经济比较确定。

思 考 题

1. 给水排水工程规划的任务是什么？规划期限如何划分？

2. 给水排水工程规划要遵循哪些原则？工作程序如何？

3. 给水排水工程的年计算费用由哪些部分组成？

4. 静态年计算费用和动态年计算费用有何不同？你认为哪种计算方法更合理？

5. 城市用水量一般包括哪些部分？请分别举例说明。

6. 表达用水量变化有哪两种方法？它们分别是如何表达的？

7. 在城市用水量预测计算的常用方法之中，哪些方法需要有历史用水量资料？

8. 为什么城市越小，用水量变化越大？你认为还有哪些因素影响用水量变化系数？

9. 给水管网规划布置应遵循哪些基本原则？

10. 给水管网布置的两种基本形式是什么？试比较它们的优缺点？

11. 你认为输水管定线时可能遇到哪些问题？如何处理？

12. 为保证安全供水，应采用什么输水方案？

13. 给水管网定线时有哪些保证经济性和安全性的方法？

14. 排水管网布置应遵循哪些原则？

15. 排水管网布置的两种基本形式是什么？它们各适于何种地形条件？

第3章 给水排水管网水力学基础

3.1 给水排水管网水流特征

3.1.1 流态特征

水的流动有层流、紊流及介于两者之间的过渡流三种流态，不同流态下的水流阻力特性不同，在水力计算前要先进行流态判别。流态采用雷诺数 Re 表示，当 Re 小于 2000 时，一般为层流，当 Re 大于 4000 时，一般为紊流，当 Re 介于 2000 到 4000 之间时，水流状态不稳定，属于过渡流态。

但是，在对给水排水管网进行水力计算时均按紊流考虑，因为绝大多数情况下管渠里水流确实处于紊流流态。以圆管满流为例，给水排水管网中管道流速一般在 0.5~2.5m/s 之间，管径一般在 0.1~1.0m 之间，水温一般在 5~25℃之间，水的动力粘度系数在 1.52~0.89×10^{-6}m²/s 之间。经计算得水流雷诺数一般约在 33000~2800000 之间，显然处于紊流状态。对于排水管网中常用的非满管流和非圆管流，情况也大致如此。

紊流流态又分为三个阻力特征区：阻力平方区（又称粗糙管区）、过渡区及水力光滑管区。在阻力平方区，管渠水头损失与流速平方成正比，在水力光滑管区，管渠水头损失约与流速的 1.75 次方成正比，而在过渡区，管渠水头损失与流速的 1.75~2.0 次方成正比。紊流三个阻力区的划分，需要使用水力学的层流底层理论进行判别，主要与管径（或水力半径）及管壁粗糙度有关。在给水排水管网中，常用管道材料的直径与粗糙度范围内，经计算，阻力平方区与过渡区的流速界限在 0.6~1.5m/s 之间，过渡区与光滑区的流速界限则在 0.1m/s 以下。由于给水排水管网中的管渠流速一般在 0.5~2.5m/s 之间，水流均处于紊流过渡区和阻力平方区，不会到达紊流光滑管区。当管壁较粗糙或管径较大时，水流多处于阻力平方区。当管壁较光滑或管径较小时，水流多处于紊流过渡区。

3.1.2 恒定流与非恒定流

由于用水量和排水量的经常性变化，给水排水管网中的水流均处于非恒定流状态，特别是雨水排水及合流制排水管网中，流量骤涨骤落，水力因素随时间快速变化，属于显著的非恒定流。但是，非恒定流的水力计算特别复杂，在设计时，一般也只能按恒定流（又称稳定流）计算。

近年来，由于计算机技术的发展与普及，国内外已经有人开始研究和采用非恒定流计算给水排水管网，而且得到了更接近实际的结果。

3.1.3   均匀流与非均匀流

从总体上看，给水排水管网中的水流不但多为非恒定流，且常为非均匀流，即水流参数往往随时间和空间变化。特别是排水管网的明渠流或非满管流，通常都是非均匀流。

对于满管流动，如果管道截面在一段距离内不变且不发生转弯，则管内流动为均匀流；而当管道在局部分叉、转弯与变截面时，管内流动为非均匀流。均匀流的管道对水流阻力沿程不变，水流的水头损失可以采用沿程水头损失公式计算；满管流的非均匀流动距离一般较短，采用局部水头损失公式计算。

对于非满管流或渠流，只要长距离截面不变，也可以近似为均匀流，按沿程水头损失公式进行水力计算，对于短距离或特殊情况下的非均匀流动则运用水力学理论按缓流或急流计算，或者用计算机模拟。

3.1.4   压力流与重力流

压力流输水通过封闭的管道进行，水流阻力主要依靠水的压能克服，阻力大小只与管道内壁粗糙程度、管道长度和流速有关，与管道埋设深度和坡度等无关。重力流输水通过管道或渠道进行，管渠中水面与大气相通，且水流常常不充满管渠，水流的阻力主要依靠水的位能克服，形成水面沿水流方向降低，称为水力坡降。重力流输水时，要求管渠的埋设高程随着水流水力坡度下降。

给水排水管网根据需要和条件，可以采取压力流输水或重力流输水两种方式。给水管网基本上采用压力流输水方式，而排水管网多采用重力流输水方式。但是，在给水长距离输水时，当地形条件允许时也可以采用重力流输水以降低输水成本。对于排水管网，泵站出水管和过河倒虹管均为压力流，排水管道的实际过流超过设计能力时也会形成压力流。

从水流断面形式看，由于圆管的水力条件和结构性能好，在给水排水管网中采用最多，特别是压力流输水基本上采用圆管。圆管也用于重力流输水，在埋于地下时，圆管能很好地承受土壤的压力。除圆管外，明渠或暗渠一般只能用于重力流输水，其断面形状有多种，以梯形和矩形居多。

3.1.5   水流的水头与水头损失

水头是指单位重量的流体所具有的机械能，一般用符号 h 或 H 表示，常用单位为米水柱（mH_2O），简写为米（m）。水头分为位置水头、压力水头和流速水头三种形式。位置水头是指因为流体的位置高程所得到的机械能，又称位能，用流体所处的高程来度量，用符号 Z 表示；压力水头是指流体因为具有压力而携带的机械能，又称压能，根据压力进行计算，即 P/γ（式中 P 为计算断面上的压力，γ 为流体的比重）；流速水头是指因为流体的流动速度而具有的机械能，又称动能，根据流速进行计算，即 $v^2/2g$（式中 v 为计算断面平均流速，g 为重力加速度）。

位置水头和压力水头属于势能，它们加在一起称为测压管水头，流速水头属于动能。流体在流动的过程中，三种形式的水头（机械能）总是处于不断转换之中。给水排水管网中的测压管水头较之流速水头一般大得多，为了简化计算，流速水头往往可以忽略不计。

实际流体存在粘性，在流动中，流体受固定边界面的影响（包括摩擦与限制作用），导致断面流速分布不均匀，相邻流层间产生切应力，即流动阻力。流体克服流动阻力所消耗的机械能，称为水头损失。

当流体受固定边界限制做均匀流动（如断面大小、流动方向沿程不变的流动）时，流动阻力中只有沿程不变的切应力，称沿程阻力。由沿程阻力所引起的水头损失称为沿程水头损失。当流体的固定边界发生突然变化，引起流速分布或方向发生变化，从而集中发生在较短范围的阻力称为局部阻力。由局部阻力所引起的水头损失称为局部水头损失。

在给水排水管网中，由于管道长度较大，沿程水头损失一般远大于局部水头损失，所以在计算时一般忽略局部水头损失，或将局部阻力转换成等效长度的管道沿程水头损失进行计算。

3.2 管渠水头损失计算

3.2.1 沿程水头损失计算

管渠沿程水头损失通常用谢才公式计算，其形式为：

$$h_f = \frac{v^2}{C^2 R} l \qquad (\text{m}) \qquad (3.1)$$

式中　h_f——沿程水头损失，m；

　　　v——过水断面平均流速，m/s；

　　　C——谢才系数；

　　　R——过水断面水力半径，即断面面积除以湿周，m，对于圆管满流 $R = 0.25D$（D 为直径）；

　　　l——管渠长度，m。

对于圆管满流，沿程水头损失也可以用达西公式表示：

$$h_f = \lambda \frac{l}{D} \frac{v^2}{2g} \qquad (\text{m}) \qquad (3.2)$$

式中　D——管段直径，m；

　　　g——重力加速度，m/s^2；

　　　λ——沿程阻力系数，$\lambda = \dfrac{8g}{C^2}$。

谢才系数或沿程阻力系数与水流流态有关，一般只能采用经验公式或半经验公式计算。现将目前国内外使用较广泛的公式介绍如下。

(1) 舍维列夫（Ф. А. Шевелев）公式

舍维列夫公式适于旧铸铁管和旧钢管满管紊流，水温 10℃，常用于给水管道水力计算，公式为：

$$\lambda = \begin{cases} \dfrac{0.00214g}{D^{0.3}} & v \geqslant 1.2\text{m/s} \\[3mm] \dfrac{0.001824g}{D^{0.3}}\left(1 + \dfrac{0.867}{v}\right)^{0.3} & v < 1.2\text{m/s} \end{cases} \qquad (3.3)$$

代入式（3.2）得：

$$h_f = \begin{cases} \dfrac{0.00107v^2}{D^{1.3}}l & v \geqslant 1.2\text{m/s} \\[3mm] \dfrac{0.000912v^2}{D^{1.3}}\left(1 + \dfrac{0.867}{v}\right)^{0.3}l & v < 1.2\text{m/s} \end{cases} \qquad (3.4)$$

(2) 海曾-威廉（Hazen-Williams）公式

海曾-威廉公式适于较光滑的圆管满管紊流计算，主要用于给水管道水力计算，公式为：

$$\lambda = \frac{13.16gD^{0.13}}{C_w^{1.852}q^{0.148}} \qquad (3.5)$$

式中　q——流量，m^3/s；

　　　C_w——海曾-威廉粗糙系数，其值见表 3.1；

海曾-威廉粗糙系数 C_w 值　　　　　　　　　　　　　　　表 3.1

管道材料	C_w	管道材料	C_w
塑料管	150	新铸铁管、涂沥青或水泥的铸铁管	130
石棉水泥管	120~140	使用 5 年的铸铁管、焊接钢管	120
混凝土管、焊接钢管、木管	120	使用 10 年的铸铁管、焊接钢管	110
水泥衬里管	120	使用 20 年的铸铁管	90~100
陶土管	110	使用 30 年的铸铁管	75~90

其余符号意义同式（3.2）。

此式代入式（3.2）得：

$$h_f = \frac{10.67 q^{1.852}}{C_w^{1.852} D^{4.87}} l \tag{3.6}$$

（3）柯尔勃洛克-怀特（Colebrook-White）公式

柯尔勃洛克-怀特公式适于各种紊流，是适用性和计算精度最高的公式之一，公式为：

$$C = -17.71 \lg\left(\frac{e}{14.8R} + \frac{C}{3.53\text{Re}}\right) \text{ 或 } \frac{1}{\sqrt{\lambda}} = -2\lg\left(\frac{e}{3.7D} + \frac{2.51}{\text{Re}\sqrt{\lambda}}\right) \tag{3.7}$$

式中　Re——雷诺数，$\text{Re} = \frac{4vR}{\nu} = \frac{vD}{\nu}$，其中 ν 为与水温有关的水动力粘度系数，m^2/s；

　　　e——管壁当量粗糙度，m，由实验确定，常用管材 e 值见表3.2。

但此式需要迭代计算，不便于应用，可以简化为直接计算的形式：

$$C = -17.7 \lg\left(\frac{e}{14.8R} + \frac{4.462}{\text{Re}^{0.875}}\right) \text{ 或 } \frac{1}{\sqrt{\lambda}} = -2\lg\left(\frac{e}{3.7D} + \frac{4.462}{\text{Re}^{0.875}}\right) \tag{3.8}$$

常用管材内壁当量粗糙度 e（mm）　　　　　　　　　　　表3.2

管壁材料	光　滑	平　均	粗　糙
玻璃拉成的材料	0	0.003	0.006
钢、PVC 或 AC	0.015	0.03	0.06
有覆盖的钢	0.03	0.06	0.15
镀锌管、陶土管	0.06	0.15	0.3
铸铁或水泥衬里	0.15	0.3	0.6
预应力混凝土或木管	0.3	0.6	1.5
铆接钢管	1.5	3	6
脏的污水管道或结瘤的给水主管线	6	15	30
毛砌石头或土渠	60	150	300

（4）巴甫洛夫斯基（Н.Н. Павловский）公式

巴甫洛夫斯基公式适用于明渠流和非满流排水管道计算，公式为：

$$C = \frac{R^y}{n_B} \tag{3.9}$$

式中　$y = 2.5\sqrt{n_B} - 0.13 - 0.75\sqrt{R}(\sqrt{n_B} - 0.10)$

　　　n_B——巴甫洛夫斯基公式粗糙系数，见表3.3。

代入式（3.2）得：

$$h_f = \frac{n_B^2 v^2}{R^{2y+1}} l \tag{3.10}$$

常用管材粗糙系数 n_B 表 3.3

管壁材料	n_B	管壁材料	n_B
铸铁管、陶土管	0.013	浆砌砖渠道	0.015
混凝土管、钢筋混凝土管	0.013~0.014	浆砌块石渠道	0.017
水泥砂浆抹面渠道	0.013~0.014	干砌块石渠道	0.020~0.025
石棉水泥管、钢管	0.012	土明渠（带或不带草皮）	0.025~0.030

（5）曼宁（Manning）公式

曼宁公式是巴甫洛夫斯基公式中 $y=1/6$ 时的特例,适用于明渠或较粗糙的管道计算，公式为：

$$C = \frac{\sqrt[6]{R}}{n_M} \tag{3.11}$$

式中　n_M——曼宁公式粗糙系数，与巴甫洛夫斯基公式 n_B 相同，见表 3.3。

代入式（3.1）得：

$$h_f = \frac{n_M^2 v^2}{R^{1.333}} l \text{ 或 } h_f = \frac{10.29 n_M^2 q^2}{D^{5.333}} l \tag{3.12}$$

3.2.2　沿程水头损失计算公式的比较与选用

沿程水头损失计算公式都是在一定的实验基础上建立起来的，由于实验条件和适用条件的差别，各公式的适用条件和计算精度有所不同。除了对流态的适用性不同外，各公式对管壁粗糙度的表达也不相同，为便于比较和选用，应找出它们之间的对应关系。

比较各沿程水头损失计算公式的粗糙系数的依据是：在同样的水力条件下，各公式计算的水头损失值应该相同。由于柯尔勃洛克-怀特公式适用于较广的流态范围，考虑了较多的影响因素，可以认为其具有较高的精确度，以其计算结果作为标准，可以求出其他水头损失计算公式中的粗糙系数。即：

$$C_W = \frac{13.792 D^{0.0702}}{\lambda^{0.54} q^{0.0799}} \tag{3.13}$$

$$n_B = 0.11288 \sqrt{\lambda} \left(\frac{D}{4}\right)^y \tag{3.14}$$

$$n_M = 0.08961 \sqrt{\lambda} D^{0.1667} \tag{3.15}$$

针对给水排水系统常见水力条件，分别取水温 $t=10$、15、20、25℃，流速 $v=0.5$、1.0、1.5、2.0m/s，管径 $D=0.1$、0.2、……、1.0m。通过计算机编程

算出柯尔勃洛克-怀特公式当量粗糙度 e 与 n_B、n_M 及 C_W 之间的关系见表 3.4，同时计算出这些公式用对应粗糙系数计算沿程水头损失所产生的标准差 S_B、S_M、S_W 及舍维列夫公式的标准差 S_S，以判别各公式的计算精度和最佳适用范围。

沿程水头损失计算公式比较　　　　　　　　　表 3.4

e	n_B	S_B	n_M	S_M	C_W	S_W	S_S
0.05	0.0107	0.003	0.0095	0.003	145.1	0.001	0.015
0.10	0.0110	0.002	0.0099	0.003	139.4	0.001	0.013
0.25	0.0116	0.002	0.0106	0.003	129.1	0.001	0.010
0.50	0.0122	0.002	0.0114	0.002	119.7	0.004	0.007
0.75	0.0126	0.002	0.0119	0.002	113.8	0.005	0.005
1.00	0.0129	0.002	0.0123	0.002	109.5	0.005	0.002
1.25	0.0132	0.001	0.0127	0.001	106.1	0.006	0.001
1.50	0.0135	0.001	0.0130	0.001	103.3	0.007	0.001
2.00	0.0139	0.001	0.0136	0.001	98.8	0.008	0.004
3.00	0.0145	0.000	0.0144	0.001	92.5	0.010	0.009
4.00	0.0149	0.001	0.0151	0.001	88.0	0.012	0.014
5.00	0.0153	0.002	0.0157	0.003	84.5	0.014	0.018

注：表中 S_B、S_M、S_W 和 S_S 分别为巴甫洛夫斯基、曼宁、海曾-威廉和舍维列夫公式的标准差。

对表 3.4 的计算结果可作如下分析：

1）从总体来看，巴甫洛夫斯基公式具有较宽的适用范围，计算精度也较高，特别是对于较粗糙的管道，管道水流状态仍能保持较准确的计算结果，最佳适用范围为 $1.0 \leqslant e \leqslant 5.0mm$；

2）曼宁公式亦适用于较粗糙的管道，最佳适用范围为 $0.5 \leqslant e \leqslant 4.0mm$；

3）海曾-威廉公式则适用于较光滑的管道，特别是当 $e \leqslant 0.25mm$（$C_W \geqslant 130$）时，该公式较其他公式有较高的计算精度；

4）舍维列夫公式在 $1.0 \leqslant e \leqslant 1.5mm$ 之间给出了令人满意的结果，这说明建立舍维列夫公式时试验所用旧铸铁管或旧钢管的当量粗糙度在 $1.0 \sim 1.5mm$ 之内，这正是旧金属管道常见的粗糙度范围，因此，对通常条件下的旧金属管道，选用舍维列夫公式具有较好的实用效果。但是，由于舍维列夫公式没有考虑管壁粗糙程度的影响，对于管壁光滑或特别粗糙的管道，是不适用的。

正确选用沿程水头损失计算公式，具有重要经济价值和工程意义。实践证明，不同的计算公式所产生的计算结果具有较大的差别。如果公式选用不当，可能导致设计者选用不合理的管径和水泵扬程等，造成不应有的经济损失，甚至降低工程效益。

3.2.3　局部水头损失计算

局部水头损失用下式计算：

$$h_m = \zeta \frac{v^2}{2g} \tag{3.16}$$

式中　h_m——局部水头损失，m；

　　　ζ——局部阻力系数，见表3.5。

　　大量的计算表明，给水排水管网中的局部水头损失一般不超过沿程水头损失的5%，所以，在给水排水管网水力计算中，常忽略局部水头损失的影响，不会造成大的计算误差。

局部阻力系数ζ 表 3.5

局部阻力设施	ζ	局部阻力设施	ζ
全开闸阀	0.19	90°弯头	0.9
50%开启闸阀	2.06	45°弯头	0.4
截止阀	3~5.5	三通转弯	1.5
全开蝶阀	0.24	三流直流	0.1

3.2.4　水头损失公式的指数形式

　　将水头损失计算公式写成指数形式，有利于进行各种给水排水管网理论分析，也便于计算机程序设计。沿程水头损失计算公式的指数形式为：

$$h_f = \frac{kq^n}{D^m}l \tag{3.17}$$

或：
$$h_f = aq^n l \tag{3.18}$$

或：
$$h_f = s_f q^n \tag{3.19}$$

式中　k、n、m——指数公式参数，见表3.6；

　　　a——比阻，即单位管长的摩阻系数，$a = \dfrac{k}{D^m}$；

　　　s_f——摩阻系数，$s_f = al = \dfrac{kl}{D^m}$。

沿程水头损失指数公式参数 表 3.6

参　数	海曾-威廉公式	曼宁公式	舍维列夫公式[1]
k	$\dfrac{10.67}{C_w^{1.852}}$	$10.29 n_M^2$	0.001798
n	1.852	2.0	1.911
m	4.87	5.333	5.123

　　[1] 通过曲线拟合求得，适用范围 $t=10\sim25℃$，$D=0.1\sim1.0$m，$v=0.5\sim2.5$m/s。

　　局部水头损失公式也可以写成指数形式：

$$h_m = s_m q^n \tag{3.20}$$

式中 s_m——局部阻力系数。

沿程水头损失与局部水头损失之和为：

$$h_g=h_f+h_m=(s_f+s_m)q^n=s_gq^n \qquad (3.21)$$

式中 s_g——管道阻力系数，$s_g=s_f+s_m$。

3.3 非满流管渠水力计算

在许多情况下，给水排水管网中的水流为非满流，具有水体的自由表面，依靠管渠的底面坡度所形成的重力将水从底面高程高的一端输送到低的一端。如排水管网和长距离输水工程等，常采用非满流管渠。非满流管渠水力计算的目的，在于确定管渠的流量、流速、断面尺寸、充满度和坡度之间的水力关系。如前所述，给水排水管渠内的水流状态接近均匀流，因此，为了简化计算工作，目前在给水排水管渠的水力计算中一般都采用均匀流公式。

3.3.1 非满流管渠水力计算公式

由于非满流多数采用圆管，下面以圆管非满流为例，说明非满流水力计算的基本方法。

对于圆管非满流，其过水断面积 A 和水力半径 R 不但与管径 D 有关，且与管内水流充满度 h/D 有关。充满度如图 3.1 所示，用数学方法可导出下式：

图 3.1 圆形管渠充满度示意图

$$A=A(D,h/D)=\frac{D^2}{4}\cos^{-1}\left(1-2\frac{h}{D}\right)-\frac{D^2}{2}\left(1-2\frac{h}{D}\right)\sqrt{\frac{h}{D}\left(1-\frac{h}{D}\right)} \qquad (3.22)$$

$$R=R(D,h/D)=\frac{D}{4}-\frac{D\left(1-2\frac{h}{D}\right)\sqrt{\frac{h}{D}\left(1-\frac{h}{D}\right)}}{2\cos^{-1}\left(1-2\frac{h}{D}\right)} \qquad (3.23)$$

对于均匀流，可以采用谢才公式计算水水头损失，将曼宁公式代入并变换后写成如下形式：

$$v=\frac{1}{n_M}R^{\frac{2}{3}}I^{\frac{1}{2}} \qquad (3.24)$$

由流量与流速关系得：

$$q=\frac{1}{n_M}AR^{\frac{2}{3}}I^{\frac{1}{2}} \qquad (3.25)$$

将式（3.22）和（3.23）代入，则有：

$$v = \frac{1}{n_M} R^{\frac{2}{3}} (D,\ h/D)\ I^{\frac{1}{2}} \tag{3.26}$$

$$q = \frac{1}{n_M} A(D,h/D) R^{\frac{2}{3}}(D,h/D) I^{\frac{1}{2}} \tag{3.27}$$

　　这就是非满流管渠水力计算的基本公式，该两式中有 q、D、h、I 和 v 共五个变量，任意已知其中三个，就可以求出另一个。由于上式的形式很复杂，所以非满流管渠水力计算比满流管渠水力计算要复杂得多，特别是在已知流量、流速等参数求其充满度时，需要解非线性方程，除非使用计算机计算，手工计算是非常困难的。为此，必须找到手工计算的简化手段。

　　第一种简化手段是采用水力计算图表，即用式（3.26）和（3.27）制成相应的水力计算图表，将水力计算过程简化为查图表的过程。这是我国室外排水工程设计规范和手册上推荐采用的方法，使用起来比较简单，请参考设计手册或其他有关书籍，这里不详细介绍。该方法的缺点是计算精度较低，且只能用于一种粗糙度管材的计算，通用性较差，当采用一些新型管材（如塑料管）时无法适用。

　　另一种简化手段借助满流水力计算公式并通过一定的比例变换进行计算。首先假设有一条满流管渠与待计算的非满流管渠具有相同的管径 D 和水力坡度 I，并记其过水断面面积为 A_0，水力半径为 R_0，通过流量为 q_0，流速为 v_0，可以证明，A_0、R_0、q_0、v_0 与非满流相应 A、R、q、v 的比例均只与充满度有关，即：

$$\frac{R}{R_0} = 1 - \frac{2\left(1 - 2\dfrac{h}{D}\right)\sqrt{\dfrac{h}{D}\left(1 - \dfrac{h}{D}\right)}}{\cos^{-1}\left(1 - 2\dfrac{h}{D}\right)} \tag{3.28}$$

$$\frac{A}{A_0} = \frac{1}{\pi}\cos^{-1}\left(1 - 2\frac{h}{D}\right) - \frac{2}{\pi}\left(1 - 2\frac{h}{D}\right)\sqrt{\frac{h}{D}\left(1 - \frac{h}{D}\right)} \tag{3.29}$$

$$\frac{q}{q_0} = \frac{A}{A_0}\left(\frac{R}{R_0}\right)^{\frac{2}{3}} \tag{3.30}$$

$$\frac{v}{v_0} = \left(\frac{R}{R_0}\right)^{\frac{2}{3}} \tag{3.31}$$

式中　　R/R_0 ——非满流管道水力半径比；

　　　　A/A_0 ——非满流管道过水断面面积比；

　　　　q/q_0 ——非满流管道流量比；

　　　　v/v_0 ——非满流管道流速比。

　　根据以上公式可以制成图 3.2 和表 3.7，供水力计算时采用，具体计算方法见后述。

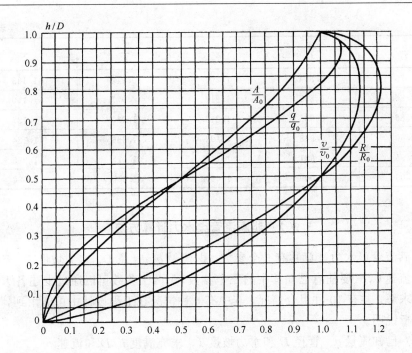

图 3.2 非满流圆管水力特性

非满流圆管水力特性 表 3.7

$\dfrac{h}{D}$	$\dfrac{A}{A_0}$	$\dfrac{R}{R_0}$	$\dfrac{q}{q_0}$	$\dfrac{v}{v_0}$
0.05	0.019	0.130	0.005	0.257
0.10	0.052	0.254	0.021	0.401
0.15	0.094	0.372	0.049	0.517
0.20	0.142	0.482	0.088	0.615
0.25	0.196	0.587	0.137	0.701
0.30	0.252	0.684	0.196	0.776
0.35	0.312	0.774	0.263	0.843
0.40	0.374	0.857	0.337	0.902
0.45	0.436	0.932	0.417	0.954
0.50	0.500	1.000	0.500	1.000
0.55	0.564	1.060	0.586	1.039
0.60	0.626	1.111	0.672	1.072
0.65	0.688	1.153	0.756	1.099
0.70	0.748	1.185	0.837	1.120

续表

$\dfrac{h}{D}$	$\dfrac{A}{A_0}$	$\dfrac{R}{R_0}$	$\dfrac{q}{q_0}$	$\dfrac{v}{v_0}$
0.75	0.804	1.207	0.912	1.133
0.80	0.858	1.217	0.977	1.140
0.85	0.906	1.213	1.030	1.137
0.90	0.948	1.192	1.066	1.124
0.95	0.981	1.146	1.075	1.095
1.00	1.000	1.000	1.000	1.000

3.3.2　非满流管渠水力计算方法

非满流管渠水力计算共有 5 个参数，即流量 q、管径 D、水力坡度 I、充满度 h/D 和流速 v，只要任意已知其中的三个参数，另两个参数可以通过上述各水力计算公式求解，共有 10 种组合情况，其中有 6 种情况在工程设计中可能用到，下面分别进行说明。

(1) 已知流量 q、管径 D 和水力坡度 I，求充满度 h/D 和流速 v

1) 先由下式计算 q/q_0，反查表 3.7 得充满度 h/D；

$$\frac{q}{q_0}=\frac{4^{\frac{5}{3}}}{\pi}\frac{n_M q}{D^{\frac{8}{3}}I^{\frac{1}{2}}}=\frac{3.208 n_M q}{D^{2.667}I^{0.5}} \tag{3.32}$$

2) 根据充满度 h/D，查表 3.7 得 A/A_0，然后用下式计算流速 v：

$$v=\frac{4q}{\pi D^2\,(A/A_0)}=\frac{1.273q}{D^2\,(A/A_0)} \tag{3.33}$$

【例 3.1】　已知某污水管道设计流量为 $q=100.00\text{L/s}$，根据地形条件可以采用的水力坡度为 $I=7‰$，初拟采用管径 $D=400\text{mm}$ 的钢筋混凝土管，粗糙系数 $n_M=0.014$，求其充满度 h/D 和流速 v。

【解】　用粗糙系数 $n_M=0.014$、管径 $D=0.4\text{m}$ 和水力坡度 $I=0.007$ 代入式 (3.32) 计算：

$$\frac{q}{q_0}=\frac{3.208 n_M q}{D^{2.667}I^{0.5}}=\frac{3.208\times0.014\times0.1}{0.4^{2.667}0.007^{0.5}}=0.618$$

反查表 3.7 得充满度 $h/D=56.9\%$（通过插值），相应的 $A/A_0=0.587$，由式 (3.33) 计算：

$$v=\frac{4q}{\pi D^2(A/A_0)}=\frac{1.273q}{D^2(A/A_0)}=\frac{1.273\times0.1}{0.4^2\times0.587}=1.36\quad(\text{m/s})$$

(2) 已知流量 q、管径 D 和流速 v，求充满度 h/D 和水力坡度 I

1) 先由下式计算 A/A_0，反查表 3.7 得充满度 h/D；

$$\frac{A}{A_0} = \frac{4}{\pi} \frac{q}{vD^2} = \frac{1.273q}{vD^2} \tag{3.34}$$

2）根据充满度 h/D，查表 3.7 得 R/R_0，然后用下式计算水力坡度 I：

$$I = 4^{\frac{4}{3}} \frac{(n_M v)^2}{(D \cdot R/R_0)^{\frac{4}{3}}} = \frac{6.350 (n_M v)^2}{(D \cdot R/R_0)^{1.333}} \tag{3.35}$$

【例 3.2】 已知某污水管道设计流量为 $q = 100.00 \text{L/s}$，由于管道敷设处地形平坦，为了尽量降低水力坡度，以减少管道埋深，拟采用较大管径 $D = 600 \text{mm}$ 的钢筋混凝土管，粗糙系数 $n_M = 0.014$，流速采用规范规定的最小值 $v = 0.6 \text{m/s}$，求其充满度 h/D 和水力坡度 I。

【解】 用粗糙系数 $n_M = 0.014$、管径 $D = 0.4 \text{m}$ 和流速 $v = 0.6 \text{m/s}$ 代入式 (3.34) 计算：

$$\frac{A}{A_0} = \frac{1.273q}{vD^2} = \frac{1.273 \times 0.1}{0.6 \times 0.6^2} = 0.589$$

反查表 3.7 得充满度 $h/D = 57.0\%$（通过插值），相应的 $R/R_0 = 1.081$，由式 (3.35) 计算：

$$I = \frac{6.350 (n_M v)^2}{(D \cdot R/R_0)^{1.333}} = \frac{6.350 \times (0.014 \times 0.6)^2}{(0.6 \times 1.081)^{1.333}} = 0.0008$$

（3）已知流量 q，管径 D 和充满度 h/D，求水力坡度 I 和流速 v

1）根据充满度 h/D 查表 3.7 求出 q/q_0，然后用下式计算水力坡度 I：

$$I = \frac{4^{\frac{10}{3}}}{\pi^2} \left(\frac{n_M q}{q/q_0}\right)^2 \frac{1}{D^{\frac{16}{3}}} = \frac{10.29}{D^{5.333}} \left(\frac{n_M q}{q/q_0}\right)^2 \tag{3.36}$$

2）根据充满度 h/D 查表 3.7 得 A/A_0，然后用式 (3.33) 计算流速 v。

【例 3.3】 已知某污水管道设计流量为 $q = 100.00 \text{L/s}$，由于管道敷设处地形平坦，为了尽量降低水力坡度，以减少管道埋深，拟采用较大管径 $D = 500 \text{mm}$ 的钢筋混凝土管，粗糙系数 $n_M = 0.014$，充满度采用规范规定的最大值 $h/D = 70\%$，求其水力坡度 I 和流速 v。

【解】 由充满度 $h/D = 0.70$ 查表 3.7 得，$q/q_0 = 0.837$，代入式 (3.36) 得：

$$I = \frac{10.29}{D^{5.333}} \left(\frac{n_M q}{q/q_0}\right)^2 = \frac{10.29}{0.5^{5.333}} \left(\frac{0.014 \times 0.1}{0.837}\right)^2 = 0.0012$$

由充满度 0.70 查表 3.7 得，$A/A_0 = 0.748$，流速为：

$$v = \frac{4q}{\pi D^2 (A/A_0)} = \frac{1.273q}{D^2 (A/A_0)} = \frac{1.273 \times 0.1}{0.5^2 \times 0.748} = 0.68 \quad (\text{m/s})$$

（4）已知流量 q、水力坡度 I 和充满度 h/D，求管径 D 和流速 v

1）根据充满度 h/D 查表 3.7 得 q/q_0，然后用下式计算管径 D：

$$D=\frac{4^{\frac{5}{8}}}{\pi^{\frac{3}{8}}}\left(\frac{n_{M}q}{q/q_{0}}\right)^{\frac{3}{8}}\frac{1}{I^{\frac{3}{16}}}=\frac{1.548}{I^{0.1875}}\left(\frac{n_{M}q}{q/q_{0}}\right)^{0.375} \tag{3.37}$$

2）根据充满度 h/D 查表 3.7 得 A/A_{0}，然后用式（3.33）计算流速 v。

【例 3.4】　已知某污水管道设计流量为 $q=100.00\mathrm{L/s}$，根据地形条件可以采用的水力坡度为 $I=7‰$，初拟采用最大充满度 $h/D=0.65$，采用钢筋混凝土排水管 $n_{M}=0.014$，求最小设计管径 D 和流速 v。

【解】　由充满度 0.65 查表 3.7 得，$q/q_{0}=0.756$，设计管径为：

$$D=\frac{1.548}{I^{0.1875}}\left(\frac{n_{M}q}{q/q_{0}}\right)^{0.375}=\frac{1.548}{0.007^{0.1875}}\times\left(\frac{0.014\times0.1}{0.756}\right)^{0.375}=0.37\quad(\mathrm{m})$$

由充满度 0.65 查表 3.7 得，$A/A_{0}=0.688$，流速为：

$$v=\frac{4q}{\pi D^{2}\ (A/A_{0})}=\frac{1.273q}{D^{2}\ (A/A_{0})}=\frac{1.273\times0.1}{0.37^{2}\times0.688}=1.35\quad(\mathrm{m/s})$$

（5）已知管径 D、充满度 h/D 和水力坡度 I，求流量 q 和流速 v

1）根据充满度 h/D，查表 3.7 求出 q/q_{0}，用下式计算流量 q：

$$q=\frac{\pi}{4^{\frac{5}{3}}}\frac{D^{\frac{8}{3}}I^{\frac{1}{2}}\ (q/q_{0})}{n_{M}}=\frac{0.3117D^{2.667}I^{0.5}\ (q/q_{0})}{n_{M}} \tag{3.38}$$

2）根据充满度 h/D 查表 3.7 得 A/A_{0}，然后用式（3.33）计算流速 v。

【例 3.5】　经过设计，某污水管采用直径 $D=400\mathrm{mm}$ 钢筋混凝土排水管，$n_{M}=0.014$，根据地形条件采用水力坡度 $I=6‰$，求在规范规定的最大充满度 $h/D=0.65$ 下，该管道可以通过的最大流量 q 和相应的流速 v。

【解】　由充满度 0.65 查表 3.7 得，$q/q_{0}=0.756$，代入式（3.38）得：

$$q=\frac{0.3117D^{2.667}I^{0.5}\ (q/q_{0})}{n_{M}}$$

$$=\frac{0.3117\times0.4^{2.667}\times0.006^{0.5}\times0.756}{0.014}=0.1132\quad(\mathrm{m}^{3}/\mathrm{s})$$

由充满度 0.65 查表 3.7 得，$A/A_{0}=0.688$，流速为：

$$v=\frac{4q}{\pi D^{2}\ (A/A_{0})}=\frac{1.273q}{D^{2}\ (A/A_{0})}=\frac{1.273\times0.1132}{0.4^{2}\times0.688}=1.31\quad(\mathrm{m/s})$$

（6）已知管径 D、水力坡度 I 和流速 v，求流量 q 和充满度 h/D

1）根据下式计算 R/R_{0}，由表 3.7 反查得 h/D；

$$\frac{R}{R_{0}}=\frac{4\ (n_{M}v)^{\frac{3}{2}}}{D\cdot I^{\frac{3}{4}}}=\frac{4\ (n_{M}v)^{1.5}}{D\cdot I^{0.75}} \tag{3.39}$$

2）由充满度 h/D 查表 3.7 得 A/A_{0}，然后用下式计算流量 q：

$$q=\frac{\pi}{4}vD^{2}\ (A/A_{0})=0.7854vD^{2}\ (A/A_{0}) \tag{3.40}$$

【例 3.6】　经过设计，某污水管采用直径 $D=600mm$ 钢筋混凝土排水管，n_M $=0.014$，根据地形条件采用水力坡度 $I=0.8‰$，求在规范规定的最小流速 $v=$ $0.6m/s$ 下，该管道可以通过的流量 q 和相应的充满度 h/D。

【解】　由 $n_M=0.014$、$D=0.6m$、$v=0.6m/s$ 和 $I=0.0008$，代入式 (3.39) 得：

$$\frac{R}{R_0}=\frac{4(n_M v)^{1.5}}{D \cdot I^{0.75}}=\frac{4\times(0.014\times0.6)^{1.5}}{0.6\times0.0008^{0.75}}=1.079$$

反查表 3.7 得充满度为 $h/D=56.9\%$，相应的 $A/A_0=0.587$，代入式 (3.40) 得：

$$q=0.7854vD^2(A/A_0)=0.7854\times0.6\times0.6^2\times0.587=0.0996 \quad (m^3/s)$$

3.4　管道的水力等效简化

在给水排水管网水力计算过程中，为了计算方便，经常采用水力等效原理，将局部管网简化成为一种较简单的形式。如多条管道串联或并联工作时，可以将其等效为单条管道；管道沿线分散的出流或者入流可以等效转换为集中的出流或入流；泵站多台水泵并联工作可以等效为单台水泵等。

水力等效简化原则是：经过简化后，等效的管网对象与原来的实际对象具有相同的水力特性。如两条并联管道简化成一条后，在相同的总输水流量下，应具有相同的水头损失。

3.4.1　串联或并联管道的简化

两条或两条以上管道串联使用，设它们的长度和直径分别为 l_1、d_1，l_2、d_2，$\cdots$，l_N、d_N，如图 3.3 所示，则可以将它们等效为一条直径为 d，长度为 l $=l_1+l_2+\cdots+l_N$ 的管道。根据水力等效原则有：

图 3.3　管道串联

$$\frac{kq^n l}{d^m}=\sum_{i=1}^{N}\frac{kq^n l_i}{d_i^m}$$

经变换，有：

$$d=\left(\frac{l}{\sum\limits_{i=1}^{N}\dfrac{l_i}{d_i^m}}\right)^{\frac{1}{m}} \tag{3.41}$$

图 3.4 管道并联

两条或两条以上管道并联使用，它们的长度相等，设为 l，并设它们的直径和流量分别为 d_1、q_1，d_2、q_2，$\cdots$，d_N、q_N，如图 3.4 所示，可以将它们等效为一条直径为 d 长度为 l 的管道，输送流量 $q=q_1+q_2+\cdots+q_N$，根据水力等效原则和公式（3.17），则有：

$$\frac{kq^n l}{d^m}=\frac{kq_1^n l}{d_1^m}=\frac{kq_2^n l}{d_2^m}=\cdots=\frac{kq_N^n l}{d_N^m}$$

经变换，有：

$$d=\left(\sum_{i=1}^{N}d_i^{\frac{m}{n}}\right)^{\frac{n}{m}} \tag{3.42}$$

特别是当并联管道直径相同时，有：

$$d=(N)^{\frac{n}{m}}d_i \tag{3.43}$$

【例 3.7】   两条相同直径管道并联使用，管径分别为 $DN200$、300、400、500、600、700、800、900、1000 和 1200mm，试计算等效管道直径。

【解】   采用曼宁公式计算水头损失，$n=2$，$m=5.333$，计算结果见表 3.8，如两条 $DN500$mm 管道并联，等效管道直径为：

$$d=(N)^{\frac{n}{m}}d_i=2^{\frac{2}{5.333}}\times 500=648 \quad (\text{mm})$$

双管并联等效管道直径　　　　　　　　　　　　　　　　**表 3.8**

双并联管径（mm）	200	300	400	500	600	700	800	900	1000	1200
等效管道直径（mm）	259	389	519	648	778	908	1037	1167	1297	1556

3.4.2 沿线均匀出流的简化

给水管网中的配水管沿线向用户供水，其中沿线用户用水流量为 q_l，向管道下游的转输流量为 q_t，如图 3.5 所示。假设沿线出流是均匀的，则管道内任意断面 x 上的流量可以表示为：

$$q_x=q_t+\frac{l-x}{l}q_l$$

沿程水头损失计算如下：

$$h_f=\int_0^l \frac{k\left(q_t+\dfrac{l-x}{l}q_l\right)^n}{d^m}dx=k\frac{(q_t+q_l)^{n+1}-q_t^{n+1}}{(n+1)\,d^m q_l}l$$

图 3.5 管道沿线出流

为了简化计算，现将沿线流量 q_l 分为两个集中流量，分别转移到管道的起端和末端，假设转移到末端的沿线流量为 αq_l（α 称为流量折算系数），其余沿线流量转移到起端，则通过管道的流量为 $q = q_t + \alpha q_l$，根据水力等效原则，应有：

$$h_f = k \frac{(q_t + q_l)^{n+1} - q_t^{n+1}}{(n+1) d^m q_l} l = k \frac{(q_t + \alpha q_l)^n}{d^m} l$$

令 $n = 2$，$\gamma = q_t/q_l$，代入上式可以求得：

$$\alpha = \sqrt{\gamma^2 + \gamma + \frac{1}{3}} - \gamma \tag{3.44}$$

从上式可见，流量折算系数 α 只和 γ 值有关，在管网末端的管道，因转输流量为零，即 $\gamma = 0$，代入上式得 $\alpha = \sqrt{1/3} = 0.577$，而在管网起端的管道，转输流量远大于沿线流量，$\gamma \to \infty$，流量折算系数 $\alpha \to 0.50$。由此表明，管道沿线出流的流量可以近似地一分为二，转移到两个端点上，由此造成的计算误差在工程上是允许的。

3.4.3 局部水头损失计算的简化

给水排水管网中的局部水头损失一般占总水头损失的比例较小，通常可以忽略不计。但在一些特殊情况下，局部水头损失必须进行计算。为了简化计算，可以将局部水头损失等效于一定长度的管道（称为当量管）的沿程水头损失，从而可以与沿程水头损失合并计算。

设某管道直径为 D，管道上的局部阻力设施的阻力系数为 ζ，令其局部水头损失与当量管的沿程水头损失相等，有：

$$\zeta \frac{v^2}{2g} = \lambda \frac{l_d}{D} \frac{v^2}{2g} = \frac{v^2}{C^2 R} l_d$$

经简化后有：

$$l_d = \frac{D\zeta}{\lambda} = \frac{D\zeta}{8g} C^2 \tag{3.45}$$

式中　l_d——当量管长度，m。

【例 3.8】　某管道直径 $D = 0.6\text{m}$，管壁粗糙系数 $n_M = 0.013$，管道中有 3 个

$45°$弯头，2 个闸阀，2 个直流三通，试计算当量管长度。

【解】   查表 3.5，该管道上总的局部阻力系数为：

$$\zeta=3\times0.4+2\times0.19+2\times0.1=1.78$$

采用曼宁公式计算谢才系数：

$$C=\frac{\sqrt[6]{R}}{n_M}=\frac{\sqrt[6]{0.25\times0.6}}{0.013}=56.07$$

于是，当量管长度为：

$$l_d=\frac{D\zeta}{8g}C^2=\frac{0.6\times1.78}{8\times9.81}\times56.07^2=42.8 \quad (m)$$

3.5 水泵与泵站水力特性

3.5.1 水泵水力特性公式及其参数计算

水泵是给水排水管网中的加压与提升设备，所提供的能量用扬程表示，扬程即水泵提供给单位重量水的机械能。水泵的机电性能决定了水泵流量与扬程之间的对应关系，这种关系是给水排水管网水力特性的组成部分，从水泵样本中可以查到其图形或表格表达形式，通过数学分析手段，可将水泵水力特性写成公式形式，将有利于在给水排水管网分析计算中应用。

（1）工频泵水力特性公式

给水排水管网中一般使用离心水泵，这类水泵在工频（即额定转速）下运行时，它的流量与扬程关系接近于抛物线，为便于与水头损失计算的指数公式统一，一般可写成如下形式：

$$h_p=h_e-s_p q_p^n \quad (m) \tag{3.46}$$

式中 h_p——水泵扬程，m；

q_p——水泵流量，m^3/s；

h_e——水泵静扬程，m；

s_p——水泵内阻；

n——与水头损失计算指数公式相同的指数。

参数 h_e 和 s_p 由曲线拟合计算，即从水泵样本中查得若干组（至少 2 组，且应分散于效率较高的区域）不同的（q_p, h_p）值，代入公式（3.46）中，得到线性方程组，根据最小二乘法原理，可以给出确定两个参数的公式：

$$h_e=\frac{\sum h_{pi}\sum q_{pi}^{2n}-\sum h_{pi}q_{pi}^n\sum q_{pi}^n}{N\sum q_{pi}^{2n}-(\sum q_{pi}^n)^2} \quad (m) \tag{3.47}$$

$$s_p = \frac{Nh_e - \Sigma h_{pi}}{\Sigma q_{pi}^n} \qquad (3.48)$$

式中 N——数据组数。

【例 3.9】 从水泵样本中查得 300S58 型水泵的流量与扬程关系如表 3.9 所示，试用最小二乘法求其水力特性公式（$n = 1.852$）中的参数 h_0 和 S_p。

300S58 型水泵流量与扬程关系 表 3.9

流　　量（m³/h）	576	792	972
扬　　程（m）	63.0	58.0	50.0

【解】 由表 3.9 中数据：

$$\Sigma q_{pi}^n = \left(\frac{576}{3600}\right)^{1.852} + \left(\frac{792}{3600}\right)^{1.852} + \left(\frac{972}{3600}\right)^{1.852} = 0.1826$$

$$\Sigma q_{pi}^{2n} = \left(\frac{576}{3600}\right)^{3.704} + \left(\frac{792}{3600}\right)^{3.704} + \left(\frac{972}{3600}\right)^{3.704} = 0.01262$$

$$\Sigma h_{pi} = 63.0 + 58.0 + 50.0 = 171.0$$

$$\Sigma h_{pi}q_{pi}^n = 63.0 \times \left(\frac{576}{3600}\right)^{1.852} + 58.0 \times \left(\frac{792}{3600}\right)^{1.852} + 50.0 \times \left(\frac{972}{3600}\right)^{1.852}$$

$$= 10.05$$

根据最小二乘法有：

$$h_e = \frac{\Sigma h_{pi}\Sigma q_{pi}^{2n} - \Sigma h_{pi}q_{pi}^n\Sigma q_{pi}^n}{N\Sigma q_{pi}^{2n} - (\Sigma q_{pi}^n)^2} = \frac{171.0 \times 0.01262 - 10.05 \times 0.1826}{3 \times 0.01262 - 0.1826 \times 0.1826} = 71.48$$

$$s_p = \frac{Nh_e - \Sigma h_{pi}}{\Sigma q_{pi}^n} = \frac{3 \times 71.48 - 171.0}{0.1826} = 237.9$$

即 300S58 型水泵水力特性为：

$$h_p = 71.48 - 237.9 q_p^{1.852} \quad (m)$$

部分常用型号水泵的水力特性公式参数见表 3.10。

常用型号水泵水力特性公式参数 表 3.10

水泵型号	n	h_e	s_p	水泵型号	n	h_e	s_p
100S90	2.0	102.51	26240	300S32	2.0	43.00	236.4
	1.852	103.42	16060		1.852	43.79	202.5
150S50	2.0	59.23	5088	300S58	2.0	70.47	275.6
	1.852	60.14	3522		1.852	71.48	237.9
150S78	2.0	90.63	6728	300S90	2.0	101.07	268.0
	1.852	91.66	4596		1.852	101.97	229.6
200S42	2.0	56.57	2395	350S44	2.0	60.19	136.3
	1.852	57.68	1774		1.852	61.38	125.5
200S63	2.0	79.04	2721	350S75	2.0	93.29	168.5
	1.852	80.33	2021		1.852	94.69	154.4

续表

水泵型号	n	h_e	s_p	水泵型号	n	h_e	s_p
200S95	2.0	110.83	2838	500S35	2.0	51.40	54.47
	1.852	111.82	2067		1.852	52.66	53.83
250S39	2.0	48.14	533.0	500S59	2.0	87.87	95.34
	1.852	48.86	428.5		1.852	90.07	94.23
250S65	2.0	77.71	685.9	500S98	2.0	146.80	159.0
	1.852	78.66	552.2		1.852	150.49	157.2

（2）调速水泵水力特性公式

水泵在变速情况下工作时，水力特性公式可表示为：

$$h_p = \left(\frac{r}{r_0} \right)^2 h_e - s_p q_p^n \quad (\text{m}) \tag{3.49}$$

式中　r_0——水泵额定转速，r/min；

　　　　r——水泵工作转速，r/min。

从上式可以看出，水泵在变速工作时，从理论上看，改变转速只会影响水泵的静扬程，而不会改变水泵的内阻。而且，水泵静扬程与转速比的平方成正比。

（3）考虑吸水和压水管路阻力后的水泵水力特性公式

将吸水和压水管路与水泵作为整体看待，则水泵扬程为：

$$h_p = h_e - s_p q_p^n - s_g q_p^n = h_e - (s_p + s_g) q_p^n \quad (\text{m}) \tag{3.50}$$

其中　s_g——吸水和压水管路总摩阻系数。

从此式可以看出，吸、压水管路的阻力与水泵内部的阻力一样，都具有降低水泵有效扬程的作用，可以理解为，静扬程 h_e 就是水泵提供的能量，而 $s_p q_p^n$ 和 $s_g q_p^n$ 分别为水泵内部和外部吸、压水管道上消耗的能量（即水头损失），如图 3.6 所示。

图 3.6　考虑吸压水管路后的水泵水力特性

1—水泵水力特性；2—吸压水管路水力特性；3—考虑吸压水管路后的水泵水力特性

3.5.2　并联泵站水力特性公式

给水排水管网中的水泵多数以并联形式工作，以便通过水泵的台数组合适应流量的变化。实现并联工作的水泵必须具有相近的工作扬程范围，特别是高效区的扬程范围应接近。

当多台水泵组合成泵站后，对给水排水管网而言，泵站表现出整体的水力特性。泵站的水力特性不但综合了组合成泵站的各台工作水泵的水力特性，而且也综合了泵站内部管道系统的水力特性。真实的情况是比较复杂的，但一般可以认为，泵站的水力特性仍表现出如公式（3.46）的模式。

（1）同型号水泵并联

两台以上同型号水泵并联工作时，每台泵的工作流量相等，所以其水力特性为：

$$h_p = h_e - \frac{s_p}{N^n} q_p^n \quad (m) \tag{3.51}$$

其中　　N——并联工作水泵台数。

如 3 台 300S58 型水泵并联工作的水力特性为：

$$h_p = 71.48 - \frac{237.9}{3^{1.852}} q_p^{1.852} = 71.48 - 31.10 q_p^{1.852} \quad (m)$$

如果考虑吸、压水管路的阻力 s_g，则多台水泵并联的水力特性为：

$$h_p = h_e - \frac{s_p + s_g}{N^n} q_p^n \quad (m) \tag{3.52}$$

（2）不同型号水泵并联

两台以上水泵并联工作，如果它们的型号不同，则它们的工作流量不等，其水力特性曲线不能直接由叠加得到，但可以采用最小二乘法求得。具体方法是：

1）查水泵样本，确定每台泵工作的高效扬程范围，找出它们共同的高效扬程段；

2）在共同的高效扬程段内取 2 个以上不同的扬程值，最好使它们均布于高效扬程段内，分别查各型号水泵的样本或通过已求出的单台泵水力特性公式，求出各个扬程值时每台水泵的流量，并将同一扬程下的每台泵流量相加，得出各扬程值对应的总流量；

3）以上述各个扬程值及对应总流量为数据，采用最小二乘法计算出水泵并联的水力特性公式参数，其具体方法与求单台泵水力特性公式参数相同。

若要考虑吸水和压水管路的阻力，则在上述第 2）步求每台水泵扬程前，先从每台泵水力特性曲线上扣除吸压水管路摩阻系数，如图 3.6 所示，再求每台泵流量。

【例 3.10】　某泵站有 3 台水泵并联工作，分别为 300S58 型 1 台，500S59 型 2 台，其中一台以 90%转速调速工作；300S58 型水泵吸水管直径为 $DN500$，压水管为 $DN400$，500S59 型水泵吸水管为 $DN700$，压水管为 $DN600$；吸水管局部阻力系数共计 1.52（吸水口一个、闸阀一个、偏心异径管一个），压水管局部阻力系数共计 1.62（异径管一个、闸阀一个、止回阀一个）；吸水和压水管路均不计沿程水头损失。试求泵站水力特性公式。

【解】　采用曼宁公式计算水头损失，$n=2$，先求出 300S58 和 500S59 两型号水泵的水力特性公式参数，直接查表 3.10 得 300S58 和 500S59 型水泵的水力特性公式分别为：

$$h_\mathrm{p}=70.47-275.6q_\mathrm{p}^2 \quad (\mathrm{m})$$

$$h_\mathrm{p}=87.87-95.34q_\mathrm{p}^2 \quad (\mathrm{m})$$

只计局部阻力，则吸、压水管道的摩阻为：$s_\mathrm{g}=\sum\dfrac{8\xi}{\pi^2 g d^4}=0.08263\sum\dfrac{\xi}{d^4}$，对于 300S58 和 500S59 型水泵的吸、压水管，摩阻分别为：

$$s_\mathrm{g}=0.08263\sum\frac{\xi}{d^4}=0.08263\times\left(\frac{1.52}{0.5^4}+\frac{1.62}{0.4^4}\right)=7.24$$

$$s_\mathrm{g}=0.08263\sum\frac{\xi}{d^4}=0.08263\times\left(\frac{1.52}{0.7^4}+\frac{1.62}{0.6^4}\right)=1.56$$

于是，包含吸压水管阻力后，300S58 型水泵、500S59 型水泵及 500S59 型水泵以 90%转速工作时的水力特性分别为：

$$h_\mathrm{p}=70.47-(275.6+7.24)q_\mathrm{p}^2=70.47-282.8q_\mathrm{p}^2 \quad (\mathrm{m})$$

$$h_\mathrm{p}=87.87-(95.34+1.56)q_\mathrm{p}^2=87.87-96.90q_\mathrm{p}^2 \quad (\mathrm{m})$$

$$h_\mathrm{p}=87.87\times0.9^2-96.90q_\mathrm{p}^2=71.17-96.90q_\mathrm{p}^2 \quad (\mathrm{m})$$

在高效段内分别取扬程值 65、60、55（m），代入上述三式，求得每台泵流量及总流量如表 3.11。

泵站中并联水泵流量　　　　　　　　　　　　　　　表 3.11

泵站扬程（m）	65	60	55
300S58 型水泵流量（m³/s）	0.139	0.192	0.234
500S59 型水泵流量（m³/s）	0.486	0.536	0.582
500S59 型水泵（90%转速）流量（m³/s）	0.252	0.340	0.409
泵站流量（m³/s）	0.877	1.068	1.225

由式（3.47）和式（3.48），求得 $h_\mathrm{e}=75.27$，$s_\mathrm{p}=13.43$，即泵站水力特性公式为：

$$h_\mathrm{p}=75.27-13.43q_\mathrm{p}^2 \quad (\mathrm{m})$$

思 考 题

1. 在给水排水管网中，沿程水头损失一般与流速（或流量）的多少次方成正比？为什么？

2. 为什么给水排水管网中的水流实际上是非恒定流，而水力计算时却按恒定流对待？

3. 如果沿程水头损失计算不准确，你认为可能是哪些原因？

4. 对于非满流而言，管渠充满度越大过流能力越大吗？为什么？

5. 在进行管道沿线均匀出流简化时，如果将一条管道划分为较短的多条管段，误差会减小吗？

6. 在管道直径未确定时，能将局部水头损失简化为当量长度管道沿程水头损失吗？为什么？

7. 水泵调速工作时，水泵转速不同会影响水泵内阻吗？

8. 多台同型号水泵并联（不考虑泵站内部管道阻力）时，工作泵台数不同会影响泵站静扬程吗？

习 题

1. 已知某管道直径为 500mm，长度为 1000m，管壁当量粗糙度为 1.25mm，流速为 1.2m/s，水温为 20℃，试分别用舍维列夫、海曾-威廉、科尔勃洛克-怀特、巴甫洛夫斯基和曼宁公式计算沿程水头损失（各公式查表 3.4）。

2. 某管道直径为 700mm，长度为 800m，海曾-威廉粗糙系数为 105，管道上有 45°弯头 2 个、直流三通 6 个、全开闸阀 2 个，输水流量为 480L/s，试分别计算沿程水头损失（用海曾-威廉公式）和局部水头损失，并计算出局部水头损失相当于沿程水头损失的百分比。

3. 某排水管道采用铸铁管，曼宁粗糙系数为 0.014，要求通过设计流量 300.00L/s，根据地形水力坡度采用 5‰，拟采用设计管径 600mm，求相应的充满度的流速。

4. 某排水管道粗糙系数为 0.014，设计流量 195L/s，充满度采用设计规范规定最大值，见表 9.5，分别计算采用设计管径 $DN400$、450、500、600、700mm 时的水力坡度。

5. 给水管网中某管段，从起端流入流量为 277.8L/s，沿线配水共计 28.8L/s（假定均匀出流），试计算流量折算系数 α。

6. 某泵站 3 台水泵并联工作，表 3.12 给出了它们在不同扬程下的流量，如果不计泵站内部管道的阻力，试求泵站水力特性公式（$n=2.0$）。

表 3.12

泵站扬程（m）	55	50	45	40
1# 泵站流量（m³/h）	184	216	244	270
2# 泵站流量（m³/h）	398	487	562	628
3# 泵站流量（m³/h）	778	1018	1212	1379

第4章 给水排水管网模型

4.1 给水排水管网的模型化

给水排水管网是一类大规模且复杂多变的网络系统,为便于规划、设计和运行管理,应将其简化和抽象为便于用图形和数据表达和分析的系统,称为给水排水管网模型。给水排水管网模型主要表达系统中各组成部分的拓扑关系和水力特性,将管网简化和抽象为管段和节点两类元素,并赋予工程属性,以便用水力学、图论和数学分析理论等进行表达和分析计算。

所谓简化,就是从实际系统中去掉一些比较次要的给水排水设施,使分析和计算集中于主要对象;所谓抽象,就是忽略所分析和处理对象的一些具体特征,而将它们视为模型中的元素,只考虑它们的拓扑关系和水力特性。

给水排水管网的简化包括管线的简化和附属设施的简化,根据简化的目的不同,简化的步骤、内容和结果也不完全相同。本节介绍简化的一般原则与方法。

4.1.1 给水排水管网的简化

(1) 简化原则

将给水排水管网简化为管网模型,把工程实际转化为数学问题,最终结果还要应用到实际的系统中去。要保证最终应用具有科学性和准确性,简化必须满足下列原则:

1) 宏观等效原则。即对给水排水管网某些局部简化以后,要保持其功能,各元素之间的关系不变。

宏观等效的原则也是相对的,要根据应用的要求与目的不同来灵活掌握。例如,当你的目标是确定水塔高度或泵站扬程时,两条并联的输水管可以简化为一条管道,但当你的目标是设计出输水管的直径时,就不能将其简化为一条管道了。

2) 小误差原则。简化必然带来模型与实际系统的误差,但只要将误差控制在一定范围,就是允许的。简化的允许误差也应灵活具体地掌握,一般要满足工程上的要求。

(2) 管线简化的一般方法

管线的简化主要有以下措施:

1) 删除次要管线(如管径较小的支管、配水管、出户管等),保留主干管线和干管线。次要管线、干管线和主干管线的确定也是相对的，当系统规模小或计算精度要求高时，可以将较小管径的管线定为干管线，当系统规模大或计算精度要求低时，可以将较大管径的管线定为次要管线。另外，当计算工具先进，如采用计算机进行计算时，可以将更多的管线定为干管线。干管线定得越多，则计算工作量越大，但计算结果越精确，反之，干管越少，计算越简单，计算误差也越大。

2）当管线交叉点很近时，可以将其合并为同一交叉点。相近交叉点合并后可以减少管线的数目，使系统简化。特别对于给水管网，为了施工便利和减小水流阻力，管线交叉处往往用两个三通代替四通（实际工程中很少使用四通），不必将两个三通认为是两个交叉点，仍应简化为四通交叉点。

3）将全开的阀门去掉，将管线从全闭阀门处切断。所以，全开和全闭的阀门都不必在简化的系统中出现。只有调节阀、减压阀等需要给予保留。

4）如管线包含不同的管材和规格，应采用水力等效原则将其等效为单一管材和规格，见第 3 章。

5）并联的管线可以简化为单管线，其直径采用水力等效原则计算，见第 3 章。

6）在可能的情况下，将大系统拆分为多个小系统，分别进行分析计算。

如图 4.1 (a) 所示给水管网，简化后如图 4.1 (b) 所示。

图 4.1　给水管网简化示意图
(a) 简化前；(b) 简化后

（3）附属设施简化的一般方法

给水排水管网的附属设施包括泵站、调节构筑物（水池、水塔等）、消火栓、减压阀、跌水井、雨水口、检查井等，均可进行简化。具体措施包括：

1）删除不影响全局水力特性的设施，如全开的闸阀、排气阀、泄水阀、消火栓、检查井等。

2）将同一处的多个相同设施合并，如同一处的多个水量调节设施（清水池、水塔、均和调节池等）合并，并联或串联工作的水泵或泵站合并等。

4.1.2　给水排水管网的抽象

经过简化的给水排水管网需要进一步抽象，使之成为仅由管段和节点两类元素组成的管网模型。在管网模型中，管段与节点相互关联，即管段的两端为节点，节点之间通过管段连通。

（1）管段

管段是管线和泵站等简化后的抽象形式，它只能输送水量，而不允许改变水量，即管段中间不允许有流量输入或输出，但管段中可以改变水的能量，如具有水头损失，可以加压或降压等。管段中间的流量应运用水力等效的原则折算到管段的两端节点上，通常给水管网将管段沿线配水流量一分为二分别转移到管段两端节点上，而排水管网将管段沿线收集水量折算到管段起端节点。相对而言，给水管网的处理方法误差较小，而排水管网的处理更为安全。

当管线中间有较大的集中流量时，无论是流出或流入，应在集中流量点处划分管段，设置节点，因为大流量不能移位，否则会造成较大的水力计算误差。同理，沿线出流或入流的管线较长时，应将其分成若干条管段，以避免将沿线流量折算成节点流量时出现较大误差。

泵站、减压阀、跌水井、非全开阀门等则应设于管段上，因为它们的属性与管段相同，即它们只通过流量而不改变流量，且具有水的能量损失。

（2）节点

节点是管线交叉点、端点或大流量出入点的抽象形式。节点只能传递能量，不能改变水的能量，即节点上水的能量（水头值）是惟一的，但节点可以有流量的输入或输出。如用水的输出、排水的收集或水量调节等。

泵站、减压阀、跌水井及阀门等改变水流能量或具有阻力的设施不能置于节点上，因为它们不符合节点的属性，即使这些设施的实际位置可能就在节点上，或者靠近节点，也必须认为它们处于管段上。如排水管网的管渠在流入检查井时如果跌水，应该认为跌水是在管段末端完成的，而不能认为是在节点上完成的，又如给水或排水的泵站，一般都是从水池吸水，则吸水井处为节点，泵站内的水泵和连接管道简化后置于管段上靠近吸水井节点端。

（3）管段和节点的属性

管段和节点的特征包括构造属性、拓扑属性和水力属性三个方面。构造属性是拓扑属性和水力属性的基础，水力属性是管段和节点在系统中的水力特征的表现，拓扑属性是管段与节点之间的关联关系。构造属性通过系统设计确定，拓扑属性采用数学图论表达，水力属性则运用水力学理论进行分析和计算。

管段的构造属性有：

1）管段长度，简称管长，一般以 m 为单位；

图 4.2 由节点和管段组成的管网模型

2）管段直径，简称管径，一般以 m 或 mm 为单位，非圆管可以采用当量直径表示；

3）管段粗糙系数，表示管道内壁粗糙程度，与管道材料有关；

管段的拓扑属性有：

1）管段方向，是一个设定的固定方向（不是流向，也不是泵站的加压方向，但当泵站加压方向确定时一般取其方向）；

2）起端节点，简称起点；

3）终端节点，简称终点。

管段的水力属性有：

1）管段流量，是一个带符号值，正值表示流向与管段方向相同，负值表示流向与管段方向相反，单位常用 m^3/s 或 L/s；

2）管段流速，即水流通过管段的速度，也是一个带符号值，其方向与管段流量相同，常用单位为 m/s；

3）管段扬程，即管段上泵站传递给水流的能量，也是一个带符号值，正值表示泵站加压方向与管向相同，负值表示泵站加压方向与管段方向相反，单位常用 m；

4）管段摩阻，表示管段对水流阻力的大小；

5）管段压降，表示水流从管段起点输送到终点后，其机械能的减小量，因为忽略了流速水头，所以称为压降，意为压力水头的降低量，常用单位为 m。

节点的构造属性有：

1）节点高程，即节点所在地点附近的平均地面标高，单位为 m；

2）节点位置，可用平面坐标 (x, y) 表示。

节点的拓扑属性有：

1) 与节点关联的管段及其方向；

2) 节点的度，即与节点关联的管段数。

节点的水力属性有：

1) 节点流量，即从节点流入或流出系统的流量，是带符号值，正值表示流出节点，负值表示流入节点，单位常用 m^3/s 或 L/s；

2) 节点水头，表示流过节点的单位重量的水流所具有的机械能，一般采用与节点高程相同的高程体系，单位为 m，对于非满流，节点水头即管渠内水面高程；

3) 自由水头，仅对有压流，指节点水头高出地面高程的高度，单位为 m。

4.1.3   管网模型的标识

将给水排水管网简化和抽象为管网模型后，应该对其进行适当的标识，以便于以后的分析和计算。标识的内容包括：节点与管段的命名或编号；管段方向与节点流向设定等。

（1）节点和管段编号

节点和管段编号，就是要给节点和管段命名，命名的目的是为了便于引用，所以，可以用任意符号命名。为了便于计算机程序处理，通常采用正整数进行编号，如 1，2，3，…，同时，编号时应尽量连续使用编号，以便于用程序顺序操作。采用连续编号的另一个好处是，最大的管段编号就是管网模型中的管段总数，最大的节点编号就是管网模型中的节点总数。

为了区分节点和管段编号，一般在节点编号两边加上小括号，如（1），（2），（3），…；而在管段编号两边加上中括号，如 [1]，[2]，[3]，…。

（2）管段方向的设定

管段的一些属性是有方向性的，如流量、流速、压降等，它们的方向都是根据管段的设定方向而定的，只有当给出管段设定方向后，才能将管段两端节点分别定义为起点和终点，即管段设定方向总是从起点指向终点。

需要特别说明的是，管段设定方向不一定等于管段中水的流向，因为有些管段中的水流方向是可能发生变化的，而且有时在计算前还无法确定流向，必须先假定一个方向，如何实际流向与设定方向不一致，则采用数学手段处理，即用负值表示。也就是说，当管段流量、流速、压降等为负值时，表明它们的方向与管段设定方向相反。

从理论上讲，管段方向的设定可以任意，但为了不出现太多的负值，一般应尽量使管段的设定方向与流向一致。

（3）节点流量的方向设定

节点流量的方向，总是假定以流出节点为正，所以管网模型中以一个离开节点的箭头标示。如果节点流量实际上为流入节点，则认为节点流量为负值。如给水管网的水源供水节点，或排水管网中的大多数节点，它们的节点流量都为负。

需要指出，有些国家习惯以流入节点流量为正，所以节点流量符号与我国的规定正好相反。参阅国外文献和使用国外管网计算软件时请注意。

以图 4.2 所示的管网模型为例，经过标识的管网模型如图 4.3 所示。

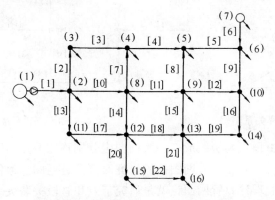

图 4.3　管网图的节点与管段编号

4.2　管网模型的拓扑特性

管网模型用于描述、模拟或表达给水排水管网的拓扑特性和水力特性。所谓管网模型的拓扑特性，即管网模型中节点与管段的关联关系，其分析方法采用数学的图论理论，所谓管网模型的水力特性，就是指管网模型中节点和管段传递、输送流量和能量的特性，其理论基础是质量守恒定律和能量守恒定律。

4.2.1　管网图的基本概念

图论是数学理论的一个分支，研究事物之间关联关系的，本节将图论的概念与理论引入到给水排水管网模型的分析与计算中来，称之为管网图论。

管网图论的概念和理论与数学图论是一致的，但是，为了易于理解，有些名词采用了本专业习惯的叫法，请读者在参阅图论书籍时注意区分。

（1）图的定义

对于给水排水管网模型，当略去其构造和水力特征之后，仅仅考虑节点和管段之间的关联关系时，称为管网图。管网图与数学图论中定义的图是相同的，它与人们通常所熟悉的图，例如圆、椭圆、函数图形等是很不相同的。管网图或图论中所谓的图，是指某类具体事物和这些事物之间的联系，简而言之，图就是关系或联系，图不是图像或图形。事物之间的关联关系又称拓扑关系。

如图4.4所示，*A*、*B*、*C*、*D* 四支球队的竞赛关系，构成一个图；图4.5所示则为某排水管网图。

图4.4　球队竞赛关系图

图4.5　排水管网图

图论中的图由顶点和边组成，在管网图中分别称为节点和管段。

图论的研究对象是图，管网图论的研究对象是管网图。通俗地讲，图论是研究事物关联关系的理论，管网图论就是研究节点和管段关联关系的理论。

管网图的表示一般有三种方法，下面介绍两种常用方法：

1）几何表示法：在平面上画上点（为清楚起见，一般画成小的实心圆或空心圆圈）表示节点，在相联系的节点之间画上直线段或曲线段表示管段，所构成的图形表示一个管网图。只要线段所联系的点不变，改变点的位置或改变线段的长度与形状等，均不改变管网图。

几何表示是一种形象的方法，通常在人工分析管网问题时采用。由于管网图来源于管网布置的形状，所以容易在概念上产生混淆，一定要注意区别。如管网图只是表示管网的拓扑关系，所以不必在意节点的位置、管段的长度等构造要素，也就是说，管网图中的节点的位置和管段长度等不必与实际情况相符，转折或弯曲的管段也可以画成直线，管段也可以拉长或缩短，只要节点和管段的关联关系不变。

如图4.3和图4.5分别为一个给水管网图和排水管网图的几何表示。

2）图的集合表示：设有节点集合 $V = \{v_1, v_2, v_3, \cdots v_n\}$ 和管段集合 $E = \{e_1, e_2, e_3, \cdots e_m\}$，且任一管段 $e_k = (v_i, v_j) \in E$ 与节点 $v_i \in V$ 和 $v_j \in V$ 关联，则集合 V 和 E 构成一个管网图，记为 $G(V, E)$。$N = |V|$ 为管网图的节点数，$M = |E|$ 为管网图的管段数，节点 v_i、v_j 称为这管段 e_k 的端点，称管段 $e_k = (v_i, v_j)$ 与节点 v_i 或 v_j 相互关联，称节点 v_i 与 v_j 为相邻节点。

以图4.5所示管网图为例，该管网图的集合表示为 $G(V, E)$，节点集合为：

$$V = \{1, 2, 3, 4, 5, 6, 7, 8, 9, 10, 11, 12\};$$

而管段集合为：

$$E = \{(1,2), (2,3), (3,4), (4,5), (5,6), (6,7), (8,3), (9,10), (10,5), (11,12), (12,10)\}.$$

管网图的节点数为 $N(G)=12$，管段数 $M(G)=11$。

（2）有向图

在管网图 $G(V,E)$ 中，关联任意管段 $e_k=(v_i,v_j)\in E$ 的两个节点 $v_i\in V$ 和 $v_j\in V$ 是有序的，即 $e_k=(v_i,v_j)\neq(v_j,v_i)$，所以管网图 G 为有向图，为表明管段的方向，记 $e_k=(v_i\to v_j)$，节点 v_i 称为起点，节点 v_j 称为终点。在用几何图形直观地表示管网图时，管段画成带有箭头的线段，如图 4.5 所示。图 4.5 所示管网图也可用集合表示为 $G(V,E)$，其中：

$V=\{1,2,3,4,5,6,7,8,9,10,11,12\}$；

$E=\{(1\to2),(2\to3),(3\to4),(4\to5),(5\to6),(6\to7),(8\to3),(9\to10),$ $(10\to5),(11\to12),(12\to10)\}$。

在管网模型中，常用各管段的起点集合和终点集合来表示管网图。所谓起点集合，即由各管段起始节点编号组成的集合，记为 F；所谓终点集合，即由各管段终到节点编号组成的集合，记为 T。仍以图 4.5 所示管网为例，管网图的起点集合和终点集合分别为：

$F=\{1,2,3,4,5,6,8,9,10,11,12\}$；

$T=\{2,3,4,5,6,7,3,10,5,12,10\}$。

（3）管网图的连通性

图论中有关连通图和非连通图的定义是：若图 $G(V,E)$ 中任意两个顶点均通过一系列边及顶点相连通，即从一个顶点出发，经过一系列相关联的边和顶点，可以到达其余任一顶点，则称图 G 为连通图，否则称图 G 为非连通图。

一个非连通图 $G(V,E)$ 总可以分为若干个相互连通的部分，称为图 G 的连通分支，图 G 的连通分支数记为 P。显然，对于连通图 G，$P=1$。如图 4.6 所示为非连通图，且 $P=3$。

显然，管网图一般都是连通图，但有时为了进行特定的分析处理，可能从管网图中删除一些管段，使管网图成为非连通图。以图 4.5 所示管网图为例，若删除任意一条管段，该管网图就不再连通。

（4）管网图的可平面图性

图论中定义，一个图 $G(V,E)$，如果能把它画在平面上时，任意两条边均不相交，则称 G 为可平面图，否则称为非可平面图。以适当方式画在平面上的可平面图称为平面图。如图 4.4 和 4.6 所示图均为平面图，而图 4.7 所示图是非可平面图。

管网图一般都是可平面图，而且一般在用几何表示时，均画成平面图。

图论中定义，对于平面图 $G(V,E)$，由若干条边所包围的区域，其内部不含顶点，也不含其他边，这样的区域称为面，也称内部面。从广义讲，在平面图的周围，未被任何边所包围的区域也是一个面，也可认为是外部面。

图 4.6   非连通图

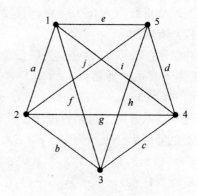

图 4.7   非可平面图

类似地，在管网图论中定义，对于画成平面图的管网图 $G(V, E)$，由若干管段所包围的区域，其内部不含节点，也不含其他管段，这样的区域称为环，也称内环。在管网图的周围，未被任何管段所包围的区域也是一个环，称为是外环。

对于一个画面平面图的管网图，设节点数为 N，管段数为 M，连通分支数为 P，内环数为 L，则它们之间存在一个固定的关系，用欧拉公式表示：

$$L+N=M+P \tag{4.1}$$

特别地，对于一个连通且画在平面上的管网图，欧拉公式为：

$$M=L+N-1 \tag{4.2}$$

4.2.2   管网图的关联集与割集

（1）节点的度

在管网图 $G(V, E)$ 中，与某节点 v 关联的管段的数目称为该节点的度，记为 $d(v)$，简记为 d_v。由于每条管段均与两个节点相关联，所以管网图 G 中各节点度之和等于其管段数的两倍，即：

$$\sum_{v \in G} d(v) = 2M \tag{4.3}$$

如图 4.8 所示管网图中，节点 $d_1=1$、$d_2=3$、$d_3=3$、$d_4=2$、$d_5=2$、$d_6=3$、$d_7=2$，它们之和为：$d_1+d_2+d_3+d_4+d_5+d_6+d_7=2M=16$

（2）关联集

关联集用于表示管网图的节点与管段的关联关系。对于管网图 $G(V, E)$，与节点 v 相关联的管段组成的集合称为节点 v 的关联集，记为 $S(v)$，或简记为 S_v。

如图 4.8 所示图中，各节点关联集为：$S_1=\{1\}$、$S_2=\{1,2,4\}$、$S_3=\{2,3,5\}$、$S_4=\{3,6\}$、$S_5=\{4,7\}$、$S_6=\{5,7,8\}$、$S_7=\{6,8\}$。

（3）割集

在连通的管网图 $G(V, E)$ 中有若干个相互关联的节点集 $V_1 \subset V$，若将它们与原图分离，需要切断的管段组成集合，称为 G 的一个割集，记为 $S(V_1)$，被分离的节点集 V_1 称为割节点集。若割节点集包含两个以上节点，则称为大节点。关联集是分离一个节点的割集，它是割集的特例，称为节点割集。

如图 4.8 所示管网图，$S(1,2)=\{2,4\}$、$S(3,6)=\{2,3,7,8\}$、$S(5,6,7)=\{4,5,6\}$ 等均为割集，关联集 $S(4)=\{3,6\}$ 等也是割集。

图 4.8 管网图的割集

4.2.3 路径与回路

(1) 路径

在管网图 $G(V,E)$ 中，从节点 v_0 到 v_k 的一个节点与管段交替的有限非零序列 $v_0e_0v_1e_1\cdots e_kv_k$ 称为行走，如果行走不含重复的节点，则行走所经过的管段集称为路径。路径所含管段数 k 称为路径的长度，v_0 与 v_k 分别称为路径的起点和终点，路径的方向由顶点 v_0 走向 v_k。路径用集合简记为：$R_{v_0,v_k}=\{e_1,e_2,\cdots,e_k\}$。管段是路径的特例，其起点和终点就是自己的两个端点。

如图 4.9 所示图中，从起点 1 到终点 7 的一条路径为 $R_{1,7}=\{1,4,7,8\}$。

图 4.9 管网图的回路

(2) 回路

在管网图 $G(V,E)$ 中，起点与终点重合的路径称为回路，回路记为 R_K，k 为回路的编号，回路的方向可以任意设定。显然，环也是回路，它是平面图中回路的特例，环的方向一般设定为顺时针方向。

如图 4.9 所示图中，$R_1=\{2,5,7,4\}$、$R_2=\{2,3,6,8,7,4\}$ 均为回路，其中 R_1 是环。

若两个回路有一条公共管段或路径，则它们合并后仍为回路。特别当管网图画在平面上，则任意回路均为若干个环合并而成。习惯上，管网图中由一个以上环组成的回路又称为大环。

4.2.4 树

（1）树及其性质

无回路且连通的管网图 $G(V, E)$ 定义为树，用符号 $T(V, G)$ 表示，组成树的管段称为树枝。排水管网和小型的给水管网通常采用树状管网，其拓扑特性即为树，如图 4.10 所示。

树具有如下性质：

1）在树中，任意删除一条管段，将使管网图成为非连通图。因此，每一树枝均为桥或割集。

2）在树中，任意两个节点之间必然存在且仅存在一条路径。

3）在树的任意两个不相同的节点间加上一条管段，则出现一个回路。

4）由于不含回路（$L=0$），树的节点数 N 与树枝数 M 关系为：

$$M = N - 1 \tag{4.4}$$

（2）生成树

从连通的管网图 $G(V, E)$ 中删除若干条管段后，使之成为树，则该树称为原管网图 G 的生成树。生成树包含了连通管网图的全部节点和部分管段。

在构成生成树时，被保留的管段称为树枝，被删除的管段称为连枝。对于画在平面上的管网图，其连枝数等于环数 L。删除连枝要满足两个条件：

1）保持原管网图的连通性；

2）必须破坏所有的环或回路。

如图 4.11 所示管网图，实线为树枝，构成生成树，虚线为连枝。

图 4.10   树

图 4.11   生成树

4.3   管网模型的水力特性

在第 3 章中曾经提到，虽然给水排水管网中的实际水流状态是复杂和多变的，但是为了便于分析计算,通常假设它们处于恒定均匀流状态,由此可能造成一些误差,但长期的实践表明,这一假设所带来的误差一般在工程允许的范围内。因此,在以后的论述中,除有特别说明外,都是建立在这一假设基础之上的。

质量、能量和动量守恒定律可以用于描述各类物质及其运动规律,也是给水排水管网中水流运动的基本规律。质量守恒定律主要体现在节点处流量的分配作用;能量守恒定律在水力学中具体化为伯努利方程,主要体现在管段的动能与压能消耗和传递作用;动量守恒则可以用来解决水流与边界(即管道)的力学作用问题。本节仅考虑前两类作用。

4.3.1 节点流量方程

在管网模型中,所有节点都与若干管段相关联,其关系可以用上节提出的关联集描述。对于管网模型中的任意节点 j,将其作为隔离体取出,根据质量守恒规律,流入节点的所有流量之和应等于流出节点的所有流量之和,可以一般地表示为:

$$\sum_{i \in S_j} (\pm q_i) + Q_j = 0 \quad j = 1, 2, 3, \cdots, N \tag{4.5}$$

式中　q_i——管段 i 的流量;

　　　Q_j——节点 j 的流量;

　　　S_j——节点 j 的关联集;

　　　N——管网模型中的节点总数;

$\sum_{i \in S_j} \pm$——表示对节点 j 关联集中管段进行有向求和,当管段方向指向该节点时取负号,否则取正号,即管段流量流出节点时取正值,流入节点时取负值。

该方程称为节点的流量连续性方程,简称节点流量方程。管网模型中所有 N 个节点方程联立,组成节点流量方程组。

在列节点流量方程时要注意以下几点:

1)管段流量求和时要注意方向,应按管段的设定方向考虑(指向节点取正号,反之取负号),而不是按实际流向考虑,因为管段流向与设定方向不同时,流量本身为负值;

2)节点流量总假定流出节点流量为正值,流入节点的流量为负值;

3)管段流量和节点流量应具有同样的单位,一般采用 L/s 或 m³/s 作为流量单位。

如图 4.12 所示为某给水管网模型,可列出以下节点流量方程组:

$$
\left.
\begin{array}{l}
-q_1+q_2+q_5+Q_1=0 \\
-q_2+q_3+q_6+Q_2=0 \\
-q_3-q_4+q_7+Q_3=0 \\
-q_5+q_8+Q_4=0 \\
-q_6-q_8+q_9+Q_5=0 \\
-q_7-q_9+Q_6=0 \\
q_1+Q_7=0 \\
q_4+Q_8=0
\end{array}
\right\} \tag{4.6}
$$

某排水管网模型如图 4.13 所示，可列出以下节点流量方程组：

$$
\left.
\begin{array}{l}
q_1+Q_1=0 \\
-q_1+q_2+Q_2=0 \\
-q_2+q_3+Q_3=0 \\
-q_3-q_7+q_4+Q_4=0 \\
-q_4+q_5+Q_5=0 \\
-q_6+Q_6=0 \\
q_6+Q_7=0 \\
-q_6-q_8+q_7+Q_8=0 \\
q_8+Q_9=0
\end{array}
\right\} \tag{4.7}
$$

图 4.12　某给水管网模型　　　　　　图 4.13　某排水管网模型

4.3.2　管段能量方程

在管网模型中，所有管段都与两个节点关联，若将管网模型中的任意管段 i 作为隔离体取出，根据能量守恒规律，该管段两端节点水头之差，应等于该管段的压降，可以一般性地表示为：

$$
H_{Fi}-H_{Ti}=h_i \qquad i=1,2,3,\cdots,M \tag{4.8}
$$

式中　F_i，H_{Fi}——管段 i 的上端点编号和上端点水头；

　　　T_i，H_{Ti}——管段 i 的下端点编号和下端点水头；

h_i——管段 i 的压降；

M——管网模型中的管段总数。

该方程称为管段的能量守恒方程，简称管段能量方程。管网模型中所有 M 条管段的能量方程联立，组成管段能量方程组。

在列管段能量方程时要注意以下几点：

1) 应按管段的设定方向判断上端点和下端点，而不是按实际流向判断，因为管段流向与设定方向相反时，管段压降本身为负值；

2) 管段压降和节点水头应具有同样的单位，一般采用 m。

如图 4.12 所示的给水管网模型，可列出以下管段能量方程组：

$$\left.\begin{array}{l} H_7-H_1=h_1 \\ H_1-H_2=h_2 \\ H_2-H_3=h_3 \\ H_8-H_3=h_4 \\ H_1-H_4=h_5 \\ H_2-H_5=h_6 \\ H_3-H_6=h_7 \\ H_4-H_5=h_8 \\ H_5-H_6=h_9 \end{array}\right\} \tag{4.9}$$

如图 4.13 所示的排水管网模型，可列出以下管段能量方程组：

$$\left.\begin{array}{l} H_1-H_2=h_1 \\ H_2-H_3=h_2 \\ H_3-H_4=h_3 \\ H_4-H_5=h_4 \\ H_5-H_6=h_5 \\ H_7-H_8=h_6 \\ H_8-H_4=h_7 \\ H_9-H_8=h_8 \end{array}\right\} \tag{4.10}$$

4.3.3 恒定流基本方程组

给水排水管网模型的节点流量方程组与管段能量方程组联立，组成描述管网模型水力特性的恒定流基本方程组。即：

$$\left.\begin{array}{ll} \sum_{i\in S_j}(\pm q_i)+Q_j=0 & j=1,~2,~3,~\cdots,~N \\ H_{\mathrm{F}i}-H_{\mathrm{T}i}=h_i & i=1,~2,~3,~\cdots,~M \end{array}\right\} \tag{4.11}$$

恒定流基本方程组是在管网模型的拓扑特性基础之上建立起来的，它反映了管网模型组成元素——节点与管段之间的水力关系，是分析求解给水排水管网规划设计及运行调度等各种问题的基础，很多应用问题都归结于求解该方程组。

如式 4.6 和 4.9 联立，即为图 4.12 所示给水管网模型的恒定流基本方程组；式 4.7 和 4.10 联立，即为图 4.13 所示排水管网模型的恒定流基本方程组。

4.4　管网模型的矩阵表示

4.4.1　管网图的矩阵表示

管网图中，节点与管段的关系可以用矩阵表示。设管网图 $G(V,E)$ 有 N 个节点 M 条管段，令：

$$a_{ij}=\begin{cases} 1 & \text{若管段 } j \text{ 与节点 } i \text{ 关联，且节点 } i \text{ 为管段 } j \text{ 的起点} \\ -1 & \text{若管段 } j \text{ 与节点 } i \text{ 关联，且节点 } i \text{ 为管段 } j \text{ 的终点} \\ 0 & \text{若管段 } j \text{ 与节点 } i \text{ 不关联} \end{cases} \quad (4.12)$$

则由元素 a_{ij}（$i=1, 2, \cdots, N$，$j=1, 2, \cdots, M$）构成的一个 $N \times M$ 阶矩阵，称为管网图 G 的关联矩阵，记作 A。

以图 4.12 所示给水管网模型为例，其关联矩阵为：

$$A=\begin{array}{c} \\ (1) \\ (2) \\ (3) \\ (4) \\ (5) \\ (6) \\ (7) \\ (8) \end{array}\begin{bmatrix} -1 & 1 & 0 & 0 & 1 & 0 & 0 & 0 & 0 \\ 0 & -1 & 1 & 0 & 0 & 1 & 0 & 0 & 0 \\ 0 & 0 & -1 & -1 & 0 & 0 & 1 & 0 & 0 \\ 0 & 0 & 0 & 0 & -1 & 0 & 1 & 1 & 0 \\ 0 & 0 & 0 & 0 & 0 & -1 & 0 & -1 & 1 \\ 0 & 0 & 0 & 0 & 0 & 0 & 0 & -1 & 0 & -1 \\ 1 & 0 & 0 & 0 & 0 & 0 & 0 & 0 & 0 \\ 0 & 0 & 0 & 0 & 0 & 0 & 0 & 0 & 0 \end{bmatrix}$$

4.4.2　恒定流基本方程组的矩阵表示

在定义了管网图的关联矩阵后，可以将恒定流基本方程组表示为：

$$\left.\begin{array}{r} A\bar{q} + \bar{Q} = \bar{0} \\ A^{\mathrm{T}}\bar{H} = \bar{h} \end{array}\right\} \quad (4.13)$$

式中　　　　　　　　A——管网图的关联矩阵；

$\bar{q}=|q_1 q_2 q_3 \cdots q_M|^{\mathrm{T}}$——管段流量列向量；

$\overline{Q} = |Q_1 Q_2 Q_3 \cdots Q_N|^T$——节点流量列向量；

$\overline{H} = |H_1 H_2 H_3 \cdots H_N|^T$——节点水头列向量；

$\overline{h} = |h_1 h_2 h_3 \cdots h_M|^T$——管段压降列向量。

以图 4.12 所示给水管网模型为例，可以写出其恒定流基本方程组的矩阵形式如下：

$$
\begin{bmatrix}
-1 & 1 & 0 & 0 & 1 & 0 & 0 & 0 & 0 \\
0 & -1 & 1 & 0 & 0 & 1 & 0 & 0 & 0 \\
0 & 0 & -1 & -1 & 0 & 0 & 1 & 0 & 0 \\
0 & 0 & 0 & 0 & -1 & 0 & 0 & 1 & 0 \\
0 & 0 & 0 & 0 & 0 & -1 & 0 & -1 & 1 \\
0 & 0 & 0 & 0 & 0 & 0 & -1 & 0 & -1 \\
1 & 0 & 0 & 0 & 0 & 0 & 0 & 0 & 0 \\
0 & 0 & 0 & 1 & 0 & 0 & 0 & 0 & 0
\end{bmatrix}
\cdot
\begin{vmatrix}
q_1 \\ q_2 \\ q_3 \\ q_4 \\ q_5 \\ q_6 \\ q_7 \\ q_8 \\ q_9
\end{vmatrix}
+
\begin{vmatrix}
Q_1 \\ Q_2 \\ Q_3 \\ Q_4 \\ Q_5 \\ Q_6 \\ Q_7 \\ Q_8
\end{vmatrix}
= 0
\tag{4.14}
$$

$$
\begin{bmatrix}
-1 & 1 & 0 & 0 & 1 & 0 & 0 & 0 & 0 \\
0 & -1 & 1 & 0 & 0 & 1 & 0 & 0 & 0 \\
0 & 0 & -1 & -1 & 0 & 0 & 1 & 0 & 0 \\
0 & 0 & 0 & 0 & -1 & 0 & 0 & 1 & 0 \\
0 & 0 & 0 & 0 & 0 & -1 & 0 & -1 & 1 \\
0 & 0 & 0 & 0 & 0 & 0 & -1 & 0 & -1 \\
1 & 0 & 0 & 0 & 0 & 0 & 0 & 0 & 0 \\
0 & 0 & 0 & 1 & 0 & 0 & 0 & 0 & 0
\end{bmatrix}
\cdot
\begin{vmatrix}
H_1 \\ H_2 \\ H_3 \\ H_4 \\ H_5 \\ H_6 \\ H_7 \\ H_8
\end{vmatrix}
=
\begin{vmatrix}
h_1 \\ h_2 \\ h_3 \\ h_4 \\ h_5 \\ h_6 \\ h_7 \\ h_8 \\ h_9
\end{vmatrix}
\tag{4.15}
$$

思 考 题

1. 为何要将给水排水管网模型化？通过哪两个步骤进行模型化？
2. 模型化的给水排水管网由哪两类元素构成？它们各有何特点和属性？
3. 节点流量和管段流量可以是负值吗？如果是负值，代表什么意义？
4. 图论中的图与几何图形有何不同？
5. 构成生成树的方案是惟一的吗？为什么？
6. 可以将一个割集中的管段均作为连枝吗？为什么？

习 题

1. 试证明欧拉公式（提示：从最简单图开始，证明每增加 1 条管段或 1 个节点均成立）。

2. 某给水管网图如图 4.14 所示，试给出两种不同的生成树方案。

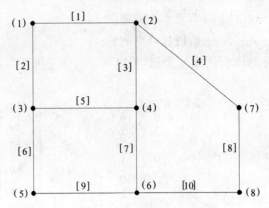

图 4.14　某给水管网图

3. 某排水管网图如图 4.15 所示，试对其节点和管段编号，并写出恒定流基本方程组。

图 4.15　某排水管网图

4. 试用节点流量方程证明管网中所有节点的节点流量之和为零，并说明其工程意义。

第5章　给水管网水力分析

5.1　给水管网水力分析基础

给水管网中有两类基本水力要素：流量与水头，包括管段流量、管段压降、节点流量、节点水头等。它们之间的关系反映了给水管网的水力特性。当给水管网各管段特性已知且处于恒定流状态时，流量与水头两类要素的关系由恒定流方程组确定。在这种情况下，只要适当地给出部分流量和水头值，其他流量与水头值可以由恒定流方程组解出。

在恒定流状态下，水力分析的数学含义就是解恒定流方程组，水力分析的工程意义就是已知给水管网部分水力参数，求其余水力参数。给水管网水力分析是解决给水管网设计、调度和管理等各种应用问题的理论基础。本节分析恒定流基本方程组的求解特点，为简化求解，对恒定流基本方程组进行线性变换和代入变换，得出新的形式。

5.1.1　给水管网水力分析的前提

给水管网水力分析的前提就是要使恒定流基本方程组可解，具体分析如下。

（1）必须已知各管段的水力特性

给水管网水力分析的首要前提就是必须已知各管段的水力特性，否则，流量与水头之间的关系不确定，无法进行水力分析。所谓管段的水力特性，即管段流量与水头之间的关系，可以表示为：

$$h_i = s_i q_i |q_i|^{n-1} - h_{ei} \qquad i = 1, 2, 3, \cdots, M \qquad (5.1)$$

式中　h_i——管段压降，即水流通过该管段产生的能量损失，或认为是测压管水头降低量，m；

　　　q_i——管段流量，$\mathrm{m^3/s}$；

　　　s_i——管段阻力系数，反映管段对水流的阻力大小，应为该管段上的管道、管件、阀门、泵站等所有设施阻力系数之和；

　　　h_{ei}——管段扬程，反映管段上泵站提供给水流的总能量，即泵站静扬程，m，如果管段上未设泵站，则 $h_{ei}=0$。

　　　n——管段阻力指数，应与水头损失计算公式一致。

式中考虑到了管段流量可能为负值（当管段流向与管段设定方向不一致时）的

情况，管段水头损失的方向应与流量方向一致。当管段流量为正时，$s_i q_i |q_i|^{n-1}$ 即 $s_i q_i^n$。

此式能够表达管段上各种具有固定阻力的设施表现出来的宏观水力特性，其缺点是不能表达减压阀的水力特性，因为减压阀的阻力随着压力而变化。然而，减压阀在环状管网中很少采用，而多数用在支线管道，这些管线因流量较小，对管网宏观水力特性影响较小，往往在简化时已被删除。所以，在给水管网水力分析时，几乎遇不到有减压阀的情形。

管段阻力系数可以用下列公式计算：

$$s_i = s_{ti} + s_{mi} + s_{pi}   i = 1,2,3,\cdots,M \tag{5.2}$$

式中 s_{ti}——管段 i 之管道摩阻系数；

s_{mi}——管段 i 之管道局部阻力系数；

s_{pi}——管段 i 上泵站内部阻力系数。

将式 5.1 代入管段能量方程组（式 4.15）得：

$$H_{Fi} - H_{Ti} = s_i q_i |q_i|^{n-1} - h_{ei}   i = 1,2,3,\cdots,M \tag{5.3}$$

其中 s_i、h_{ei}、n 必须为已知量，对于不设泵站且忽略局部阻力的管段，管段能量方程可以简化为：

$$H_{Fi} - H_{Ti} = s_{ti} q_i |q_i|^{n-1}   i = 1,2,3,\cdots,M \tag{5.4}$$

（2）节点流量与节点水头必须一个已知一个未知

根据数学理论，方程组可解的基本条件就是方程数与未知量数相等，即每个方程只能对应求解一个未知量。在管网水力分析中，管段流量均为未知量，它们正好对应地用管段能量方程求解，因此，每个节点方程只能对应求解一个未知量，即节点流量和节点水头必须只有一个未知，另一个必须已知。因此，若节点水头已知，则节点流量可作为未知量求解，反之，若节点流量已知，则节点水头可作为未知量求解。若两者均已知，将导致矛盾方程组；若两者均未知，将导致方程组不可解。

已知节点水头而未知节点流量的节点称为定压节点，管网中定压节点的总数为 R；已知节点流量而未知节点水头的节点称为定流节点，管网中定流节点总数为 $N-R$。

以管网中水塔所在节点为例，当水塔高度未确定时，应给定水塔供水流量，即已知节点流量，该节点为定流节点，通过水力分析可以求解出节点水头，从而确定水塔高度；当水塔高度已经确定时，即已知该节点水头，该节点为定压节点，通过水力分析可以求解出节点流量，从而可以确定水塔的供水流量。

在给水管网水力分析时，若定压节点数 $R>1$，称为多定压节点管网水力分析问题，若定压节点数 $R=1$，称单定压节点管网水力分析问题，定压节点数 $R=0$ 是不允许的，见下述。

（3）必须至少有一个定压节点

方程数和未知量相等只是方程组可解的必要条件，而不是充分条件。作为充分条件，要求管网中至少有一个定压节点。管网中无定压节点（$R=0$）时，可以证明，恒定流方程组无确定解。

当管网中所有节点水头均未知时，假设恒定流基本方程组的解为 H_j^*（$j=1$, $2,3,\cdots,N$），显然 $H_j^* + \Delta H$（$j=1,2,3,\cdots,N,\Delta H$ 为任意值）仍为方程组的解，因为：

$$(H_{Fi}^* + \Delta H) - (H_{Ti}^* + \Delta H) = H_{Fi}^* - H_{Ti}^* = h_i^* \qquad i = 1,2,3,\cdots,M$$

(5.5)

也就是说，若所有节点水头未知，则所有节点的水头值同时提高或降低一个相同量不影响恒定流基本方程组的成立，此时恒定流基本方程组无确定解。

从另一方面也可以说明管网水力分析时必须至少有一个定压节点，即必须 $R \geqslant 1$，因为必须至少有一个节点流量是未知量。如果将给水管网 N 个节点流量方程相加得：

$$\sum_{j=1}^{N} Q_j = 0$$

(5.6)

此式反映了给水管网总供水量与总用水量的平衡关系，也说明至少应有一个节点流量作为未知量，使之用节点流量连续性方程求解。

5.1.2 恒定流基本方程组的线性变换

通过线性变换，可以将恒定流方程组转变成其他形式，以便于求解。所谓线性变换，即对方程组实施以下两种运算或它们的组合运算：

1）方程等式两边同时乘以一个不为零的常数；

2）两个方程式相加或相减。

注意，线性变换不能增加或减少方程和未知量的数量，在得到新方程后，一定要替代相同数量的原有方程，否则就会出现矛盾方程或非独立方程。

节点流量连续性方程组和管段能量守恒方程组可以分别进行变换。

（1）节点流量连续性方程组的变换

节点流量连续性方程组的变换就是将两个或多个节点流量连续性方程相加，得到新的流量连续性方程。相加的节点一般是彼此关联的节点，其工程意义是得到由多个节点组成的大节点的流量连续性方程。如图 4.12 所示管网，将（5）、（6）两个节点的流量连续性方程（见式 4.6）相加，得到新方程如下：

$$- q_6 - q_7 - q_8 + Q_5 + Q_6 = 0$$

(5.7)

该方程可以代替原节点（5）或节点（6）的流量连续性方程（只能代替 1 个）。

事实上，通过对割集取隔离体，运用质量守恒定律，可以直接得到其流量连续性方程，与用节点流量连续性方程组变换所得方程相同。特别地，将整个管网作为割集，可得到式（5.6）。

对于树状管网，每条管段均为一个割集，可列出它们的流量连续性方程。这些方程有一个共同特点，即每个方程中只包含一个管段流量，如果各节点流量已知，则通过这些方程可以直接求出各管段流量。

如图 5.1 所示树状管网，按图中虚线圈出的割集，可以列出式（5.8）的割集流量连续性方程组。

$$\begin{cases} -q_1 + Q_1 + Q_2 + Q_3 + Q_4 + Q_5 + Q_6 + Q_8 = 0 \\ -q_2 + Q_2 + Q_3 + Q_5 + Q_6 + Q_8 = 0 \\ -q_3 + Q_3 + Q_6 + Q_8 = 0 \\ q_4 + Q_8 = 0 \\ -q_5 + Q_4 = 0 \\ -q_6 + Q_5 = 0 \\ -q_7 + Q_6 = 0 \end{cases} \tag{5.8}$$

对该方程组进行适当的移项变换，则可以给出直接求解各管段流量的表达式如下：

$$\begin{cases} q_1 = Q_1 + Q_2 + Q_3 + Q_4 + Q_5 + Q_6 + Q_8 \\ q_2 = Q_2 + Q_3 + Q_5 + Q_6 + Q_8 \\ q_3 = Q_3 + Q_6 + Q_8 \\ q_4 = -Q_8 \\ q_5 = Q_4 \\ q_6 = Q_5 \\ q_7 = Q_6 \end{cases}$$

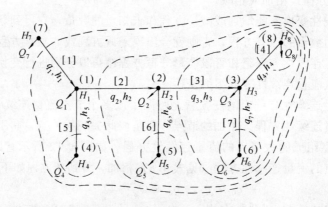

图 5.1   某树状管网树枝割集

但是，上述方程组中少了一个方程（此例 $N=8$，应有 8 个连续性方程），这就是将整个管网作为割集列出的连续性方程，即式（5.6）。

如果图 5.1 所示管网只有一个定压节点（如节点 7），定压节点的流量可以通过式（5.6）解出，各管段流量则可通过式（5.8）解出，所以，单定压节点树状管网的水力分析问题求解非常简单；但是对于多定压节点树状管网，虽然可以列出类似式（5.8）的可直接求解管段流量的连续性方程组，但无法直接求出定压节点流量，因此不能直接计算出所有管段流量，所以水力分析问题不能直接求解；对于单定压节点环状管网，虽然可以直接求出定压节点流量，但无法列出直接求解管段流量的连续性方程组，所以水力分析问题也不能直接求解；对于多定压节点环状管网，则既不能直接求出定压节点流量，也不能列出直接求解管段流量的连续性方程组，所以水力分析问题更不能直接求解。

（2）管段能量守恒方程组的变换

如果一些管段首尾相连，形成一条路径，将这些管段的能量守恒方程相加或相减（管段方向与路径方向相反时），导出新的能量守恒方程，即路径能量方程。

以图 4.12 所示管网为例，如果将管段 [1]、[2]、[3] 的能量方程相加，再减去管段 [4] 的能量方程，可导出从节点（7）到节点（8）之间一条路径的能量方程，即：

$$H_7 - H_8 = h_1 + h_2 + h_3 - h_4 \tag{5.9}$$

因为管网图为连通图，任意两个节点之间都能给出至少一条路径，所以可列出任意两节点之间路径的能量方程。在水力分析时，有两类路径能量方程很有用，一类是定压节点之间路径的能量方程，另一类是回路或环能量方程。

所谓定压节点之间路径能量方程是对多定压节点管网而言的，就是以一个定压节点为起点，另一个定压节点为终点的任意路径的能量方程。例如，若图 4.12 所示管网中，节点（7）和（8）为两个定压节点，式（5.9）就是它们之间路径的能量方程。

所谓回路能量方程，就是当路径的起点与终点重合成为回路时，其路径能量方程即回路能量方程。如果回路是一个环，则称为环能量方程，简称环方程。例如，对于图 4.12 所示管网图，用管段 [2]、[3] 和 [7] 能量方程相加，再减去管段 [9]、[8] 和 [5] 能量方程，得回路能量方程：

$$h_2 + h_3 + h_7 - h_9 - h_8 - h_5 = 0 \tag{5.10}$$

同理，可列出该管网图的两个环能量方程：

$$\begin{cases} h_2 + h_6 - h_8 - h_5 = 0 \\ h_3 + h_7 - h_9 - h_6 = 0 \end{cases} \tag{5.11}$$

对于任意环状管网，环能量方程的一般形式为：

$$\sum_{i \in R_k} (\pm h_i) = 0 \qquad k = 1, 2, 3, \cdots, L \tag{5.12}$$

上述两类能量方程有一个共同特点，即它们的方程中均不包含节点水头未知量。因为定压节点之间路径能量方程所包含的节点水头为已知量，而回路或环能量方程中不包含节点水头。从数学意义上理解，这两类能量方程的导出，就是解方程组的消元过程。因此，这两类方程在水力分析中很有用。

在上述两类能量方程中，又以环方程形式最为简单，所以在工程上使用最普遍。回路可以通过环合并得到，所以通过环方程可以导出任意回路方程，但不能导出定压节点之间路径的能量方程，为了便于统一，对于多定压节点管网，工程上提出了虚环的概念。

关于虚环的假设如下：

1）在管网中增加一个虚节点，编号为 0，该节点为虚定压节点，它供应整个管网的流量；其节点水头恒为零。

2）从虚定压节点到每个定压节点设一条虚管段，并假设该管段将流量输送到实际定压节点，该管段无阻力，但设有一个泵站，泵站扬程为所关联定压节点水头，泵站也无阻力，即虚管段能量方程为：

$$H_0 - H_{Ti} = h_i = -H_{Ti} \qquad Ti \text{ 为定压节点} \tag{5.13}$$

式中　H_{Ti}——与虚管段 i 关联的定压节点水头。

3）定压节点流量改由虚管段供应，其节点流量改为零，成为已知量，其节点水头假设为未知量（由虚管段能量方程可求解，实际值未变），因此，不再将它们作为定压节点，管网成为单定压节点管网。

若原管网有 R 个定压节点，通过以上假设，增加 P 条虚管段，同时也就产生 $R-1$ 个虚环。

以图 4.12 所示管网为例，若节点（7）和（8）为两个定压节点，按上述假设，增设了一个虚节点（0）、两条虚管段 [10] 和 [11]，构成一个虚环，如图 5.2 所示。原定压节点（7）和（8）的流量改为零，成为已知量，节点水头作为未知量，由虚管段能量方程确定，所以节点（7）和（8）不再作为定压节点。原管网成为单定压节点管网。

作为单定压节点管网，不再列定压节点间路径能量方程。对于图 5.2 所示管网，环能量方程为：

$$\left. \begin{array}{l} -h_{10} + h_{11} + h_4 - h_3 - h_2 - h_1 = 0 \\ h_2 + h_6 - h_5 - h_8 = 0 \\ h_3 + h_7 - h_9 - h_6 = 0 \end{array} \right\} \tag{5.14}$$

不难看出，因为根据假设 $h_{10} = -H_7$，$h_{11} = -H_8$，所以上式中第一个虚环能量方程就是式（5.9）所表示的定压节点间路径能量方程。所以，设虚环的目的，

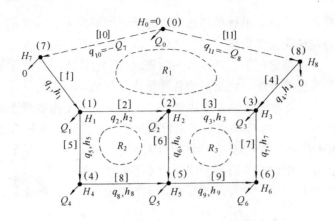

图 5.2 多定压节点管网虚环的构成

就是为了将定压节点间路径的能量方程统一为环能量方程。统一后，管网的环数即环方程数为：

$$L' = L + R - 1 \tag{5.15}$$

代入管段水力特性关系式，式（4.14）所列环能量方程为：

$$
\left.
\begin{aligned}
&H_7 - H_8 + s_4q_4\left|q_4\right|^{n-1} - s_3q_3\left|q_3\right|^{n-1} - s_2q_2\left|q_2\right|^{n-1} - s_1q_1\left|q_1\right|^{n-1} + h_{el} = 0 \\
&s_2q_2\left|q_2\right|^{n-1} + s_6q_6\left|q_6\right|^{n-1} - s_5q_5\left|q_5\right|^{n-1} - s_8q_8\left|q_8\right|^{n-1} = 0 \\
&s_3q_3\left|q_3\right|^{n-1} + s_7q_7\left|q_7\right|^{n-1} - s_9q_9\left|q_9\right|^{n-1} - s_6q_6\left|q_6\right|^{n-1} = 0
\end{aligned}
\right\}
$$

$$\tag{5.16}$$

通过以上恒定流基本方程组的变换，导出了流量连续性和能量守恒方程的多种表达形式，这些变化形式可以简化和丰富水力分析问题的求解方法。

5.1.3 恒定流方程组求解方法概述

为了进行给水管网水力分析，需要求解有 $N+M$ 个未知量的恒定流方程组。一个小城镇的给水管网 $N+M$ 一般为几十，一个中型城市的给水管网 $N+M$ 一般为数百，一个大型城市的给水管网 $N+M$ 可达数千，可见求解恒定流基本方程组的未知量很多。加之能量方程组的非线性（式 5.3 或 5.4 中 n 不为 1），使求解恒定流方程组成为一类大型非线性数学问题。

求解恒定流方程组往往需要采用消元和迭代两种手段，通过消元，可以减少求解未知量的数目，通过迭代，可以用求解线性方程组的解逼近非线性方程组的解。综合运用两种手段，可以得到管网水力分析——即求解恒定流方程组的三种基本方法：解管段方程、解环方程和解节点方程。其中，解环方程和解节点方程更为常用，下面简单介绍。

（1）解环方程

解环方程方法是针对求解单定压节点环状管网提出来的，多定压节点管网可以通过假设虚环转化为单定压节点环状管网求解。在讲述解环方程方法之前，首先要介绍两个针对单定压节点环状管网的概念——管段流量初分配和环流量。

所谓管段流量初分配，就是拟定各管段流量初值，使它们满足流量节点连续性条件。由于节点流量连续性方程共有 N 个，其中还有 1 个要用于求解定压节点流量，所以只有 $N-1$ 个能够用于确定管段流量，管段流量共有 M 个，对于环状管网，$M=N+L-1>N-1$，未知量数目大于方程数，所以满足节点流量连续性条件的管段流量分配的方案有无穷多个，其自由度为 $M-(N-1)=L$，所以，必须在每个环内初步拟定一条管段的流量，才能确定其他管段的流量。

图 5.3   管段流量初分配

以图 5.3 所示管网为例，在两个环中，分别拟定管段流量 $q_8=54.87\text{L/s}$，$q_9=5.00\text{L/s}$，则根据节点 (6)、(7)、(8)、(4)、(3) 的流量连续性方程，可顺序求解出管段 [5]、[6]、[7]、[3] 和 [2] 的流量，如图中所示。

如果引入管网图生成树的概念，只要给定连枝的管段流量，树枝管段的流量可以由树枝割集流量连续性方程直接解出。以图 5.3 所示管网为例，以管段 [8] 和 [9] 为连枝（图中虚线），则确定一颗生成树（图中实线），可写出如下树枝割集流量连续性方程：

$$
\begin{cases}
-q_5+q_8+Q_6=0 \\
-q_6-q_8+q_9+Q_7=0 \\
-q_7-q_9+Q_8=0 \\
-q_3-q_9+Q_4+Q_8=0 \\
-q_2-q_8+Q_3+Q_4+Q_7+Q_8=0
\end{cases}
$$

亦即

$$
\begin{cases}
q_5=q_8+Q_6 \\
q_6=-q_8+q_9+Q_7 \\
q_7=-q_9+Q_8 \\
q_3=-q_9+Q_4+Q_8 \\
q_2=-q_8+Q_3+Q_4+Q_7+Q_8
\end{cases}
\tag{5.17}
$$

从此式明显看出，只要给定连枝管段流量，其余树枝管段流量由流量连续性条件确定。一般性地，管段流量初分配的自由度等于连枝数，即环数 L。

当然，在流量初分配时，不必列式（5.17）所示的方程组，可以直接在图上计算，只要设法满足各节点流量连续性方程。

现在再解释环流量的概念。所谓环流量，就是沿顺时针方向或逆时针方向给管网中一个环内的每条管段施加一个相同的流量，由于环流量在节点处流入和流出的量相等，所以，施加任意环流量都不会改变节点流量的平衡，即不破坏节点流量连续性条件。一般规定，顺时针方向的环流量为正，逆时针方向的环流量为负。

施加环流量虽不影响流量连续性，但却会改变环能量方程的平衡，这正是解环方程方法的依据。解环方程的基本思想是：先进行管段流量初分配，使节点流量连续性条件得到满足，然后，在保持节点流量连续性不被破坏的条件下，通过施加环流量，设法使各环的能量方程得到满足。也就是说，解环方程是以环流量为未知量，解环能量方程组，未知量和方程数目均为 L。但是，由于环方程组为非线性方程组，求解比较困难，将在下节详细论述。

（2）解节点方程

解环方程采用的是先满足流量连续性方程，后设法满足能量方程的方法。解节点方程则正好相反，就是先满足能量方程，后设法满足流量连续性方程。

解节点方程以节点水头为未知量，首先拟定各节点水头初值（定压节点水头已知，则为必拟定），通过管段能量方程和管段水力特性式，可求出各管段流量，即：

$$q_i = \mathrm{Sgn}(H_{Fi} - H_{Ti} + h_{ei}) \sqrt[n]{\frac{|H_{Fi} - H_{Ti} + h_{ei}|}{s_i}} \qquad i = 1, 2, 3, \cdots, M$$

$$(5.18)$$

式中 $\mathrm{Sgn}(H_{Fi} - H_{Ti} + h_{ei})$ ——表示取 $H_{Fi} - H_{Ti} + h_{ei}$ 的符号。

由此式计算出的管段流量已经使能量方程得到了满足，另外，定压节点的流量连续性也可满足，因为它们的节点流量是未知量，可以用它去补足管段流量的不平衡量，但定流节点流量连续性不一定能满足。解节点方程的基本思想是：给各定流节点水头施加一个增量（正值为提高节点水头，负值为降低节点水头），并设法使各定流节点流量连续性方程得到满足。定流节点节点水头增量作为未知量，求解定流节点节点流量连续性方程组，未知量和方程数目均为 $N-R$。

解节点方程方法不必限定为单定压节点管网水力分析，而且定压节点越多，定流节点越少，未知量也越少，该方法适合于求解包含较少节点的管网。解环方程方法适合求解包含较少环的管网。

一般情况下，环状管网的节点数总是大于环数，所以解环方程方法的未知量较少，而解节点方程方法的未知量较多。在用手工计算时，解环方程方法较受欢迎，而在用计算机计算时，则解节点方程方法更常用，这是因为：

1）解环方程要输入环的组成信息，解节点方程则不用，数据输入量少；

2）解环方程拟定管段流量初值时，要满足节点流量连续性条件，解节点方程拟定节点水头初值则无条件限制，比较方便；

3）解环方程只能求出管段流量，节点水头要另外计算，解节点方程可直接求得管段流量和节点水头，计算步骤较少。

5.2　单定压节点树状管网水力分析

多数小型给水和工业给水在建设初期往往采用单水源树状管网，以后随着城市和用水量的发展，可根据需要逐步连接成环状管网并建设多水源。对于单水源树状管网，在设计时进行水力分析，都是单定压节点。如上节所述，单定压节点树状管网计算比较简化，其原因是管段流量可以由节点流量连续性方程组直接解出，不用求解非线性的能量方程组。

单定压节点树状管网水力分析计算分两步，第一步用流量连续性条件计算管段流量，并计算出管段压降；第二步根据管段能量方程和管段压降，从定压节点出发推求各节点水头。

求管段流量一般采用逆推法，求节点水头一般采用顺推法。为了解释这两个方法，先假定定压节点为树状管网的树根。逆推法就是从离树根较远的节点逐步推向离树根较近的节点，按此顺序用节点流量连续性方程求管段流量时，都只有一个未知量，因而可以直接解出。顺推法就是从离树根较近的管段逐步推向离树根较远的管段，按此顺序用管段能量方程求节点水头时，都只有一个未知量，因而可立即解出。下面以实例来说明具体计算方法。

【例 5.1】　某城市树状给水管网系统如图 5.4 所示，节点（1）处为水厂清水池，向整个管网供水，管段 [1] 上设有泵站，其水力特性为：$s_{p1}=311.1$（流量单位：m^3/s，水头单位：m），$h_{e1}=42.6$，$n=1.852$。根据清水池高程设计，节点（1）水头为 $H_1=7.80m$，各节点流量、各管段长度与直径如图中所示，各节点地面标高见表 5.1，试进行水力分析，计算各管段流量与流速、各节点水头与自由水压。

节点地面标高　　　　　　　　　表 5.1

节点编号	（1）	（2）	（3）	（4）	（5）	（6）	（7）	（8）	（9）	（10）
地面标高(m)	9.80	11.50	11.80	15.20	17.40	13.30	12.80	13.70	12.50	15.00

【解】　第一步：逆推法求管段流量

以定压节点（1）为树根，则从离树根较远的节点逆推到离树根较近的节点的顺序是：（10）、（9）、（8）、（7）、（6）、（5）、（4）、（3）、（2），当然，也可以是

图 5.4　单定压节点树状管网水力分析

（9）、（8）、（7）、（10）、（6）、（5）、（4）、（3）、（2），或（5）、（4）、（10）、（9）、（8）、（7）、（6）、（3）、（2）等，按此逆推顺序求解各管段流量的过程见表 5.2。

逆推法求解管段流量　　　　　　　　　　　　　　　表 5.2

步骤	节点号	节点流量连续性方程	管段流量求解	管段流量（L/s）
1	(10)	$-q_9+Q_{10}=0$	$q_9=Q_{10}$	$q_9=11.63$
2	(9)	$-q_8+Q_9=0$	$q_8=Q_9$	$q_8=3.67$
3	(8)	$-q_7+q_8+Q_8=0$	$q_7=q_8+Q_8$	$q_7=10.74$
4	(7)	$-q_6+q_7+Q_7=0$	$q_6=q_7+Q_7$	$q_6=18.26$
5	(6)	$-q_5+q_6+q_9+Q_6=0$	$q_5=q_6+q_9+Q_6$	$q_5=60.63$
6	(5)	$-q_4+Q_5=0$	$q_4=Q_5$	$q_4=4.48$
7	(4)	$-q_3+q_4+Q_4=0$	$q_3=q_4+Q_4$	$q_3=11.64$
8	(3)	$-q_2+q_3+q_5+Q_3=0$	$q_2=q_3+q_5+Q_3$	$q_2=88.38$
9	(2)	$-q_1+q_2+Q_2=0$	$q_1=q_2+Q_2$	$q_1=93.75$

在求出管段流量后，利用最后一个节点（即定压节点）的流量连续性方程，可以求出定压节点流量，即：

$$q_1 + Q_1 = 0$$
$$Q_1 = -q_1 = -93.75(\text{L/s})$$

根据管段流量计算结果，计算管段流速及压降见表 5.3。计算公式与算例如下：

管段水头损失采用海曾-威廉公式计算（粗糙系数按旧铸铁管取 $C = 100$），如：

$$h_{f1} = \frac{10.67 q_1^{1.852} l_1}{C^{1.852} D_i^{4.87}} = \frac{10.67 \times (93.75/1000)^{1.852} \times 600}{100^{1.852} \times (400/1000)^{4.87}} = 1.37$$

泵站扬程按水力特性公式计算：

$$h_{p1} = h_{e1} - s_{q1} q_1^n = 42.6 - 311.1 \times (93.75/1000)^{1.852} = 38.72$$

管段流速与压降计算   表 5.3

管段编号 i	[1]	[2]	[3]	[4]	[5]	[6]	[7]	[8]	[9]
管段长度 l_i（m）	600	300	150	250	450	230	190	205	650
管段直径 D_i（mm）	400	400	150	100	300	200	150	100	150
管段流量 q_i（L/s）	93.75	88.38	11.64	4.48	60.63	18.26	10.74	3.67	11.63
管段流速 v_i（m/s）	0.75	0.70	0.66	0.57	0.86	0.58	0.61	0.47	0.66
水头损失 h_{fi}（m）	1.37	0.61	0.85	1.75	1.86	0.74	0.93	0.99	3.69
泵站扬程 h_{pi}（m）	38.72	/	/	/	/	/	/	/	/
管段压降 h_i（m）	−37.35	0.61	0.85	1.75	1.86	0.74	0.93	0.99	3.69

第二步：顺推法求定流节点水头

以定压节点（1）为树根，则从离树根较近的管段顺推到离树根较远的节点的顺序是：[1]、[2]、[3]、[4]、[5]、[6]、[7]、[8]、[9]，当然，也可以是 [1]、[2]、[3]、[4]、[5]、[9]、[6]、[7]、[8]，或 [1]、[2]、[5]、[6]、[7]、[8]、[9]、[3]、[4] 等，按此顺推顺序求解各定流节点节点水头的过程见表 5.4。

顺推法求解节点水头   表 5.4

步骤	树枝管段号	管段能量方程	节点水头求解	节点水头（m）
1	[1]	$H_1 - H_2 = h_1$	$H_2 = H_1 - h_1$	$H_2 = 45.15$
2	[2]	$H_2 - H_3 = h_2$	$H_3 = H_2 - h_2$	$H_3 = 44.54$
3	[3]	$H_3 - H_4 = h_3$	$H_4 = H_3 - h_3$	$H_4 = 43.69$
4	[4]	$H_4 - H_5 = h_4$	$H_5 = H_4 - h_4$	$H_5 = 41.94$
5	[5]	$H_3 - H_6 = h_5$	$H_6 = H_3 - h_5$	$H_6 = 42.68$
6	[6]	$H_6 - H_7 = h_6$	$H_7 = H_6 - h_6$	$H_7 = 41.94$
7	[7]	$H_7 - H_8 = h_7$	$H_8 = H_7 - h_7$	$H_8 = 41.01$
8	[8]	$H_8 - H_9 = h_8$	$H_9 = H_8 - h_8$	$H_9 = 40.02$
9	[9]	$H_6 - H_{10} = h_9$	$H_{10} = H_6 - h_9$	$H_{10} = 38.99$

最后计算各节点自由水压，表5.5。

节点自由水压计算　　　　　　　　　　　　　　　　表 5.5

节点编号	1	2	3	4	5	6	7	8	9	10
地面标高（m）	9.80	11.50	11.80	15.20	17.40	13.30	12.80	13.70	12.50	15.00
节点水头（m）	7.80	45.15	44.54	43.69	41.94	42.68	41.94	41.01	40.02	38.99
自由水压（m）	/	33.65	32.74	28.49	24.54	29.38	29.14	27.31	27.52	23.99

为了便于使用，水力分析结果应标示在管网图上，如图5.5所示。

上述计算过程可以在图上直接进行，这样更直观，也不易出错。

图 5.5　单定压节点树状管网水力分析结果

5.3　解环方程水力分析方法

解环方程和解节点方程是管网水力分析的两类常用方法，本节介绍解环方程方法。上节已经介绍过基本概念，解环方程是以环流量为未知量，求解环能量方程组。在求解之前，首先要将非线性的能量方程组线性化，这样可以将求解非线性方程组的问题转化为解线性方程组的问题，至于在线性化时造成的误差，则通过反复迭代求解逐步消除。

5.3.1　环能量方程组的线性化

（1）管段水力特性的线性化

管段水力特性式（5.1）表明管段流量与压降为非线性关系，因而使得恒定流方程组为非性线。只要将管段水力特性线性化，则恒定流方程组可以线性化求解。

对于管网中管段 i，给定初始工况点 $(q_i^{(0)}, h_i^{(0)})$，对式（5.1）微分得该点的切线方程：

$$\mathrm{d}h_i = n s_i |q_i^{(0)}|^{n-1} \mathrm{d}q_i = z_i^{(0)} \mathrm{d}q_i \qquad (5.19)$$

式中　z_i——称为管段阻尼系数，其定义为下式：

$$z_i = n s_i |q_i|^{n-1} = \frac{n(h_i + h_{ei})}{q_i} \qquad (5.20)$$

根据连续函数的性质，在管段的给定工况点 $(q_i^{(0)}, h_i^{(0)})$ 附近，管段水力特性可以用该点的切线代替，当然，这样会带来误差，但只要 $\mathrm{d}q_i$ 或 $\mathrm{d}h_i$ 的绝对值足够小，误差可以忽略不计，如图 5.6 所示。

其中 $z_i^{(0)}$ 为切线的斜率，它的工程意义是管段压降随着流量变化的灵敏程度，称为阻尼系数，在给定点处为常数。

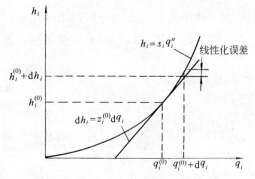

图 5.6　管段水力特性的线性化

（2）环能量方程组的线性化

上节提出了管段流量初分配和环流量的概念，已经说明，在初分配了管段流量的情况下，通过施加环流量可以使环能量方程组得到满足，因而环能量方程组可表示为：

$$\sum_{i \in R_k} (\pm h_i) = F_k(\Delta q_1, \Delta q_2, \cdots, \Delta q_L) = 0 \quad k = 1, 2, 3, \cdots, L \qquad (5.21)$$

式中　Δq_k——为环 k 的环流量；

　　　F_k——为环 k 的水头函数，它是各环流量的非线性函数，实际上，它只与本环及相邻环的环流量有关，不相邻环的环流量不改变该环的水头。

如图 4.12 所示管网，其环能量方程式（5.11）可以用环流量表示为：

$$\begin{cases} s_2(q_2^{(0)} + \Delta q_1)^n + s_6(q_6^{(0)} + \Delta q_1 - \Delta q_2)^n - s_8(q_8^{(0)} - \Delta q_1)^n - s_5(q_5^{(0)} - \Delta q_1)^n = 0 \\ s_3(q_3^{(0)} + \Delta q_2)^n + s_7(q_7^{(0)} + \Delta q_2)^n - s_9(q_9^{(0)} - \Delta q_2)^n - s_6(q_6^{(0)} + \Delta q_1 - \Delta q_2)^n = 0 \end{cases}$$

$$(5.22)$$

为了简化表达，此式中未考虑管段流量为负值的情况，若为负值，则应改为类似以下的表示：

$$(q_2^{(0)} + \Delta q_1)^n \rightarrow (q_2^{(0)} + \Delta q_1)|q_2^{(0)} + \Delta q_1|^{n-1}$$

下面讨论如何求解上述以环流量为未知量的非线性能量方程组。

非线性方程组的求解有多种方法，其中以牛顿法比较实用，其基本思想是：在给定初分配管段流量下，在环流量初值点（$\Delta q_1^{(0)} = 0, \Delta q_2^{(0)} = 0, \cdots, \Delta q_L^{(0)} = 0$）处，可以将环水头函数用线性切面函数代替，即有泰勒公式将式（5.21）展开，忽略高次项，取线性项，得线性方程组：

$$\begin{cases} \dfrac{\partial F_1^{(0)}}{\partial \Delta q_1} \Delta q_1 + \dfrac{\partial F_1^{(0)}}{\partial \Delta q_2} \Delta q_2 + \cdots + \dfrac{\partial F_1^{(0)}}{\partial \Delta q_L} \Delta q_L = - F_1(0,0,\cdots,0) \\[2mm] \dfrac{\partial F_2^{(0)}}{\partial \Delta q_1} \Delta q_1 + \dfrac{\partial F_2^{(0)}}{\partial \Delta q_2} \Delta q_2 + \cdots + \dfrac{\partial F_2^{(0)}}{\partial \Delta q_L} \Delta q_L = - F_2(0,0,\cdots,0) \\[2mm] \cdots\cdots \\[2mm] \dfrac{\partial F_L^{(0)}}{\partial \Delta q_1} \Delta q_1 + \dfrac{\partial F_L^{(0)}}{\partial \Delta q_2} \Delta q_2 + \cdots + \dfrac{\partial F_L^{(0)}}{\partial \Delta q_L} \Delta q_L = - F_L(0,0,\cdots,0) \end{cases} \tag{5.23}$$

此式中，$F_k(0,0,\cdots,0)$ 称为初分配管段流量下的环水头闭合差，记为：

$$\Delta h_k^{(0)} = F_k(0,0,\cdots,0) = \sum_{i \in R_k} (\pm h_i^{(0)})$$

$$= \sum_{i \in R_k} \pm (s_i q_i^{(0)} |q_i^{(0)}|^{n-1} - h_{ei}) \quad k = 1,2,\cdots,L \tag{5.24}$$

将线性方程组式（5.23）表示成矩阵形式为：

$$F^{(0)} \cdot \overline{\Delta q} = - \overline{\Delta h^0} \tag{5.25}$$

式中　　　　　　$\overline{\Delta h^0} = \{\Delta h_1^{(0)}, \ \Delta h_2^{(0)}, \ \cdots, \ \Delta h_L^0\}^T$——环水头闭合差向量；

$$\overline{\Delta q}\{\Delta q_1, \ \Delta q_2, \ \cdots, \ \Delta q_L\}^T$$——环流量向量；

$$F^{(0)} = \left\{ \frac{\partial F_k^{(0)}}{\partial \Delta q_j}, k = 1、2、3、\cdots、L, j = 1、2、3、\cdots、L \right\}$$——系数矩阵，由环水

头函数求导得：

$$\frac{\partial F_k^{(0)}}{\partial \Delta q_j} = \begin{cases} \displaystyle\sum_{i \in R_k} (n s_i |q_i^{(0)}|^{n-1}) = \sum_{i \in R_k} z_i^{(0)} & k = j \\[3mm] - n s_i |q_i^{(0)}|^{n-1} = - z_i^{(0)} & i \text{ 为相邻环 } k \text{ 和 } j \text{ 的公共管段} \\[2mm] 0 & k \ne j \text{ 且环 } k \text{ 和 } j \text{ 不相邻} \end{cases} \tag{5.26}$$

以图 4.12 所示管网为例，可以写出如下线性化的环能量方程组：

$$\begin{bmatrix} z_2^{(0)} + z_6^{(0)} + z_8^{(0)} + z_5^{(0)} & - z_6^{(0)} \\ - z_6^{(0)} & z_3^{(0)} + z_7^{(0)} + z_9^{(0)} + z_6^{(0)} \end{bmatrix} \cdot \begin{bmatrix} \Delta q_1 \\ \Delta q_2 \end{bmatrix} = - \begin{bmatrix} \Delta h_1^{(0)} \\ \Delta h_2^{(0)} \end{bmatrix}$$

5.3.2　环能量方程组求解

环能量方程组经过线性化后，可以采用解线性方程组的各种算法求解。下面介绍两种常用算法：牛顿-拉夫森算法和哈代-克罗斯算法，哈代-克罗斯算法又称水头平差法。

（1）牛顿-拉夫森算法

牛顿-拉夫森算法就是直接求解线性化环能量方程组式(5.23)，并通过迭代计算逐步逼近环能量方程组最终解的方法，其步骤如下：

1）拟定满足节点流量连续性方程组的各管段流量初值 $q_i^{(0)}(i=1,2,\cdots,M)$，并给定环水头闭合差的最大允许值 e_h（手工计算时一般取 $e_h=0.1\sim0.5m$，计算机计算时一般取 $e_h=0.01\sim0.1m$）；

2）由式（5.24）计算各环水头闭合差 $\Delta h_k^{(0)}(k=1,2,\cdots,L)$；

3）判断各环水头闭合差是否均小于最大允许闭合差，即 $|\Delta h_k^{(0)}|\leqslant e_h(k=1,2,\cdots,L)$ 均成立，如果满足，则解环方程组结束，转（7）进行后续计算，否则继续下步；

4）计算系数矩阵 $F^{(0)}$，其元素按式（5.26）计算；

5）解线性方程组式（5.25），得环流量 $\Delta q_k(k=1,2,\cdots,L)$；

6）将环流量施加到环内所有管段，得到新的管段流量，作为新的初值（迭代值），转第 2）步重新计算，管段流量迭代计算公式为：

$$q_i^{(0)}+\Delta q_j-\Delta q_k\to q_i^{(0)}\quad i=1,2,\cdots,M \tag{5.27}$$

式中 Δq_j——管段 i 右边环（沿管段方向行走时）的环流量，若右边没有环，则取零；

Δq_k——管段 i 左边环（沿管段方向行走时）的环流量，若左边没有环，则取零。

7）计算管段压降、流速，用顺推法求各节点水头，最后计算节点自由水压，计算结束。

【例 5.2】   某给水管网如图 5.7 所示，节点流量、管段长度、管段直径、初分配管段流量数据也标注在图中，节点地面标高见表 5.6，节点（8）为定压节点，已知其节点水头为 $H_8=41.50m$，采用海曾-威廉公式计算水头损失，$C_w=110$，试进行管网水力分析，最大允许闭合差 $e_h=0.1m$，求各管段流量、流速、压降，各节点水头和自由水压。

图 5.7 管网水力分析

节点数据   表 5.6

节点编号	2	3	4	6	7	8
地面标高（m）	18.80	19.10	22.00	18.30	17.30	17.50

【解】　该管网为两个环，管段初分配流量已经完成，有关数据计算如表5.7。

初分配流量下的管段数据计算　表5.7

管段编号 i	2	3	5	6	7	8	9
管段长度 l_i（m）	650	550	330	350	360	590	490
管段直径 D_i（m）	0.300	0.200	0.300	0.200	0.200	0.300	0.100
管段阻力系数 s_i	404.4	2465.2	205.3	1568.8	1613.6	367.1	64224.6
初分配管段流量 $q_i^{(0)}$（m³/s）	0.08990	0.00627	0.08990	0.03246	0.02265	0.05487	0.00500
管段压降 $h_i^{(0)}$（m）	4.67	0.21	2.37	2.75	1.45	1.70	3.52
管段阻尼系数 $z_i^{(0)}$	96.21	62.03	48.82	156.90	118.56	57.38	1303.81

各环水头闭合差计算并判断如下：

$$\Delta h_1^{(0)} = h_2^{(0)} + h_6^{(0)} - h_8^{(0)} - h_5^{(0)} = 4.67 + 2.75 - 1.70 - 2.37$$
$$= 3.35$$

$$\Delta h_2^{(0)} = h_3^{(0)} + h_7^{(0)} - h_9^{(0)} - h_6^{(0)} = 0.21 + 1.45 - 3.52 - 2.75$$
$$= -4.61$$

环水头闭合差不满足要求，需要进行环流量修正，先求系数矩阵：

$$F^{(0)} = \begin{bmatrix} z_2^{(0)} + z_6^{(0)} + z_8^{(0)} + z_5^{(0)} & -z_6^{(0)} \\ -z_6^{(0)} & z_3^{(0)} + z_7^{(0)} + z_9^{(0)} + z_6^{(0)} \end{bmatrix}$$

$$= \begin{bmatrix} 359.31 & -156.90 \\ -156.90 & 1641.30 \end{bmatrix}$$

接着解线性方程组：

$$\begin{bmatrix} 359.31 & -156.90 \\ -156.90 & 1641.30 \end{bmatrix} \cdot \begin{bmatrix} \Delta q_1 \\ \Delta q_2 \end{bmatrix} = - \begin{bmatrix} 3.35 \\ -4.61 \end{bmatrix}$$

得环流量解为：$\Delta q_1 = -0.00845$，$\Delta q_2 = 0.00200$，施加该环流量，得到新的管段流量，重新计算有关管段数据，见表5.8。

第一次施加环流量后的管段数据计算　表5.8

管段编号 i	2	3	5	6	7	8	9
管段阻力系数 s_i	404.4	2465.2	205.3	1568.8	1613.6	367.1	64224.6
原管段流量 $q_i^{(0)}$（m³/s）	0.08990	0.00627	0.08990	0.03246	0.02265	0.05487	0.00500
施加环流量 Δq_k（m³/s）	-0.00845	0.00200	0.00845	-0.00845 -0.00200	0.00200	0.00845	-0.00200
新的管段流量 $q_i^{(0)}$（m³/s）	0.08145	0.00827	0.09835	0.02201	0.02465	0.06332	0.00300
管段压降 $h_i^{(0)}$（m）	3.89	0.34	2.80	1.34	1.70	2.21	1.37
管段阻尼系数 $z_i^{(0)}$	88.45	76.14	52.73	112.75	127.72	64.64	845.75

重新计算各环水头闭合差并判断如下：

$$\Delta h_1^{(0)} = h_2^{(0)} + h_6^{(0)} - h_8^{(0)} - h_5^{(0)} = 3.89 + 1.34 - 2.21 - 2.80$$
$$= 0.22$$

$$\Delta h_2^{(0)} = h_3^{(0)} + h_7^{(0)} - h_9^{(0)} - h_6^{(0)} = 0.34 + 1.70 - 1.37 - 1.34$$
$$= -0.67$$

闭合差已经大大减小，但仍不满足要求，需要再次构成系数矩阵，并解线性方程组：

$$\begin{bmatrix} 318.57 & -112.75 \\ -112.75 & 1162.36 \end{bmatrix} \cdot \begin{bmatrix} \Delta q_1 \\ \Delta q_2 \end{bmatrix} = -\begin{bmatrix} 0.22 \\ -0.67 \end{bmatrix}$$

解此方程得：$\Delta q_1 = -0.00050$，$\Delta q_2 = 0.00053$，施加该环流量，得到新的管段流量，重新计算有关管段数据，见表 5.9。

第二次施加环流量后的管段数据计算　　　　　表 5.9

管段编号 i	2	3	5	6	7	8	9
管段阻力系数 s_i	404.4	2465.2	205.3	1568.8	1613.6	367.1	64224.6
原管段流量 $q_i^{(0)}$ (m³/s)	0.08145	0.00827	0.09835	0.02201	0.02465	0.06332	0.00300
施加环流量 Δq_k (m³/s)	-0.00050	0.00053	0.00050	-0.00050 -0.00053	0.00053	0.00050	-0.00053
新的管段流量 q_i (m³/s)	0.08095	0.00880	0.09885	0.02098	0.02518	0.06382	0.00247
管段流速 v_i (m/s)	1.15	0.26	1.40	0.68	0.80	0.90	0.31
管段压降 h_i (m)	3.84	0.38	2.83	1.22	1.76	2.25	0.95

重新计算各环水头闭合差并判断如下：
$$\Delta h_1^{(0)} = h_2^{(0)} + h_6^{(0)} - h_8^{(0)} - h_5^{(0)} = 3.84 + 1.22 - 2.25 - 2.83$$
$$= -0.02$$
$$\Delta h_2^{(0)} = h_3^{(0)} + h_7^{(0)} - h_9^{(0)} - h_6^{(0)} = 0.38 + 1.76 - 0.95 - 1.22$$
$$= -0.03$$

各环水头闭合差已经满足要求。最后，计算管段流速，见表 5.9，由节点 (8) 出发，用顺推法计算各节点水头和节点自由水压，见表 5.10。

节点数据计算　　　　　表 5.10

节点编号	2	3	4	6	7	8
地面标高 (m)	18.80	19.10	22.00	18.30	17.30	17.50
节点水头 (m)	47.43	43.64	43.26	44.60	42.35	41.50
自由水压 (m)	28.63	24.54	21.26	26.30	25.05	24.00

(2) 哈代-克罗斯算法

在上述牛顿-拉夫森算法解环方程组时，需要反复多次求解 L 阶线性方程组，如果管网的环数 L 达到很大值时，即使是线性方程组的求解也是很困难的，特别是采用手工计算时。为此，哈代-克罗斯（Hardy Cross）早在 1936 年就提出了一种简化求解算法。

分析系数矩阵 $F^{(0)}$，发现它不但是一个对称正定矩阵，也是一个主对角优势稀疏矩阵，当 L 较大时，其大多数元素为零，主对解元素值是较大的正值，非主对解的不为零的元素都是较小（相对主对角元素）的负值，因而，哈代-克罗斯算法提出，只保留主对解元素，忽略其他所有元素，则线性方程组可直接按下式求解：

$$\Delta q_k = -\frac{\Delta h_k^{(0)}}{\displaystyle\sum_{i \in R_k} z_i^{(0)}} \quad k = 1, 2, \cdots, L \tag{5.28}$$

此式可以理解为一个环流量的估算式，通过估算出的环流量，可以减小或消除环水头闭合差。因此，此式称为哈代-克罗斯平差公式，哈代-克罗斯算法又称为水头平差法。

哈代-克罗斯算法水力分析的步骤与牛顿-拉夫森算法基本相同，只是计算环流量采用水头平差公式，代替解线性方程组，下面举例说明。

【例 5.3】 某环状管网如图 5.8 所示，节点(10)为水塔，节点水头为 94.65m，该节点为水力分析的定压节点，各管段长度、直径，各节点流量如图中所标，各节点地面标高如表 5.11，试进行水力分析，计算各管段流量与流速、各节点水头与自由水压（水头损失采用曼宁公式计算，$N_M = 0.013$）。

图 5.8 某环状管网水力分析计算

节点地面标高   表 5.11

节点编号	1	2	3	4	5	6	7	8	9	10
地面标高（m）	59.80	61.50	61.80	60.20	62.40	63.30	61.10	62.70	63.50	73.00

【解】 采用哈代-克罗斯算法进行管网水力分析，用手工计算时，可以直接在管网图上标示计算，如图 5.9 和 5.10 所示，也可以列表计算，见表 5.12 和 5.13，下面说明列表计算过程。

图 5.9　某环状管网平差计算

(a) 第一次平差；(b) 第二次平差

首先列出组成各环的管段编号，逆时针方向的管段编号前加负号，以便求闭合差等时明确方向，同时根据管段长度和直径及泵站水力特性（本例无泵站）计算出管段水力特性参数 s 和 h_e，列于表 5.12 中第 3、4 项。

然后，进行流量初步分配，为此先确定生成树（单定压节点），如图 5.10 所示，粗线为树枝，细线为连枝，先任意假定连枝流量为：$q_3 = 4.0$、$q_4 = 6.0$、$q_8 = 4.0$、$q_9 = 6.0(L/s)$，其余树枝管段根据节点流量连续性方程组采用逆树递推法计算，见表 5.12 第 5 列。

表 5.12

哈代-克罗斯平差计算

环号	管段编号	s	h_e (m)	流量初分配			第Ⅰ次平差		s|q|	第Ⅱ次平差	
				q (L/s)	h(m)	s|q|	q (L/s)	h (m)		q (L/s)	h (m)
1	—1	32735.47	0.00	−12.00	−4.71	392.50	−12.00+2.45=−9.55	−2.99	313.09	−9.94	−3.23
	—4	17229.19	0.00	−6.00	−0.62	103.33	−6.00+2.45−2.87=−0.68	−0.01	14.71	−2.32	−0.09
	6	1977.81	0.00	31.60	1.97	62.34	31.60+2.45+2.73=36.78	2.68	72.87	36.08	2.57
	3	17229.19	0.00	4.00	0.28	70.00	4.00+2.45=6.45	0.72	111.63	6.06	0.63
					−3.08	628.17		0.40	512.30		−0.12
				$\Delta q=-\dfrac{-3.08\times1000}{2\times628.17}=2.45$			$\Delta q=-\dfrac{0.40\times1000}{2\times512.30}=-0.39$				
2	—2	2401.62	0.00	−37.60	−3.40	90.43	−37.60−2.87=−40.47	−3.93	97.11	−39.22	−3.69
	—5	427.44	0.00	−57.60	−1.42	24.65	−57.60−2.87=−60.47	−1.56	25.80	−59.22	−1.50
	7	908.30	0.00	80.40	5.87	73.01	80.40−2.87−3.55=73.98	4.97	67.18	76.09	5.26
	4	17229.19	0.00	6.00	0.62	103.33	6.00−2.87−2.45=0.68	0.01	14.71	2.32	0.09
					1.67	291.42		−0.51	204.80		0.16
				$\Delta q=-\dfrac{1.67\times1000}{2\times291.42}=-2.87$			$\Delta q=-\dfrac{-0.51\times1000}{2\times204.80}=1.25$				

续表

环号	管段编号	s	h_e (m)	流量初分配			第 I 次平差			第 II 次平差	
				q (L/s)	h(m)	$s\lvert q\rvert$	q (L/s)	h (m)	$s\lvert q\rvert$	q (L/s)	h (m)
3	—6	1977.81	0.00	−31.60	−1.97	62.34	−31.60−2.73−2.45=−36.78	−2.68	72.87	−36.08	−2.57
	9	15075.54	0.00	6.00	0.54	90.00	6.00−2.73−3.55=−0.28	0.00	0.00	0.89	0.01
	11	30151.09	0.00	12.80	4.94	385.94	12.80−2.73=10.07	3.06	303.87	10.38	3.25
	—8	15075.54	0.00	−4.00	−0.24	60.00	−4.00−2.73=−6.73	−0.68	101.04	−6.42	−0.62
					3.27	598.28		−0.30	477.78		0.07
				$\Delta q=-\dfrac{3.27\times1000}{2\times598.28}=-2.73$			$\Delta q=-\dfrac{-0.30\times1000}{2\times477.78}=0.31$				
4	—7	908.30	0.00	−80.40	−5.87	73.01	−80.40+3.55+2.87=−73.98	−4.97	67.18	−76.09	−5.26
	10	374.01	0.00	56.20	1.18	21.00	56.20+3.55=59.75	1.34	22.43	58.89	1.30
	12	2401.62	0.00	37.00	3.29	88.92	37.00+3.55=40.55	3.95	97.41	39.69	3.78
	—9	15075.54	0.00	−6.00	−0.54	90.00	−6.00+3.55+2.73=0.28	0.32	0.00	−0.89	−0.01
					−1.94	272.93		0.32	187.02		−0.19
				$\Delta q=-\dfrac{-1.94\times1000}{2\times272.93}=3.55$			$\Delta q=-\dfrac{0.32\times1000}{2\times187.02}=-0.86$				

图 5.10 某环状管网水力分析结果

第一次平差计算：根据初分配流量，计算各管段压降（注意，流量总是以L/s列出，但计算水头损失时用 m^3/s，即应将小数点前移 3 位），列于第 6 项，并计算出各环水头闭合差，判断闭合差绝对值是否达到允许值，如未达到要求，则计算各环 $s|q|^{n-1}$ 累计值和环流量，修改各管段流量，列于第 8 项。

第二次平差计算：根据第一平差结果所得流量，计算各管段压降，列于第 9 项，并计算出各环水头闭合差，判断闭合差绝对值是否达到允许值，如未达到要求，则计算各环 $s|q|^{n-1}$ 累计值和环流量，修改各管段流量，列于第 11 项。

根据第二次平差结果，计算各管段压降，列于第 12 项，求出各环闭合差，已达允许值。

最后用顺树递推法计算各节点水头，最后汇总计算结果于表 5.13。

某环状管网水力分析结果　　　　　　　　表 5.13

管段或节点编号	1	2	3	4	5	6	7	8	9	10	11	12	13
管段流量(L/s)	9.94	39.22	6.06	2.32	59.22	36.08	76.09	6.42	0.89	58.89	10.38	39.69	219.8
管内流速(m/s)	0.56	0.80	0.34	0.13	0.84	0.74	1.08	0.36	0.05	0.83	0.59	0.81	0.87
管段压降(m)	3.23	3.69	0.63	0.09	1.50	2.57	5.26	0.62	0.01	1.30	3.25	3.78	1.14
节点水头(m)	85.09	88.32	92.01	85.68	88.25	93.51	85.18	88.43	92.21	94.65	/	/	/
地面标高(m)	59.80	61.50	61.80	60.20	62.40	63.30	61.10	62.70	63.50	73.00	/	/	/
自由水压(m)	25.29	26.82	30.21	25.48	25.85	30.21	24.08	25.73	28.71	21.65	/	/	/

【**例 5.4**】　某多定压节点管网如图 5.11 所示，节点（1）为清水池，节点水头 12.00m，节点（5）为水塔，节点水头为 48.00m，该两节点为定压节点，各管段长度、直径，各节点流量如图中所标，各节点地面标高如表 5.14，管段[2]上设有泵站，其水力特性如图中所示，试进行水力分析，计算各管段流量与流速、各节点水头与自由水压（水头损失采用海曾-威廉公式计算，$C_w = 110$）。

图 5.11   多定压节点管网水力分析

节点地面标高   表 5.14

节点编号	1	2	3	4	5	6	7	8
地面标高（m）	13.60	18.80	19.10	22.00	32.20	18.30	17.30	17.50

【解】 用哈代-克罗斯法进行多定压节点给水管网水力分析，必须先设置虚节点和虚管段，将多定压节点问题转化为单定压节点问题，本例有两个定压节点，因此要设一个虚节点（0）及从节点（0）到定压节点（1）和（5）的两条虚管段，虚节点（0）是新的定压节点，节点水头为 0.00m，节点（1）和（5）转化为定流节点，节点流量均为 0.00L/s，虚管段均被认为是无阻力的，但设有泵站，泵站静扬程为原定压节点的节点水头，即分别为 12.00 和 48.00m，如图 5.11 所示。

经过以上假设，得到单定压节点管网，按图 5.11 中粗线确定生成树，连枝管段 [3]、[6] 和 [9] 的初分配流量分别为 10.00、20.00 和 5.00L/s，用树上逆推法求出其余管段流量，标于图中。

接着用哈代-克罗斯法进行平差计算，方法同前，见表 5.15。经过两次平差，各环水头闭合差均小于 0.5m，最后计算管段流速，节点水头等，见表 5.16，计算结果同时用图表示，见图 5.12。

表 5.15

哈代-克罗斯平差计算

环号	管段编号	s	h_e (m)	流量初分配			第Ⅰ次平差			第Ⅱ次平差	
				q (L/s)	h (m)	$s\lvert q\rvert^{0.852}$	q (L/s)	h (m)	$s\lvert q\rvert^{0.852}$	q (L/s)	h (m)
1	2	404.40	0.00	81.17	3.86	47.60	81.01	3.85	47.52	81.14	3.86
	6	1568.68	0.00	20.00	1.12	55.98	19.95	1.11	55.86	20.52	1.17
	−8	367.07	0.00	−67.33	−2.48	36.85	−65.71	−2.37	36.09	−64.62	−2.30
	−5	205.31	0.00	−102.36	−3.01	29.45	−100.74	−2.93	29.05	−99.65	−2.87
					−0.51	169.88		−0.34	168.52		−0.14
				$\Delta q=-\dfrac{0.51\times1000}{1.852\times169.88}=-1.62$			$\Delta q=-\dfrac{0.34\times1000}{1.852\times168.52}=-1.09$				
2	3	2465.07	0.00	10.00	0.49	48.73	9.89	0.48	48.28	9.45	0.44
	7	1613.50	0.00	22.65	1.45	64.02	24.32	1.65	68.02	24.84	1.72
	−9	64221.17	0.00	−5.00	−3.52	703.40	−3.33	−1.66	497.51	−2.81	−1.21
	−6	1568.68	0.00	−20.00	−1.12	55.98	−19.95	−1.11	55.86	−20.52	−1.17
					−2.70	872.13		−0.64	669.67		−0.22
				$\Delta q=-\dfrac{2.70\times1000}{1.852\times872.13}=-1.67$			$\Delta q=-\dfrac{0.64\times1000}{1.852\times669.67}=0.52$				
3	−10	0.00	−12.00	198.08	12.00	0.00	196.30	12.00	0.00	195.34	12.00
	11	0.00	48.00	−33.42	−48.00	0.00	−35.20	−48.00	0.00	−36.16	−48.00
	4	337.23	0.00	33.42	0.62	18.64	35.20	0.69	19.48	36.16	0.72
	−3	2465.07	0.00	−10.00	−0.49	48.73	−9.89	−0.48	48.28	−9.45	−0.44
	−2	404.40	0.00	−81.17	−3.86	47.60	−81.01	−3.85	47.52	−81.14	−3.86
	−1	193.98	−48.86	−198.08	39.19	48.83	−196.30	39.35	48.45	−195.34	39.43
					−0.54	163.80		−0.29	163.73		−0.15
				$\Delta q=-\dfrac{0.54\times1000}{1.852\times163.80}=-1.78$			$\Delta q=-\dfrac{0.29\times1000}{1.852\times163.73}=0.96$				

管段或节点编号	1	2	3	4	5	6	7	8	9
管段流量(L/s)	195.34	81.14	9.45	36.16	99.65	20.52	24.84	64.62	2.81
管内流速(m/s)	1.38	1.15	0.30	0.58	1.41	0.65	0.79	0.91	0.36
管段压降(m)	−39.43	3.86	0.44	0.72	2.87	1.17	1.72	2.30	1.21
节点水头(m)	12.00	51.43	47.57	47.28	48.00	48.56	46.26	45.56	/
地面标高(m)	13.60	18.80	19.10	22.00	32.20	18.30	17.30	17.50	
自由水压(m)	/	32.63	28.47	25.28	15.80	30.26	28.96	28.06	/

多定压节点管网水力分析结果　　　　　　　　　　　　　　表 5.16

图 5.12　多定压节点管网水力分析结果

5.3.3　哈代-克罗斯平差算法的改进

（1）对平差过程的认识

1）整个管网闭合差总和恒为零

在哈代-克罗斯平差时，若将外环和水头闭合差计算在内，则所有环的水头闭合差总和为零，这是因为每条管段均属于两个环（包括外环），且在两个环内管段方向不同，这意味着每条管段的压降在计算闭合差时用到了两次，且符号相反，若对环水头闭合差求总和（包括外环），则管段压降值全部抵消，环水头闭合差总和必为零。

如图 5.13 所示为例 5.3 的平差过程，平差前各环水头闭合差总和为：−3.08+1.67+3.27−1.94+0.08=0。第一次平差后，各环水头闭合差总和为：+0.40−0.51−0.30+0.32+0.09=0。

2）平差实际上是闭合差在管网中传递且相互抵消的过程

在哈代-克罗斯平差时，施加环流量，改变环内管段压降，引起管段两边环水头闭合差同时变化，一个增加，另一个则减少，可以认为环的水头闭合差传递到了相邻环，如果相邻环闭合差方向相同，则其闭合差绝对值增加，否则，其闭合差相互抵消，绝对值减小。但总的来看，因为闭合差是向四周分散传递的，向相邻环传递的闭合差总是小于本环被消除的闭合差，所以，闭合差绝对值减少量总是大于增加量，闭合差被逐步抵消。以例 5.3 的平差过程为例，环水头闭合差的传递与抵消过程如图 5.13 所示。

图 5.13　水头平差时的水头闭合差传递
(a) 第一次平差；(b) 第二次平差

(2) 改进平差过程的措施

根据上述对平差过程的认识，可以采取下列改进平差算法的措施。

1) 改各环同时平差为每次只平差一个环

各环同时平差时，每个环平差时未考虑前面已平差环传来的闭合差，因此不能将它们传递出去，所以收敛速度慢；另外，同时平差不能选择各环平差顺序，也不能避免对闭合差已经小于允许值的环进行多余的平差计算。

每次只平差一个环，平差后立即更新管段流量，后面的平差用新的流量值计算闭合差，则平差的收敛速度可以得到提高。

2) 优先平差闭合差较大的环

每次只平差一个环时，可以选择闭合差绝对值最大或较大的环进行平差，因为这样传递出去的闭合差最大，计算效率最高。可以认为，在消除较大的闭合差之前，先平差小的闭合差几乎是徒劳无益的。

3) 改环平差为回路（大环）平差

由多个相邻环合并可以组成回路（大环），能量方程组可以按回路列出，同样可以推导出回路平差公式，如果能将具有相同闭合差方向的环合并起来平差，则每次平差的闭合差绝对值会比较大，计算效率得以提高。选择合并环的原则有两点，一是它们闭合差的方向相同，二是闭合差绝对值比较大。特别是当回路的闭合差方向与相邻环闭合差方向相反时，其平差不但消除了自身的闭合差，而且传递出去的闭合差总是抵消邻环的闭合差，一举两得。

图 5.14   将环合并为回路进行平差

以图 5.14 所示为例，若选择图中粗线标示的回路平差，则会事半功倍。

4）节省计算工作量

平差的计算工作量主要集中在求闭合差和 $\sum_{i \in R_k} z_i^{(0)}$ 的值。

计算实践表明，平差时开始时收敛速度较快，到接近最终解时收敛速度较慢，特别是当计算精度要求较高时。但是，到平差接近最终解时，管段流量的改变量已经很小，此时，反复多次计算阻尼系数意义已不大，因为它们的值变化已经很小，因此，若干次平差后，可以将阻尼系数固定不变，从而可以节省部分计算工作量。

5.4   解节点方程水力分析方法

解节点方程方法与解环方程方法类似，它是以节点水头（定压节点除外）为未知量，解非线性的节点流量连续性方程组。第 1 节已经介绍过基本概念，在求解之前，首先要将非线性的节点流量连续性方程组线性化，这样可以将求解非线性方程组的问题转化为解线性方程组的问题，至于在线性化时造成的误差，则通过反复迭代求解逐步消除。

5.4.1   节点流量连续性方程组的线性化

（1）管段水力特性的线性化

式（5.19）已经给出了管段水力特性的线性化形式，为了解节点方程，应将其写成另一种形式，即对于管网中管段 i，给定初始工况点 $(q_i^{(0)}, h_i^{(0)})$，对式（5.19）变换得：

$$\mathrm{d}q_i = \frac{1}{ns_i |q_i^{(0)}|^{n-1}} \mathrm{d}h_i = c_i^{(0)} \mathrm{d}h_i \qquad (5.29)$$

式中 c_i——称为管段流量系数，其定义为下式：

$$c_i = \frac{1}{ns_i |q_i|^{n-1}} = \frac{q_i}{n(h_i + h_{ei})} \qquad (5.30)$$

（2）节点流量连续性方程组的线性化

以定流节点水头为未知量，用管段能量方程将管段流量表示为它们的函数，见式（5.18），将它们代入定流节点的流量连续性方程，则有：

$$\sum_{i \in s_j} (\pm q_i) + Q_j = G_j(\Delta H_j, j\text{ 为定流节点}) = 0 \quad j\text{ 为定流节点} \qquad (5.31)$$

式中 ΔH_j——为节点 j（j 为定流节点）的水头增量；

G_j——为节点 j（j 为定流节点）的流量函数，它是各定流节点水头增量的非线性函数，实际上，它只与本节点及相邻环节点的水头增量有关，不相邻环节点的水头增量不改变该节点的水头。

方程组式（5.31）的未知量与方程数目均为 $N-R$，即定流节点数，所以是可解的。但是，该方程组为非线性，在求解前要进行线性化。仍采用牛顿线性化法：在给定定流节点水头初值后，在节点水头增量初值点（$\Delta H_j^{(0)} = 0, j$ 为定流节点）处，可以将节点流量函数用线性切面函数代替，即有泰勒公式将式（5.31）展开，忽略高次项，取线性项，得线性方程组：

$$\sum_{k\text{ 为恒流点}} \left(\frac{\partial G_j^{(0)}}{\partial \Delta H_k} \Delta H_k \right) = - G_j(0,0,\cdots,0) \quad j\text{ 为定流节点} \qquad (5.32)$$

此式中，$G_j(0,0,\cdots,0)$ 称为给定节点水头初值下的节点流量闭合差，记为：

$$\Delta Q_j^{(0)} = G_j(0,0,\cdots,0) = \sum_{i \in s_j} (\pm q_i^{(0)}) + Q_j \quad j\text{ 为定流节点} \qquad (5.33)$$

将线性方程组式（5.32）表示成矩阵形式为：

$$G^{(0)} \cdot \overline{\Delta H} = - \overline{\Delta Q}^{(0)} \qquad (5.34)$$

式中 $\overline{\Delta Q}^{(0)} = \{\Delta Q_j^{(0)},\ j\text{ 为定流节点}\}^{\mathrm{T}}$——定流节点流量闭合差向量；

$\overline{\Delta H} = \{\Delta H_j,\ j\text{ 为定流节点}\}^{\mathrm{T}}$——节点水头增量向量；

$G^{(0)} = \left\{ \dfrac{\partial G_k^{(0)}}{\partial \Delta H_j}, k, j\text{ 均为定流节点} \right\}$——系数矩阵，由节点流量函数求导得：

$$\frac{\partial G_k^{(0)}}{\partial \Delta H_j} = \begin{cases} \sum_{i \in R_k} \left(\dfrac{1}{ns_i \, |\, q_i^{(0)}\,|^{\,n-1}} \right) = \sum_{i \in R_k} c_i^{(0)} & k = j \text{ 为定流节点} \\[3mm] -\dfrac{1}{ns_i \, |\, q_i^{(0)}\,|^{\,n-1}} = -c_i^{(0)} & i \text{ 为相邻定流节点 } k \text{ 和 } j \text{ 之间管段} \\[3mm] 0 & k \neq j \text{ 且定流节点 } k \text{ 和 } j \text{ 不相邻} \end{cases}$$

$$(5.35)$$

以图 4.12 所示管网为例，可以写出如下线性化的定流节点流量连续性方程组：

$$\begin{aligned} (c_2^{(0)} + c_5^{(0)})\Delta H_2 - c_2^{(0)}\Delta H_3 - c_5^{(0)}\Delta H_6 &= -\Delta Q_2^{(0)} \\ (c_2^{(0)} + c_3^{(0)} + c_6^{(0)})\Delta H_3 - c_2^{(0)}\Delta H_2 - c_3^{(0)}\Delta H_4 - c_6^{(0)}\Delta H_7 &= -\Delta Q_3^{(0)} \\ (c_3^{(0)} + c_7^{(0)})\Delta H_4 - c_3^{(0)}\Delta H_3 - c_7^{(0)}\Delta H_8 &= -\Delta Q_4^{(0)} \\ (c_5^{(0)} + c_8^{(0)})\Delta H_6 - c_5^{(0)}\Delta H_2 - c_8^{(0)}\Delta H_7 &= -\Delta Q_6^{(0)} \\ (c_6^{(0)} + c_8^{(0)} + c_9^{(0)})\Delta H_7 - c_6^{(0)}\Delta H_3 - c_8^{(0)}\Delta H_6 - c_9^{(0)}\Delta H_8 &= -\Delta Q_7^{(0)} \\ (c_7^{(0)} + c_9^{(0)})\Delta H_8 - c_7^{(0)}\Delta H_4 - c_9^{(0)}\Delta H_7 &= -\Delta Q_8^{(0)} \end{aligned}$$

写成矩阵形式为：

$$\begin{bmatrix} c_2^{(0)} + c_5^{(0)} & -c_2^{(0)} & 0 & -c_5^{(0)} & 0 & 0 \\ -c_2^{(0)} & c_2^{(0)} + c_3^{(0)} + c_6^{(0)} & -c_3^{(0)} & 0 & -c_6^{(0)} & 0 \\ 0 & -c_3^{(0)} & c_3^{(0)} + c_7^{(0)} & 0 & 0 & -c_7^{(0)} \\ -c_5^{(0)} & 0 & 0 & c_5^{(0)} + c_8^{(0)} & -c_8^{(0)} & 0 \\ 0 & -c_6^{(0)} & 0 & -c_8^{(0)} & c_6^{(0)} + c_8^{(0)} + c_9^{(0)} & -c_9^{(0)} \\ 0 & 0 & -c_7^{(0)} & 0 & -c_8^{(0)} & c_7^{(0)} + c_9^{(0)} \end{bmatrix} \cdot \begin{bmatrix} \Delta H_2 \\ \Delta H_3 \\ \Delta H_4 \\ \Delta H_6 \\ \Delta H_7 \\ \Delta H_8 \end{bmatrix} = - \begin{bmatrix} \Delta Q_2^{(0)} \\ \Delta Q_3^{(0)} \\ \Delta Q_4^{(0)} \\ \Delta Q_6^{(0)} \\ \Delta Q_7^{(0)} \\ \Delta Q_8^{(0)} \end{bmatrix}$$

5.4.2   定流节点流量连续性方程组求解

定流节点流量连续性方程组经过线性化后，可以采用解线性方程组的各种算法求解。与解环方程类似，也可采用牛顿-拉夫森算法和节点流量平差算法。

（1）牛顿-拉夫森算法

牛顿-拉夫森算法直接求解线性化的定流节点流量连续性方程组式(5.34)，并通过迭代计算逐步逼近原方程组最终解，其步骤如下：

1）拟定定流节点水头初值 $H_j^{(0)}$（j 为定流节点），并给定节点流量闭合差的最大允许值 e_q（手工计算时一般取 $e_q = 0.1 \text{L/s}$，计算机计算时一般取 $e_q = 0.01 \sim 0.1 \text{L/s}$）；

2）由式（5.33）计算各定流节点流量闭合差 $\Delta Q_j^{(0)}$（j 为定流节点）；

3）判断各定流节点流量闭合差是否均小于最大允许闭合差，即 $|\Delta Q_j^{(0)}| \leqslant e_q$（$j$ 为定流节点）均成立，如果满足，则解节点方程组结束，转（7）进行后续计算，否则继续下步；

4）计算系数矩阵 $G^{(0)}$，其元素按式（5.35）计算；

5）解线性方程组式（5.34），得定流节点水头增量 ΔH_j（j 为定流节点）；

6）将定流节点水头增量施加到相应节点上，得到新的节点水头，作为新的初值（迭代值），转第 2）步重新计算，节点水头迭代计算公式为：

$$H_j^{(0)} + \Delta H_j \rightarrow H_j^{(0)} \quad j \text{ 为定流节点} \tag{5.36}$$

7）计算管段流速、节点自由水压，计算结束。

（2）牛顿-拉夫森解节点方程算法程序设计

牛顿-拉夫森解节点方程算法具有较好的收敛性能，也便于进行计算机程序设计，其程序流程如图 5.15 所示。

图 5.15　牛顿-拉夫森解节点方程算法流程图

（3）节点流量平差算法

牛顿-拉夫森算法需要反复多次求解 $N-R$ 阶线性方程组，一般适于计算机计算，当管网的节点数很大时，手工计算是十分困难的。类似于哈代-克罗斯算法，将系数矩阵 $G^{(0)}$ 的全部非主对角元素忽略后，可以得到一种简便的方法——节点流量平差法，简称流量平差法。

系数矩阵 $G^{(0)}$ 忽略全部非主对角元素后，由式（5.34）可导出下式：

$$\Delta H_j = -\frac{\Delta Q_j^{(0)}}{\sum_{i \in s_j} c_i^{(0)}} \quad j \text{ 为定流节点} \tag{5.37}$$

此式可以理解为一个节点水头增量的估算式，通过估算出的节点水头增量，可以减小或消除节点流量闭合差。因此，此式称为节点流量平差公式。

流量平差的步骤与牛顿-拉夫森解节点方程算法基本相同，只是计算节点水头增量采用平差公式，代替解线性方程组。

与环水头闭合差类似，节点流量闭合差同样具有两个特点，一是管网所有节点水头闭合差之和为零，另一个特点是在平差的过程中相互传递和抵消。因而，节点流量平差法也可以进行以下改进：

1）改各节点同时平差为每次只平差一个节点；

2）优先平差闭合差较大的节点；

3）改节点平差为割集（大节点）平差；

4）不必每次平差都计算管段流量系数，以节省计算工作量。

思 考 题

1. 分别就不设泵站和设泵站的管段，说明其水力特性由哪些因素确定？

2. 给水管网水力分析的前提条件有哪些？为什么必须已知至少一个节点的水头？

3. 对于树状管网，可以通过列割集流量连续性方程组并变换后，将各管段流量表示成节点流量的表达式，但为什么只有单定压节点树状管网能直接利用连续性方程组解出各管段流量？

4. 对于多定压节点管网，如果只用各节点流量连续性方程和各环能量方程可进行水力分析吗？为什么？进行虚环假设有何意义？为什么说虚环能量方程实际上就是定压节点间路径能量方程？

5. 结合一个实例，比较一下解环方程和解节点方程方法的未知数数目，一般情况下哪种方法未知数更多？解节点方程虽然未知数较多，但仍被广泛采用，为什么？

6. 单定压节点树状管网水力分析计算有何特点？为什么说其计算比较简单？

7. 你认为牛顿-拉夫森算法可能出现不收敛的情况吗？解环方程时，为什么说流量初分配得越准确，则计算工作量越少？

8. 为什么说哈代-克罗斯平差算法是水力分析的最简单方法？它也是最高效的方法吗？

9. 为什么说平差的过程实际上是闭合差在管网中传递且相互抵消的过程？对于解环方程时的环水头闭合差是如此，对于解节点方程时的节点流量闭合差也是如此吗？

习 题

1. 对于例 5.1，管段水头损失改用舍维列夫公式计算，节点（9）流量改为 4.10L/s，节点
（5）流量改为 3.88L/s，节点（10）流量改为 11.26L/s，其余数据不变，试进行水力分析，
求各管段流量、流速，各节点水头与自由水压。

2. 对于例 5.4，管段水头损失改用曼宁公式计算，取 $n_M = 0.012$，将水塔高度提高 0.5m，即节
点（5）水头改为 48.50m，其余数据不变，试用改进哈代-克罗斯平差算法进行水力分析计算，
求出各管段流量、流速及各节点水头与自由水压。

3. 有一个小型给水系统，由 3 座不同高度的水塔向惟一的用户供水，如图 5.16 所示，各水塔
水面高程、各管段长度和管径如图中所标，各管段管材粗糙系数均为 $C_W = 100$，试列出该系
统管网恒定流方程组，并进行以下计算：

图 5.16 某小型给水给水系统示意图

1）当节点（4）水头为 20.00m 时各水塔的供水量和用户的用水量；

2）当用户用水量为多少时，一座水塔供水，一座水塔进水，另一座水塔不供水也不进水？

3）当用户用水量为 50.00L/s 时，节点（4）的水头为多少（请用节点流量平差算法计算）？

第6章　给水管网工程设计

给水管网工程设计的内容包括：

1）设计用水量、水量调节与设计流量计算；

2）管段设计，即确定管段直径；

3）设计工况水力分析；

4）泵站扬程与水塔高度计算；

5）非设计工况水力校核；

6）绘制施工图。

6.1　设计用水量及其调节计算

为了规划的目的，第2章介绍了给水管网最高日、最高时用水量及其变化的概念，本节将力求对它们进行更精确、详细的计算，以作为给水管网设计的依据。

6.1.1　最高日设计用水量计算

（1）最高日设计用水量定额

设计用水量定额是确定设计用水量的主要依据，它可影响给水系统相应设施的规模、工程投资、工程扩建的期限、今后水量的保证等方面，所以必须慎重考虑，应结合现状和规划资料并参照类似地区或企业的用水情况，确定用水量定额。

城市生活用水和工业用水的增长速度，在一定程度上是有规律的，但如对生活用水采取节约用水措施，对工业用水采取计划用水、提高工业用水重复利用率等措施，可以影响用水量的增长速度，在确定设计用水量定额时应考虑这种变化。

居民生活用水定额和综合用水定额，应根据当地国民经济和社会发展规划和水资源充沛程度，在现有用水定额基础上，结合给水专业规划和给水工程发展条件综合分析确定。

1）居民生活用水

城市居民生活用水量由城市人口、每人每日平均生活用水量和城市给水普及率等因素确定。这些因素随城市规模的大小而变化。通常，住房条件较好、给水排水设备较完善、居民生活水平相对较高的大城市，生活用水量定额也较高。

我国幅员辽阔，各城市的水资源和气候条件不同，生活习惯各异，所以人均用水量有较大的差别。即使用水人口相同的城市，因城市地理位置和水源等条件不同，用水量也可以相差很多。一般说来，我国东南地区、沿海经济开发特区和旅游城市，因水源丰富，气候较好，经济比较发达，用水量普遍高于水源缺乏及气候寒冷的地区。

影响生活用水量的因素很多，设计时，如缺乏实际用水量资料，则居民生活用水定额和综合生活用水定额可参照《室外给水设计规范》的规定，见附表1。

2）工业企业生产用水和生活用水

工业生产用水一般是指工业企业在生产过程中用于冷却、空调、制造、加工、净化和洗涤方面的用水。在城市给水中，工业用水占很大比例。生产用水中，冷却用水是大量的，特别是火力发电、冶金和化工等工业。空调用水则以纺织、电子仪表和精密机床生产等工业用得较多。

工矿企业门类很多，生产工艺多种多样，用水量的增长与国民经济发展计划、工业企业规划、工艺的改革和设备的更新等密切相关，因此通过工业用水调查以获得可靠的资料是非常重要的。

设计年限内生产用水量的预测，可以根据工业用水的以往资料，按历年工业用水增长率以推算未来的水量，或根据单位工业产值的用水量、工业用水量增长率与工业产值的关系，或单位产值用水量与用水重复利用率的关系加以预测。

工业用水指标一般以万元产值用水量表示。不同类型的工业万元产值用水量不同。如果城市中用水单耗指标较大的工业多，则万元产值的用水量也高；即使同类工业部门，由于管理水平提高、工艺条件改革和产品结构的变化，尤其是工业产值的增长，单耗指标会逐年降低。提高工业用水重复利用率，重视节约用水等可以降低工业用水单耗。随着工业的发展，工业用水量也随之增长，但用水量增长速度比不上产值的增长速度。工业用水的单耗指标由于水的重复利用率提高而有逐年下降趋势。由于高产值、低单耗的工业发展迅速，因此万元产值的用水量指标在很多城市有较大幅度的下降。

有些工业企业的规划，往往不是以产值为指标，而以工业产品的产量为指标，这时，工业企业的生产用水量标准，应根据生产工艺过程的要求确定或是按单位产品计算用水量，如每生产一吨钢要多少水，或按每台设备每天用水量计算可参照有关工业用水量定额。生产用水量通常由企业的工艺部门提供。在缺乏资料时，可参考同类型企业用水指标。在估计工业企业生产用水量时，应按当地水源条件、工业发展情况、工业生产水平，预估将来可能达到的重复利用率。

工业企业内工作人员生活用水量和淋浴用水量可按《工业企业设计卫生标准》。工作人员生活用水量应根据车间性质决定，一般车间采用每人每班25L，高温车间采用每人每班35L。

工业企业内工作人员的淋浴用水量，可参照附表2的规定，淋浴时间在下班后一小时内进行。

3）消防用水

消防用水只在火灾时使用，历时短暂，但从数量上说，它在城市用水量中占有一定的比例，尤其是中小城市，所占比例甚大。消防用水量、水压和火灾延续时间等，应按照现行的《建筑设计防火规范》和《高层民用建筑设计防火规范》等执行。

城市或居住区的室外消防用水量，应按同时发生的火灾次数和一次灭火的用水量确定，见附表 3。

工厂、仓库和民用建筑的室外消防用水量，可按同时发生火灾的次数和一次灭火的用水量确定，见附表 4 和附表 5。

4）其他用水

浇洒道路和绿化用水量应根据路面种类、绿化面积、气候和土壤等条件确定。浇洒道路用水量一般为每平方米路面每次 1.0～2.0L，每日 2～3 次。大面积绿化用水量可采用 1.5～4.0L/(m² · d)。

城市的未预见水量和管网漏失水量可按最高日用水量的 15%～25% 合并计算，工业企业自备水厂的上述水量可根据工艺和设备情况确定。

（2）最高日设计用水量计算

城市最高日设计用水量计算时，应包括设计年限内该给水系统所供应的全部用水：居住区综合生活用水，工业企业生产用水和职工生活用水，消防用水，浇洒道路和绿地用水以及未预见水量和管网漏失水量，但不包括工业自备水源所供应的水量。

设计用水量应先分项计算，最后进行汇总。由于消防用水量是偶然发生的，不累计到设计总用水量中，仅作为设计校核使用。

1）城市最高日综合生活用水量（包括公共设施生活用水量）为：

$$Q_1 = \Sigma \frac{q_{1i} N_{1i}}{1000} \text{ (m}^3/\text{d)} \tag{6.1}$$

式中　q_{1i}——城市各用水分区的最高日综合生活用水量定额，L/(cap · d)，见附表 1；

N_{1i}——设计年限内城市各用水分区的计划用水人口数，cap。

一般地，城市应按房屋卫生设备类型不同，划分成不同的用水区域，以分别选定用水量定额，使计算更准确。城市计划人口数往往并不等于实际用水人数，所以应按实际情况考虑用水普及率，以便得出实际用水人数。

2）工业企业生产用水量为：

$$Q_2 = \Sigma q_{2i} N_{2i} (1 - f_i) \text{ (m}^3/\text{d)} \tag{6.2}$$

式中　q_{2i}——各工业企业最高日生产用水量定额，m³/万元、m³/产量单位或 m³/（生产设备单位 · d）；

N_{2i}——各工业企业产值，万元/d，或产量，产品单位/d，或生产设备数量，

　　生产设备单位；

　　　　f_i——各工业企业生产用水重复利用率。

　　3）工业企业职工的生活用水和淋浴用水量：

$$Q_3 = \sum \frac{q_{3ai}N_{3ai} + q_{3bi}N_{3bi}}{1000} \quad (\text{m}^3/\text{d}) \tag{6.3}$$

式中　q_{3ai}——各工业企业车间职工生活用水量定额，L/（cap·班）；

　　　　q_{3bi}——各工业企业车间职工淋浴用水量定额，L/（cap·班）；

　　　　N_{3ai}——各工业企业车间最高日职工生活用水总人数，cap；

　　　　N_{3bi}——各工业企业车间最高日职工淋浴用水总人数，cap。

　　注意，N_{3ai} 和 N_{3bi} 应计算全日各班人数之和，不同车间用水量定额不同时，应分别计算。

　　4）浇洒道路和大面积绿化用水量：

$$Q_4 = \frac{q_{4a}N_{4a}f_4 + q_{4b}N_{4b}}{1000} \quad (\text{m}^3/\text{d}) \tag{6.4}$$

式中　q_{4a}——城市浇洒道路用水量定额，L/（m²·次）；

　　　　q_{4b}——城市大面积绿化用水量定额，L/（m²·d）；

　　　　N_{4a}——城市最高日浇洒道路面积，m²；

　　　　f_4——城市最高日浇洒道路次数；

　　　　N_{4b}——城市最高日大面积绿化用水面积，m²。

　　5）未预见水量和管网漏失水量：

$$Q_5 = (0.15 \sim 0.25)(Q_1 + Q_2 + Q_3 + Q_4) \quad (\text{m}^3/\text{d}) \tag{6.5}$$

　　6）消防用水量：

$$Q_6 = q_6 f_6 \quad (\text{L/s}) \tag{6.6}$$

式中　q_6——消防用水量定额，L/s；

　　　　f_6——同时火灾次数。

　　7）最高日设计用水量：

$$Q_d = Q_1 + Q_2 + Q_3 + Q_4 + Q_5 \quad (\text{m}^3/\text{d}) \tag{6.7}$$

　　【例6.1】　我国华东地区某城镇规划人口 80000，其中老市区人口 33000，自来水普及率 95%，新市区人口 47000，自来水普及率 100%，老市区房屋卫生设备较差，最高日综合生活用水量定额采用 260L/（cap·d），新市区房屋卫生设备比较先进和齐全，最高日综合生活用水量定额采用 350L/（cap·d）；主要用水工业企业及其用水资料如表 6.1 所示；城市浇洒道路面积为 7.5hm²，用水量定额采用 1.5L/（m²·次），每天浇洒 1 次，大面积绿化面积 13hm²，用水量定额采用 2.0L/（m²·d）。试计算最高日设计用水量。

某城镇主要工业企业用水量计算资料　　　　　表 6.1

企业代号	工业产值（万元/d）	生产用水		生产班制	每班职工人数		每班淋浴人数	
		定额（m³/万元）	复用率（%）		一般车间	高温车间	一般车间	污染车间
F01	16.67	300	40	0~8,8~16,16~24	310	160	170	230
F02	15.83	150	30	7~15,15~23	155	0	70	0
F03	8.20	40	0	8~16	20	220	20	220
F04	28.24	70	55	1~9,9~17,17~1	570	0	0	310
F05	2.79	120	0	8~16	110	0	110	0
F06	60.60	200	60	23~7,7~15,15~23	820	0	350	140
F07	3.38	80	0	8~16	95	0	95	0

【解】　城市最高日综合生活用水量（包括公共设施生活用水量）为：

$$Q_1 = \Sigma \frac{q_{1i}N_{1i}}{1000} = \frac{260 \times 33000 \times 0.95 + 350 \times 47000 \times 1}{1000}$$

$$= 24600 \ (\text{m}^3/\text{d})$$

工业企业生产用水量计算见下表 6.2，工业企业职工的生活用水和淋浴用水量计算见表 6.3。

工业企业生产用水量计算　　　　　表 6.2

企业代号	工业产值（万元/d）	生产用水		生产用水量（m³/d）	企业代号	工业产值（万元/d）	生产用水		生产用水量（m³/d）
		定额（m³/万元）	复用率（%）				定额（m³/万元）	复用率（%）	
F01	16.67	300	40	3000.6	F05	2.79	120	0	334.8
F02	15.83	150	30	1662.2	F06	60.60	200	60	4848.0
F03	8.20	40	0	328.0	F07	3.38	80	0	270.4
F04	28.24	70	55	889.6	合　计　（Q_2）				11333.6

工业企业职工的生活用水和淋浴用水量计算　　　　　表 6.3

企业代号	生产班制	每班职工人数		每班淋浴人数		职工生活与淋浴用水量（m³/d）		
		一般车间	高温车间	一般车间	污染车间	生活用水	淋浴用水	小计
F01	0~8,8~16,16~24	310	160	170	230	40.1	61.8	101.9
F02	7~15,15~23	155	0	70	0	7.8	5.6	13.4
F03	8~16	20	220	20	220	8.2	14.0	22.2
F04	1~9,9~17,17~1	570	0	0	310	42.8	55.8	98.6
F05	8~16	110	0	110	0	2.8	4.4	7.2
F06	23~7,7~15,15~23	820	0	350	140	61.5	67.2	128.7
F07	8~16	95	0	95	0	2.4	3.8	6.2
合　计　（Q_3）								378.2

注：职工生活用水量定额为：一般车间 25L/（cap·班），高温车间 35L/（cap·班）；职工淋浴用水量定额为：一般车间 40L/（cap·班），污染车间 60L/（cap·班）。

浇洒道路和大面积绿化用水量：

$$Q_4 = \frac{q_{4a}N_{4a}f_4 + q_{4b}N_{4b}}{1000} = \frac{1.5 \times 75000 \times 1 + 2.0 \times 130000}{1000} = 372.5(\text{m}^3/\text{d})$$

未预见水量和管网漏失水量（取25%）：

$$Q_5 = 0.20 \times (Q_1 + Q_2 + Q_3 + Q_4)$$

$$= 0.20 \times (24600 + 11333.6 + 378.2 + 372.5) = 7336.9(\text{m}^3/\text{d})$$

查附表3得，消防用水量定额为35L/s，同时火灾次数为2，则消防用水量为：

$$Q_6 = q_6 f_6 = 35 \times 2 = 70(\text{L/s})$$

最高日设计用水量：

$$Q_d = Q_1 + Q_2 + Q_3 + Q_4 + Q_5 = 24600 + 11333.6 + 378.2 + 372.5 + 7336.9$$

$$= 44021.2 \ (\text{m}^3/\text{d})$$

取：$Q_d = 45000 \ \text{m}^3/\text{d}$

6.1.2　设计用水量变化及其调节计算

（1）设计用水量变化规律的确定

用水量变化规律可以用变化系数或变化曲线表示，为了计算给水管网各部分的设计流量，必须给出最高日用水量的变化规律。

为了确定给水管网最高日用水量变化规律，可以采用比较粗略或比较精确的方法：比较粗略的方法是只确定最高日总水量的变化系数，或分大项用水量确定变化系数，用水量变化曲线则参考本市历史实测资料或相近地区实测资料；比较精确的方法是逐项用水量计算它们在最高日各小时量，最后累计出最高日总用水量分配在各小时的量，从而绘制出最高日用水量变化曲线。

从总的情况看，在目前各类给水系统设计中，由于用水量及其变化的影响因素太多，特别是我国经济快速发展，带来很多不确定因素或易变因素，所以精确计算设计用水量几乎是不可能的。近几年修订给水工程规划规范和设计规范也体现了这一点，用水量的定额和变化系数都给得更综合、范围更宽了。设计人员可以根据各方面的情况，结合自己的经验，综合分析确定用水量定额和变化规律。

下面给出若干建议和资料，供设计人员在资料缺乏时参考。

1）《室外给水设计规范》规定，城市供水中，时变化系数、日变化系数应根据城市性质、城市规模、国民经济与社会发展和城市供水系统并结合现状供水曲线和日用水变化分析确定；在缺乏实际用水资料情况下，最高日城市综合用水的时变化系数宜采用1.3～1.6，日变化系数宜采用1.1～1.5，个别小城镇可适当加大；

2）《室外给水设计规范》规定，工业企业内工作人员的生活用水时变化系数为2.5～3.0，淋浴用水量按每班延续用水1小时确定变化系数；

3）工业生产用水量一般变化不大，可以在最高日内各小时均匀分配。

图 6.1 为某城市最高时实测用水量变化曲线，从图中看出，该城市最高日用水有两个高峰，一个在上午 8～12 点，另一个高峰在下午 16～20 点，这也是我国一般的大、中型城市的普遍规律。最高时是上午 8～9 点，最高时用水量为 5.92％，时变化系数为 1.42。

图 6.1　某城市最高日用水量变化曲线

1—用水曲线；2—供水泵站供水曲线；3—取水泵站供水曲线

确定最高日用水量变化规律以后，可以计算出最高时用水量，即：

$$Q_h = \frac{K_h Q_d}{24} \quad (m^3/h) \tag{6.8}$$

如对于前例，最高日用水量为 $Q_d = 45000 m^3/d$，若时变化系数 $K_h = 1.42$，则最高时用水量为：

$$Q_h = \frac{K_h Q_d}{24} = \frac{1.42 \times 45000}{24} = 2663 \quad (m^3/h)$$

（2）供水泵站供水流量设计

在确定给水管网最高日用水量以后，接着通过供水设计，使最高时用水量得到满足。

给水管网最高时供水来自给水处理系统，可能是一个或多个自来水厂，水厂处理好的清水先存放在清水池中，由供水泵站加压后送入管网。对于单水源给水系统或用水量变化较大时，可能需要在管网中设置水塔或高位水池，水塔或高位水池在供水低峰时将水量贮存起来，而在供水高峰时与供水泵站一起向管网供水，这样可以降低供水泵站设计规模。

供水设计的原则是：

1）设计供水总流量必须等于设计用水量，即：

$$Q_s = Q_h = \frac{K_h Q_d}{86.4} \quad (L/s) \tag{6.9}$$

式中 Q_s——设计供水总流量，L/s。

2）对于多水源给水系统，由于有多个泵站，水泵工作组合方案多，供水调节能力比较强，所以一般不需要在管网中设置水塔或高位水池进行用水量调节，设计时直接使各水源供水泵站的设计流量之和等于最高时用水流量，但各水源供水量的比例应通过水源能力、制水成本、输水费用、水质情况等技术经济比较确定。

3）对于单水源给水系统，可以考虑管网中不设水塔（或高位水池）或者设置水塔（或高位水池）两种方案。当给水管网内不设水塔或高位水地时，供水泵站设计供水流量为最高时用水流量；当给水管网中设置水塔或高位水池时，应先设计泵站供水曲线，具体要求是：

a）泵站供水量一般分二级，如高峰供水时段分一级，低峰供水时段分一级，最多可以分三级，即在高峰和低峰供水量之间加一级，分级太多不便于水泵机组的运转管理；

b）泵站各级供水线尽量接近用水线，以减小水塔或高位水池的调节容积，一般各级供水量可以取相应时段用水量的平均值；

c）分级供水时，应注意每级能否选到合适的水泵，以及水泵机组的合理搭配，并尽可能满足目前和今后一段时间内用水量增长的需要；

d）必须使泵站 24 小时供水量之和与最高日用水量相等，如果在用水量变化曲线上绘制泵站供水量曲线，各小时供水量也要用其点最高日总用水量（也就是总供水量）的百分数表示，24 小时供水量百分数之和应为 100%。

如图 6.1 中有两条虚线，4.17% 处的虚线代表日平均供水量，相当于给水处理系统的供水量，另一条虚线即泵站供水曲线，分为两级，第一级为从 22 点到 5 点，供水量为 2.22%，第二级为从 5 点到 22 点，供水量为 4.97%，最高日泵站总供水量为：2.22%×7＋4.97%×17＝100%。

从图 6.1 所示的用水量曲线和泵站供水曲线，可以看出水塔或高位水池的流量调节作用，供水量高于用水量时，多余的水进入水塔或高位水池内贮存，相反，当供水量低于用水量时，则从水塔或高位水池流出以补泵站供水量的不足。尽管各城市的具体条件有差别，水塔或高位水池在管网内的位置可能不同，例如可放在管网的起端、中间或末端，但水塔或高位水池的调节流量作用并不因此而有变化。

通过供水设计，可以确定各供水设施的设计流量。如对于图 6.1 所示例，当最高日设计用水量为 45000m³/d 时，若管网中不设水塔或高位水池，供水泵站设计供水流量为：

$$45000×5.92\%×1000÷3600＝740（L/s）；$$

若管网中设置水塔或高位水池，供水泵站设计供水流量为：

$$45000×4.97\%×1000÷3600＝620（L/s）；$$

水塔或高位水池的设计供水流量为：

$$45000 \times (5.92 - 4.97)\% \times 1000 \div 3600 = 120 \ (\text{L/s});$$

水塔或高位水池的最大进水流量（21～22点，称为最高转输时）为：

$$45000 \times (4.97 - 3.65)\% \times 1000 \div 3600 = 165 \ (\text{L/s}).$$

（3）调节容积计算

取水和给水处理系统按日平均流量设计（即小时流量为日流量的4.17%），供水泵站按用水流量工作（无水塔或高位水池时）或按接近用水流量的2～3级供水（有水塔或高位水池时），这使给水处理系统与给水管网之间存在流量差。为了调节这个流量差，必须建造清水池。图6.1中两条虚线之间的差即为需要调节的流量差，列于表6.4中的（2）、（3）两项。

当给水管网中设有水塔或高位水池时，则要调节供水泵站供水流量与用水流量之差，如图6.1中供水泵站供水线（虚线）与用水线之间的差值，列于图6.4中的（3）、（4）两项。

无论是清水池或水塔，调节构筑物的共同特点是调节流入和流出的两个流量之差，其调节容积为：

$$W = \text{Max}\Sigma(Q_1 - Q_2) - \text{Min}\Sigma(Q_1 - Q_2) \ (\text{m}^3) \tag{6.10}$$

式中　Q_1、Q_2——表示要调节的两个流量，m^3/h。

【例6.2】　按图6.1所示用水曲线和泵站供水曲线，分别计算管网中设水塔和不设水塔时的清水池调节容积，以及水塔调节容积。

【解】　当管网中设置水塔时，清水池调节容积计算见表6.4中第5、6列，Q_1为第（2）项，Q_2为第（3）项，第5列为调节流量$Q_1 - Q_2$，第6列为调节流量累计值$\Sigma(Q_1 - Q_2)$，其最大值为9.74，最小值为-3.89，则调节容积为：9.74-（-3.89）=13.63（%）。

清水池与水塔调节容积计算表　　　　　　　　　　表6.4

小　时	给水处理供水量（%）	供水泵站供水量（%）		清水池调节容积计算（%）				水　塔调节容积计算（%）	
		设置水塔	不设水塔	设置水塔		不设水塔			
（1）	（2）	（3）	（4）	（2）-（3）	Σ	（2）-（4）	Σ	（3）-（4）	Σ
0～1	4.17	2.22	1.92	1.95	1.95	2.25	2.25	0.30	0.30
1～2	4.17	2.22	1.70	1.95	3.90	2.47	4.72	0.52	0.82
2～3	4.16	2.22	1.77	1.94	5.84	2.39	7.11	0.45	1.27
3～4	4.17	2.22	2.45	1.95	7.79	1.72	8.83	-0.23	1.04

续表

小 时	给水处理供水量（%）	供水泵站供水量（%）		清水池调节容积计算（%）					水 塔调节容积计算（%）	
		设置水塔	不设水塔	设置水塔		不设水塔				
（1）	（2）	（3）	（4）	（2）-（3）	Σ	（2）-（4）	Σ	（3）-（4）	Σ	
4～5	4.17	2.22	2.87	1.95	9.74	1.30	10.13	-0.65	0.39	
5～6	4.16	4.97	3.95	-0.81	8.93	0.21	10.34	1.02	1.41	
6～7	4.17	4.97	4.11	-0.80	8.13	0.06	10.40	0.86	2.27	
7～8	4.17	4.97	4.81	-0.80	7.33	-0.64	9.76	0.16	2.43	
8～9	4.16	4.97	5.92	-0.81	6.52	-1.76	8.00	-0.95	1.48	
9～10	4.17	4.96	5.47	-0.79	5.73	-1.30	6.70	-0.51	0.97	
10～11	4.17	4.97	5.40	-0.80	4.93	-1.23	5.47	-0.43	0.54	
11～12	4.16	4.97	5.66	-0.81	4.12	-1.50	3.97	-0.69	-0.15	
12～13	4.17	4.97	5.08	-0.80	3.32	-0.91	3.06	-0.11	-0.26	
13～14	4.17	4.97	4.81	-0.80	2.52	-0.64	2.42	0.16	-0.10	
14～15	4.16	4.96	4.62	-0.80	1.72	-0.46	1.96	0.34	0.24	
15～16	4.17	4.97	5.24	-0.80	0.92	-1.07	0.89	-0.27	-0.03	
16～17	4.17	4.97	5.57	-0.80	0.12	-1.40	-0.51	-0.60	-0.63	
17～18	4.16	4.97	5.63	-0.81	-0.69	-1.47	-1.98	-0.66	-1.29	
18～19	4.17	4.96	5.28	-0.79	-1.48	-1.11	-3.09	-0.32	-1.61	
19～20	4.17	4.97	5.14	-0.80	-2.28	-0.97	-4.06	-0.17	-1.78	
20～21	4.16	4.97	4.11	-0.81	-3.09	0.05	-4.01	0.86	-0.92	
21～22	4.17	4.97	3.65	-0.80	-3.89	0.52	-3.49	1.32	0.40	
22～23	4.17	2.22	2.83	1.95	-1.94	1.34	-2.15	-0.61	-0.21	
23～24	4.16	2.22	2.01	1.94	0.00	2.15	0.00	0.21	0.00	
累计	100.00	100.00	100.00	调节容积=13.63		调节容积=14.46		调节容积=4.21		

当管网中不设水塔时，清水池调节容积计算见表 6.4 中第 7、8 列，Q_1 为第（2）项，Q_2 为第（4）项，第 7 列为调节流量 Q_1-Q_2，第 8 列为调节流量累计值 $\Sigma(Q_1-Q_2)$，其最大值为 10.40，最小值为 -4.06，则清水池调节容积为：10.40-（-4.06）=14.46（%）。

水塔调节容积计算见表 6.4 中第 9、10 列，Q_1 为第（3）项，Q_2 为第（4）项，第 9 列为调节流量 Q_1-Q_2，第 10 列为调节流量累计值 $\Sigma(Q_1-Q_2)$，其最大值为 2.43，最小值为 -1.78，则水塔调节容积为：2.43-（-1.78）=4.21（%）。

（4）清水池和水塔容积设计

清水池中除了贮存调节用水量以外，还存放消防用水量和给水处理系统生产自用水量，因此，清水池设计有效容积为：

$$W = W_1 + W_2 + W_3 + W_4 \quad (m^3) \tag{6.11}$$

式中　W_1——清水池调节容积，m^3；

　　　W_2——消防贮备水量，m^3，按 2h 室外消防用水量计算；

　　　W_3—— 给水处理系统生产自用水量，m^3，一般取最高日用水量的 5%～10%；

　　　W_4——安全贮备水量，m^3。

在缺乏资料，不能进行水量调节计算的情况下，一般清水池容积可按最高日用水量的 10%～20%设计。工业用水可按生产上的要求确定清水池容积。

清水池应设计成相等容积的两个，如仅有一个，则应分格或采取适当措施，以便清洗或检修时不间断供水。

水塔除了贮存调节用水量以外，还需贮存室内消防用水量，因此，水塔设计有效容积为：

$$W = W_1 + W_2 \quad (m^3) \tag{6.12}$$

式中　W_1——水塔调节容积，m^3；

　　　W_2——室内消防贮备水量，m^3，按 10min 室内消防用水量计算。

在缺乏资料，不能进行水量调节计算的情况下，一般水塔容积可按最高日用水量的 2.5%～3%至 5%～6%计算，城市用水量大时取低值。工业用水可按生产上的要求（调节、事故和消防）确定水塔容积。

6.2　设计流量分配与管径设计

确定给水管网和输水管渠的管道直径或渠道规格，是给水管网工程设计的主要任务。而要确定管径或渠道规格，必须首先确定它们的设计流量，设计流量则要根据最高日用水量进行计算。

在进行设计流量分配和后续各种设计计算之前，应将实际给水管网适当简化（见第 4 章），将其抽象为由管段和节点组成的管网图，以便于分析和计算。

6.2.1　节点设计流量分配计算

（1）用水流量的分配

上节已经计算出给水管网最高日最高时用水流量 Q_h，这是一个总流量，为了进行给水管网的细部设计，必须将这一流量分配到系统中去，具体而言，就是要将最高日用水流量分配到管网图的每条管段和各个节点上去。分配的原则如下：

1）将用户分为两类，一类称为集中用水户，另一类称为分散用水户。所谓集中用水户是从管网中一个点取得用水，且用水流量较大的用户，其用水流量称为集中流量,如工业企业、事业单位、大型公共建筑等用水均可以作为集中流量;分散用水户则是从管段沿线取得用水,且流量较小的用户,其用水流量称为沿线流量,如居民生活用水、浇路或绿化用水等。集中流量的取水点一般就是管网的节点,或者反过来说,用集中流量的地方,必须作为节点;沿线流量则认为是从管段的沿线供应。

2) 集中流量一般根据集中用水户在最高日的用水量及其时变化系数计算,应逐项计算,即:

$$q_{ni} = \frac{K_{hi}Q_{di}}{86.4} \quad (\text{L/s}) \tag{6.13}$$

式中 q_{ni} —— 各集中用水户的集中流量,L/s;

Q_{di} —— 各集中用水户最高日用水量,m^3/d;

K_{hi} —— 时变化系数。

按此式计算的集中流量总体上是偏大的,因为不同用户的用水高峰小时可能不同,但如果用集中用水户在管网最高时的用水流量作为集中流量,则流量有可能偏小,造成后面设计管径偏小。因此,集中流量仍按式 6.13 计算,但如该项用水最高时与管网最高时不同,则计算值应适当调小。

3) 沿线流量一般按管段配水长度分配计算,或按配水管段的供水面积分配计算,即:

$$q_{mi} = q_l l_{mi} = \frac{Q_h - \Sigma q_{ni}}{\Sigma l_{mi}} l_{mi} \quad (\text{L/s}) \tag{6.14}$$

或:

$$q_{mi} = q_A A_i = \frac{Q_h - \Sigma q_{ni}}{\Sigma A_i} A_i \quad (\text{L/s}) \tag{6.15}$$

式中 q_{mi} —— 各管段沿线流量,L/s;

l_{mi} —— 各管段沿线配水长度,m;

$q_l = \dfrac{Q_h - \Sigma q_{ni}}{\Sigma l_{mi}}$ —— 按管段配水长度分配沿线流量的比流量,L/ $(\text{s} \cdot \text{m})$;

A_i —— 各管段供水面积,m^2;

$q_A = \dfrac{Q_h - \Sigma q_{ni}}{\Sigma A_i}$ —— 按管段供水面积分配沿线流量的比流量,L/ $(\text{s} \cdot \text{m}^2)$。

需要指出,为了提高计算精度和合理性,在按管段配水长度分配沿线流量时,应尽量准确地确定各管段配水长度,配水长度不一定是实际管长,两侧无用水的输水管,配水长度为零,单侧用水管段的配水长度取其实际长度的 50%,只有部分管长配水的管段按实际比例确定配水长度,只有当管段两侧全部配水时管段的配水长度才等于其实际长度。

管段的供水面积计算如图 6.2 所示。同样也要注意管段供水面积确定的合理性，当管段供水区域内用水密度较大时，其供水面积值可以适当调大，反之，当管段供水区域内用水密度较小时，其供水面积值可以适当调小。

4）所有集中流量和沿线流量计算完后，应核算流量平衡，即：

$$Q_h = \Sigma q_{ni} + \Sigma q_{mi} (\text{L/s}) \quad (6.16)$$

如果有较大误差，则应检查计算过程中的错误，如误差较小，可能是计算精确度误差（小数尾数四舍五入造成），可以直接调整某些项集中流量和沿线流量，使流量达到平衡。

图 6.2　管段供水面积计算示意图

（2）节点设计流量计算

为了便于分析计算，对抽象的给水管网——管网图有一个基本假设，即所有流量只允许从节点处流出或流入，管段沿线不允许有流量进出。

集中流量可以直接加到所处节点上；沿线流量则可以按第 3 章论述的水力等效的原则，将它们转移到管段两端的节点上，具体就是将沿线流量一分为二，分别加到两端节点上；另外，供水泵站或水塔的供水流量也应从节点处进入管网系统，其方向与用水流量方向不同，应作为负流量。节点设计流量是最高时用水集中流量、沿线流量（转移后）和供水设计流量之和，假定流出节点为正向，则用下式计算：

$$Q_j = q_{mj} - q_{sj} + \frac{1}{2}\sum_{i \in S_j} q_{mi} \quad j = 1,2,3,\cdots,N \ (\text{L/s}) \quad\quad (6.17)$$

式中　N——管网图的节点总数；

　　Q_j——节点 j 的节点设计流量，L/s；

　　q_{mj}——最高时位于节点 j 的集中流量，L/s；

　　q_{sj}——位于节点 j 的（泵站或水塔）供水设计流量，L/s；

　　q_{mj}——最高时管段 l 的沿线流量，L/s；

　　S_j——节点 j 的关联集，即与节点 j 关联的所有管段编号的集合。

在计算完节点设计流量后，应验证流量平衡，因为供水设计流量应等于用水设计流量，而两者均只能从节点进出，显然有：

$$\Sigma Q_j = 0 \ (\text{L/s}) \quad\quad (6.18)$$

【例 6.3】　某单水源给水系统，其给水管网布置定线后，经过简化，得如图 6.3 所示管网图，管网中设置水塔，各管段长度和配水长度如表 6.5 所列，最高时用水流量为 231.50L/s，其中集中用水流量如表 6.6 所列，用水量变化曲线及泵站供水曲线设计参考图 6.1。试进行设计用水量分配并计算节点设计流量。

图 6.3 某城市给水管网图

各管段长度与配水长度 表 6.5

管段编号	1	2	3	4	5	6	7	8	9	10	11	12
管段长度（m）	320	650	550	270	330	350	360	590	490	340	290	520
配水长度（m）	0	650	550	0	165	350	180	590	490	150	290	360

最高时集中用水流量 表 6.6

集中用水户名称	工厂 A	火车站	宾馆	工厂 B	学校	工厂 C	工厂 D
集中用水流量（L/s）	8.85	14.65	7.74	15.69	16.20	21.55	12.06
所处位置节点编号	3	3	4	8	9	10	11

【解】 按管段配水长度进行沿线流量分配，先计算比流量 [L/（s·m）]：

$$q_l = \frac{Q_h - \Sigma q_{ni}}{\Sigma l_{mi}}$$

$$= \frac{231.50 - (8.85 + 14.65 + 7.74 + 15.69 + 16.20 + 21.55 + 12.06)}{650 + 550 + 165 + 350 + 180 + 590 + 490 + 150 + 290 + 360}$$

$$= 0.0357$$

从图 6.1 所示泵站供水曲线，得泵站设计供水流量为：

$$q_{s1} = 231.50 \times \frac{4.97\%}{5.92\%} = 194.35 \quad (L/s)$$

水塔设计供水流量为：

$$q_{s5} = 231.50 - 194.35 = 37.15 \quad (L/s)$$

各管段沿线流量分配和各节点流量计算见表 6.7，例如：

$$q_{m2} = q_l l_{m2} = 0.0357 \times 650 = 23.21 \quad (L/s)$$

$$Q_{j1} = q_{n1} - q_{s1} + \frac{1}{2}(q_{m1}) = 0 - 194.35 + 0.5 \times 0 = -194.35 \quad (L/s)$$

$$Q_{j4} = q_{n4} - q_{s4} + \frac{1}{2}(q_{m3} + q_{m4} + q_{m7})$$

$$= 7.74 - 0 + 0.5 \times (19.63 + 0 + 6.43) = 20.77 \quad (L/s)$$

节点设计流量计算的最后结果标于图 6.4 中。

最高时管段沿线流量分配与节点设计流量计算　　　　表 6.7

管段或者节点编号	管段配水长度 (m)	管段沿线流量 (L/s)	节点设计流量计算 (L/s)			
			集中流量	沿线流量	供水流量	节点流量
1	0	0.00		0.00	194.35	−194.35
2	650	23.21		14.55		14.55
3	550	19.63	23.50	27.67		51.17
4	0	0.00	7.74	13.03		20.77
5	165	5.89		0.00	37.15	−37.15
6	350	12.50		16.15		16.15
7	180	6.43		30.70		30.70
8	590	21.06	15.69	11.96		27.65
9	490	17.49	16.20	2.68		18.88
10	150	5.35	21.55	11.60		33.15
11	290	10.35	12.06	6.42		18.48
12	360	12.85	/	/	/	/
合　计	3775	134.76	96.74	134.76	231.50	0.00

图 6.4　节点设计流量计算结果

6.2.2 管段设计流量分配计算

在确定了节点设计流量之后，接着要利用节点流量连续性方程确定管段设计流量。管段设计流量是确定管段直径的主要依据，因此必须认真对待。

（1）树状管网管段流量分配计算

树状管网管段设计流量分配比较简单，在节点设计流量全部确定后，管段设计流量可以利用节点流量连续性方程组解出，因为，枝状管网的管段数为 $M=N-1$，节点流量连续性方程共 N 个，其中有一个在节点设计流量分配计算时已经使用过了，只有 $N-1$ 个独立方程，正好可以求解 $M=N-1$ 个管段设计流量未知数。

实际上，也不必直接求解节点流量连续性方程组，可以采用逆树递推法（又称摘树叶法）计算。有关算法在第 5 章中已经介绍过了，这里不再论述。

（2）环状管网管段流量分配计算

环状管网的管段设计流量分配比较复杂，因为它不像树状管网那样，管段流量分配方案是惟一的。环状管网的管段设计流量分配有很大的自由度，即如果在管网图上确定一棵生成树，其连枝的流量可以任意给定（自由度等于连枝数 L），树枝流量则用逆树递推法求得。或者从环流量的角度看，每个环任意施加环流量，节点流量连续性条件不会破坏，所以，管段设计流量分配的自由度等于环数 L。

然而，管段设计流量的分配方案涉及到管网设计的经济性和供水可靠性，因为不同的管段设计流量分配方案将导致不同的管径，它们的建设费用不同，运行时的能耗费用也不同，更重要的是，当某条管段出现事故时，其他管段替代它输送流量的能力也不同。所以，管段设计流量要在综合考虑管网经济性和供水可靠性的前提下，认真分析，合理拟定。

但是，管段设计流量分配并不能直接决定管网的经济性和供水可靠性，因为还有后面根据管段设计流量确定管径的过程，所以很难从理论上进行分析和优化，一般只能根据经验进行。通常应遵循下列原则进行管段设计流量分配：

1）从水源或多个水源（指供水泵站或水塔等在最高时供水的节点）出发进行管段设计流量分配，使供水流量沿较短的距离扩散到整个管网的所有节点上去，这一原则体现了供水的目的性；

2）在遇到要向两个或两个以上方向分配设计流量时，要向主要供水方向（如通向密集用水区或大用户的管段）分配较多的流量，向次要供水方向分配较少的流量，特别要注意不能出现逆向流（即从远离水源的节点向靠近水源的节点流动），这一原则体现了供水的经济性；

3）应确定两条或两条以上平行的主要供水方向，如从供水泵站至水塔或主要用水区域等，并且应在各平行供水方向上分配相接近的较大流量，垂直主要供水方向的管段上也要分配一定的流量，使得主要供水方向上管段损坏时，流量可通过这些管段绕道通过，这一原则体现了供水的可靠性。

由于实际管网的管线错综复杂，用水流量的分布千差万别，上述原则要结合具体条件灵活运用。对设计流量分配方案应反复多次推敲，在对已经分配的方案进行调整时，可以采取施加环流量的方法，不必重新分配。

【例 6.4】 对例 6.3 所示管网进行管段设计流量分配。

【解】 节点设计流量已经在表 6.7 中计算出来，观察管网图形，可以看出，有两条平行的主要供水方向，一条从供水泵站节点（1）出发，经过管段 [1]、[2]、[3] 和 [4] 通向水塔节点（5），另一条也是从供水泵站节点（1）出发，经过管段 [1]、[5]、[8] 和 [11] 通向水塔节点（10），先在图中将这两条线路标示出来。

首先应确定枝线管段的设计流量，它们可以根据节点流量连续性方程，用逆树递推法（或摘树叶法）计算。如本例中的管段 [1]、[4]、[10]、[12] 和 [11] 的设计流量可以分别用节点（1）、（5）、（9）、（11）和（10）流量连续性方程确定。

然后，从节点（2）出发，分配环状管网设计流量，[2] 和 [5] 管段均属于主要供水方向，因此两者可分配相同的设计流量，管段 [6] 虽为垂直主要供水方向的管段，但其设计流量不能太小，必须考虑到主要供水方向上管段 [8] 发生事故时，流量必须从该管段绕过。另外，管段 [3] 虽然位于主要供水方向上，但它与管段 [9] 及水塔共同承担（4）、（8）两节点供水，如果其设计流量太大，必然造成管段 [9] 逆向流动。

管段设计流量分配的最终结果如图 6.5 所示。

图 6.5 管段设计流量分配结果

6.2.3 管段直径设计

确定管段的直径是给水管网设计的主要课题之一,管径与设计流量的关系为:

$$q = Av = \frac{\pi D^2}{4} v \quad (\text{m}^3/\text{s}) \tag{6.19}$$

或写成:

$$D = \sqrt{\frac{4q}{\pi v}} \quad (\text{m}) \tag{6.20}$$

式中　D——管段直径,m;

　　　q——管段设计流量,m³/s;

　　　A——管段过水断面面积,m²;

　　　v——设计流速,m/s。

从上式可知,管径不但和管段设计流量有关,而且和设计流速的大小有关。如管段的设计流量已知,但是设计流速未定,管径还是无法确定。因此要确定管径必须先选定设计流速。

为了防止管网因水锤现象出现事故,最大设计流速不应超过 2.5～3m/s;在输送浑浊的原水时,为了避免水中悬浮物质在水管内沉积,最低设计流速通常不得小于 0.6m/s。可见,技术上允许的设计流速幅度是较大的。因此,需在上述流速范围内,根据当地的经济条件,考虑管网的造价和经营管理等费用,来选定合适的设计流速。

从式(6.20)可以看出,设计流量已定时,管径和设计流速的平方根成反比。设计流量相同时,如果设计流速取得小些,管径相应增大,此时管网造价增加,可是管段中的水头损失却相应减小,因此水泵所需扬程可以降低,经常的输水电费可以节约。相反,如果设计流速用得大些,管径虽然减小,管网造价有所下降,但因水头损失增大,经常的电费势必增加。因此,一般采用优化方法求得设计流速或管径的最优解,在数学上表现为求一定年限 T 年(称为投资偿还期)内管网造价和管理费用(主要是电费)之和为最小的流速,称为经济流速,以此来确定的管径称为经济管径。

管径优化设计计算方法将在下章学习,由于优化计算比较复杂,而且要求的设计资料较多,有时候不便采用。为此,下面给出一些优化的概念和定性分析,以指导设计者靠经验人工确定管径。

设管网一次性投资的总造价为 C,每年的管理费用为 M,则管网每年的折算费用为:

$$W = \frac{C}{T} + Y \tag{6.21}$$

其中每年的管理费用一般分两项计算：

$$Y = Y_1 + Y_2 = \frac{p}{100}C + Y_2 \tag{6.22}$$

式中 Y_1——管网每年折旧和大修费用，该项费用约与管网建设投资费用成比例；

Y_2——管网年运行费用，主要考虑泵站的年运行总电费，其他费用相对较少，可忽略不计；

p——管网年折旧和大修费率（%）。

由上两式得：

$$W = \left(\frac{1}{T} + \frac{p}{100} \right)C + Y_2 \tag{6.23}$$

式中 C 和 Y_2 都与管径和设计流速有关，前者随着管径的增加或设计流速的减小而增加，后者则随着管径的增加或设计流速的减小而减小，如图 6.6 所示。

图 6.6 年折算费用和管径的关系   图 6.7 年折算费用和流速的关系

经济流速和经济管径与当地的管材价格、管线施工费用、电价等有关，所以不能直接套用其他城市的数据。另一方面，管网中各管段的经济流速也不一样，需随管网图形、该管段在管网中的位置、该管段流量和管网总流量的比例等决定。

由于实际管网的复杂性，加之情况在不断变化，例如用水量在不断增长，管网逐步扩展，许多经济指标如管材价格、电费等也随时变化，要计算管网造价和年管理费用相当复杂，且有一定的难度。在条件不具备时，设计中也可采用由各地统计资料计算出的平均经济流速来确定管径，得出的是近似经济管径，见表6.8。

选取经济流速和确定管径时，可以考虑以下原则：

1）大管径可取较大的经济流速，小管径可取较小的经济流速；

2）管段设计流量占整个管网供水流量比例较小时取较大的经济流速，反之取较小的经济流速；

3）从供水泵站到控制点（即供水压力要求较难满足的节点，可能有多个）的管线上的管段可取较小的经济流速，其余管段可取较大的经济流速，如输水管必位于供水泵站到控制点的管线上，所以输水管所取经济流速应较管网中的管段小；

4）管线造价（含管材价格、施工费用等）较高而电价相对较低时取较大的经济流速，反之取较小的经济流速；

5）重力供水时，各管段的经济管径或经济流速按充分利用地形高差来确定，即应使输水管渠和管网通过设计流量时的水头损失总和等于或略小于可以利用的水压标高差；

6）根据经济流速计算出的管径如果不符合市售标准管径时，可以选用相近的标准管径；

7）当管网有多个水源或设有对置水塔时，在各水源或水塔供水的分界区域，管段设计流量可能特别小，选择管径时要适当放大，因为当各水源供水流量比例变化或水塔转输（即进水）时，这些管段可能需要输送较大的流量；

8）重要的输水管，如从水厂到用水区域的输水管，或向远离主管网大用户供水的输水管，在未连成环状网且输水末端没有保证供水可靠性的贮水设施时，应采用平行双条管道，每条管道直径按设计流量的 50% 确定。另外，对于较长距离的输水管，中间应设置两处以上的连通管（即将输水管分为三段以上），并安装切换阀门，以便事故时能够实现局部隔离，保证达到规范要求的 70% 以上供水量要求。

平均经济流速	表 6.8
管径（mm）	平均经济流速（m/s）
100～400	0.6～0.9
≥400	0.9～1.4

6.3 泵站扬程与水塔高度设计

在根据管段设计流量和经济流速选定管径后，接着应确定泵站的设计扬程和水塔高度，以便进行泵站选泵。

由于在确定管段直径时没有考虑管网的能量平衡条件，所以，对环状管网而言，在给定节点设计流量和管径下，管段流量会按管网的水力特性进行分配，它们将不等于管段设计流量。也就是说，只有树状管网或管网中的枝状管段的设计流量不会因为管径选择的不同而改变，而环状管网管段的设计流量只起确定管径的作用，不能用于计算泵站的扬程和水塔高度，必须先通过水力分析求出设计工况下管段的实际工作流量，然后才能正确地计算出泵站的扬程和水塔高度。

6.3.1 设计工况水力分析

给水管网的设计工况即最高日最高时用水工况，对此工况进行水力分析所得到的管段流量和节点水头等一般都是最大值，用它们确定泵站扬程和水塔高度通常是最安全的。但是，在泵站扬程和水塔高度未确定前，对设计工况的水力分析有两个前提条件不满足，需要进行预处理。

（1）泵站所在管段的暂时删除

根据5.1节的论述，参与水力分析的管段，其水力特性必须是已知的，而根据管网模型理论的假设，泵站位于管段上，在泵站未设计之前，泵站的水力特性是未知的，泵站水力特性是其所在管段水力特性的一部分，所以其管段的水力特性也是未知的。为了进行水力分析，必须暂时将该管段从管网中删除，与之相关的管段能量方程也暂时不考虑。但是，此管段的流量（也就是泵站的设计流量）已经确定，必须将该流量合并到与之相关联的节点中，以保持管网的水力等效。

以图6.8所示管网在设计工况时的水力分析为例，节点（7）为水厂清水池，管段［1］上设有泵站，可以假想将管段［1］从管网中删除，其管段流量合并到节点（7）和（1），如图6.9所示。

图6.8　某给水管网模型

图6.9　给水管网中管段的暂时删除

（2）假设控制点

按照管网水力分析的前提条件，管网中必须至少有一个定压节点，才以使恒定流方程组可解。但是，对于设计工况水力分析而言，由于泵站所在管段的暂时删除，则清水池所在的节点已经与管网分离（如图 6.9 中的节点 7），加之水塔的高度还未确定，所以管网中没有一个已知节点水头的节点，即没有一个定压节点。

为了解决管网中无定压节点的问题，必须引入管网供水压力条件。

在管网中所有节点水头均为未知的情况下，恒定流基本方程组无确定解，主要指的是节点水头无确定解，管段流量仍然是有解的，因而管段的压降也是确定的，也就是说，节点水头的相对值是确定的。这时，可以将给水管网水压想像成一张刚性网，它的总体高程可高可低，但网中节点的相对高差是固定（刚性）的。将这张刚性网逐渐放低，必然有一个节点首先接触到"地面"。如果"地面"是保证管网用户用水的最低压力界面，则这一"触地"节点的水头就应该等于"地面"高程，即用水最低压力高程。如果抬高这张网，使"触地"节点高出"地面"，则会造成不必要的能量浪费，因为节点水头归根结底是泵站扬程提供的；如果降低这张网，使"触地"节点陷入"地面"，则其用水压力不能保证。

在此引入两个概念：

节点服务水头——即节点地面高程加上节点处用户的最低供水压力，就是"地面"的概念。对于城镇给水管网，国家有关标准规定了最低供水压力指标，即一层楼用户为 10m，二层楼用户为 12m，以后每增加一层，用水压力增加 4m，如表 6.9 所列。有时，为了消防的需要，此供水压力可以适当提高。对于工业给水管网或其他给水管网，参照相关标准确定最低供水压力。

城镇居民生活用水压力标准　　　　　　　　　　　　　　表 6.9

建筑楼层	1	2	3	4	5	6	…
最低供水压力（m）	10	12	16	20	24	28	…

控制点——即给水管网用水压力最难满足的节点，就是前面"触地"节点的概念。在给水管网水力分析时，管段水力特性为已知，管网水压成为一张"刚性"网，只会有一个节点最先"触地"，因此只有一个控制点（在设计管段直径时，可能有多个控制点，因为管网水压还不是"刚性"的）。

综上所述，在引入管网供水压力条件后，控制点的节点水头可以确定，成为已知量。所以，理论上可以用控制点作为定压节点。但在水力分析前无法确定哪个节点是控制点，因此可以随意假定一个节点为控制点，令其节点水头等于服务水头，则该节点成为定压节点。待水力分析完成后，再通过节点自由水压比较，找到用水压力最难满足的节点——真正的控制点，并根据控制的服务水头调整所有节点水头。以下通过实例说明确定控制点的过程。

【例6.5】　某给水管网如图6.10所示，水源、泵站和水塔位置标于图中，节点设计流量、管段长度、管段设计流量等数据也标注于图中，节点地面标高及自由水压要求见表6.10。

1）设计管段直径（标准管径为100、200、300、400、500mm）；

2）进行设计工况水力分析；

3）确定控制点。

某给水管网设计节点数据　　　　　　　　　　　　　　表6.10

节点编号	1	2	3	4	5	6	7	8
地面标高（m）	13.60	18.80	19.10	22.00	32.20	18.30	17.30	17.50
要求自由水压（m）	/	24.00	28.00	24.00	/	28.00	28.00	24.00
服务水头（m）	/	42.80	47.10	46.00	/	46.30	45.30	41.50

图6.10　管网设计工况水力分析

【解】　1）管段直径设计

管段经济流速采用表6.11第3行，其中管段[1]、[2]、[5]和[8]由于设计流量较大，采用较高的经济流速，管段[6]虽然流量不太大，但它是与主要供水方向垂直，对电费影响较小，所以也采用较高的经济流速，[4]、[7]管段设计流量中等，采用中等经济流速，[9]管段设计流量很小，采用较小的经济流速，[3]管段比较特殊，虽然设计流量很小，但考虑到水塔转输流量必须通过该管段，所以直接选取200mm管径，管段[1]、[4]为输水管，为了提高供水可靠性，采用并行双管。根据经济流量计算出管径后，按邻近原则选取标准管径，见表 6.11 第 5 行。

某给水管网设计数据   表 6.11

管段编号	1	2	3	4	5	6	7	8	9
设计流量（L/s）	194.35	89.90	6.27	37.15	89.90	32.46	22.63	54.87	5.00
经济流速（m/s）	1.00	1.00	0.20	0.80	1.00	1.00	0.70	0.90	0.60
计算管径（mm）	352	338	/	172	338	203	203	279	103
设计管径（mm）	300×2	300	200	200×2	300	200	200	300	100

2）设计工况水力分析

为了满足水力分析前提条件，将管段 [1] 暂时删除，其管段流量并到节点 (2) 上得 $Q_2 = -194.35 + 14.55 = -179.8$（L/s），同时，假定节点 (8) 为控制点，其节点水头等于服务水头，即 $H_8 = 41.50$m。水力分析按第 5 章论述的方法进行，采用哈代-克罗斯法平差，允许闭合差 0.1m，使用海曾-威廉公式计算水头损失，$C_w = 110$，计算过程不再详述，计算结果见表 6.12。

设计工况水力分析计算结果   表 6.12

管段或节点编号	2	3	4	5	6	7	8	9
管段流量（L/s）	81.08	8.77	37.15	98.72	21.14	25.13	63.69	2.50
管内流速（m/s）	1.15	0.28	0.59	1.40	0.67	0.80	0.90	0.32
管段压降（m）	3.86	0.38	0.75	2.82	1.24	1.76	2.24	0.97
节点水头（m）	47.57	43.71	43.26	44.01	44.71	42.47	41.50	/
地面标高（m）	18.80	19.10	22.00	32.20	18.30	17.30	17.50	/
自由水压（m）	28.77	24.61	21.26	/	26.41	25.17	24.00	/

3）确定控制点

在水力分析时，假定节点 (8) 为控制点，但经过水力分析后，比较节点水头与服务水头，或比较节点自由水压与要求自由水压，虽然节点 (3)、(4)、(6) 和 (7) 的用水压力要求不能满足，所以，说明节点 (8) 不是真正的控制点。比较按假定控制点确定的节点水头与服务水头，可以得到各节点供压差额，差额最大的节点就是用水压力最难满足的节点，本例即节点 (3)，最大差额为 3.39m，所有节点水头加上此值，可使用水压力要求全部得到满足，而管段压降未变，能量方程组仍满足，自由水压也应同时加上此值。计算过程见表 6.13。

控制点确定与节点水头调整 表 6.13

节点编号	1	2	3	4	5	6	7	8
节点水头（m）	/	47.57	43.71	43.26	44.01	44.71	42.47	41.50
服务水头（m）	/	42.80	47.10	46.00	/	46.30	45.30	41.50
供压差额（m）	/	−4.77	3.39	2.74	/	1.59	2.83	0.00
节点水头调整（m）	12.00	50.69	47.10	46.65	47.40	48.10	45.86	44.89
自由水压（m）	/	32.16	28.00	24.65	/	29.80	28.56	27.39

6.3.2 泵站扬程设计

在完成设计工况水力分析以后，泵站扬程可以直接根据其所在管段的水力特性确定。设泵站位于管段 i，该管段起端节点水头为 H_{Fi}，终端节点水头为 H_{Ti}，该管段管道沿程水头损失为 h_{fi}，管道局部水头损失为 h_{mi}，则泵站扬程由两部分组成，一部用于提升水头，即 $H_{Ti} - H_{Fi}$，另一部用于克服管道水头损失，即 $h_{fi} + h_{mi}$，所以泵站扬程可用下式计算：

$$h_{pi} = (H_{Ti} - H_{Fi}) + (h_{fi} + h_{mi}) \quad (\text{m}) \tag{6.24}$$

管道沿程水头损失可以根据管段设计流量（即泵站设计流量）和管径等计算，局部水头损失一般可以忽略不计，则上式可以写成：

$$h_{pi} = (H_{Ti} - H_{Fi}) + \frac{kq_i^n}{D_i^m}l_i \quad (\text{m}) \tag{6.25}$$

有了泵站设计扬程和流量，则可以进行选泵和泵站设计，但要注意，选择水泵的扬程一般要略高于泵站的设计扬程，因为还要考虑泵站内部连接管道的水头损失。

【例 6.6】 仍用例 6.5 的数据，节点（1）处为清水池，其最低设计水位标高为 12.00m，即节点（1）的水头 $H_1 = 12.00$m，试根据设计工况水力分析的结果，求〔1〕管段上泵站的设计扬程并选泵。

【解】 由例 6.5 所给数据和计算结果，根据式（6.25）有：

$$h_{p1} = (H_2 - H_1) + \frac{10.67}{C_w^{1.852} D_1^{4.87}} \left(\frac{q_1}{2}\right)^{1.852} l_1$$

$$= (50.69 - 12.00) + \frac{10.67}{110^{1.852} \times 0.3^{4.87}} \times \left(\frac{0.19435}{2}\right)^{1.852} \times 320 = 41.35 \quad (\text{m})$$

为了选泵，估计泵站内部水头损失。一般水泵吸压水管道设计流速为 1.2～2.0m/s，局部阻力系数可按 5.0～8.0 考虑，沿程水头损失较小，可以忽略不计，则泵站内部水头损失约为：

$$h_{\mathrm{pm1}} = 8.0 \times \frac{2.0^2}{2 \times 9.81} = 1.63 \quad (\mathrm{m})$$

则水泵的扬程应为：

$H_{\mathrm{p}} = 41.35 + 1.63$ （m），取 43m；

按 2 台泵并联工作考虑，单台水泵流量为：

$Q_{\mathrm{P}} = 194.35 \div 2 = 97.2$ （L/s）$= 349.8$ （t/h），取 350t/h。

查水泵样本，选取 250S39 型水泵 3 台，2 用 1 备。

6.3.3　水塔高度设计

在完成设计工况水力分析后，水塔高度也随之确定了。设水塔所在节点水头为 H_j，地面高程为 Z_j，即水塔高度为：

$$H_{\mathrm{T}j} = H_j - Z_j \quad (\mathrm{m}) \tag{6.26}$$

为了安全起见，此式所确定的水塔高度应作为水塔水柜的最低水位离地面的高度。在考虑水塔转输（进水）条件时，水塔高度还应加上水柜设计有效水深。

【例 6.7】　仍用例 6.5 的数据和水力分析结果，节点（5）处为水塔，求水塔高度。

【解】　由例 6.5 所给数据和计算结果，根据式（6.26）有：

$$H_{\mathrm{T}5} = H_5 - Z_5 = 47.40 - 32.20 = 15.20 \quad (\mathrm{m})$$

6.4　管网设计校核

给水管网按最高日最高时用水流量进行设计，管段管径、水泵扬程和水塔高度等都是按此时的工况设计的，虽说它们一般都能满足供水的要求，但有一些特殊的情况，它们不一定能保证供水。如管网出现事故造成部分管段损坏，管网提供消防灭火流量，管网向水塔转输流量等情况，必须对它们相应的工况进行水力分析，校核管网在这些工况条件下能否满足供水流量与水压要求。

通过校核，有时需要修改管网中个别管段直径，也有可能需要另选合适的水泵或改变水塔的高度等。由于供水流量和压力是紧密联系的，所以，校核指标同时包括供水流量和压力要求两个方面。而为了校核进行水力分析有两种方法：一是假定供水流量要求可以满足，通过水力分析求出供水压力，校核其是否可以满足要求，称为水头校核法；二是假定供水压力要求可以满足，通过水力分析求出供水流量，校核其是否可以满足要求，称为流量校核法。由于流量与压力的关联关系，只要一者不能满足要求，实际上两者都不能满足要求。

（1）消防工况校核

给水管网的设计流量未计入消防流量，当火灾发生在最高日最高时（当然这种几率很小），由于消防流量比较大（特别是对于小型管网系统），一般用户的用水量肯定不能满足。但消防时工况下，管网以保证灭火用水为主，其他用户用水可以不必考虑，但其他用户的用水会影响消防用水。所以，为了安全起见，要按最不利的情况——即最高时用水流量加上消防流量的工况进行消防校核，但节点服务水头只要求满足火灾处节点的灭火服务水头，而不必满足正常用水的服务水头。

消防流量已经在 6.2 节中计算，当只考虑一处火灾时，消防流量一般加在控制点上（不利火灾点），当考虑两处或两处以上同时火灾时，另外几处分别放在离供水泵站较远、靠近大用户、居民密集区或重要的工业企业附近的节点上。对于未发生火灾的节点，其节点流量与最高时相同。

灭火处节点服务水头按低压消防考虑，即 10m 的自由水压。

消防工况校核一般采用水头校核法，即先按上述方法确定各节点流量，通过水力分析，得到各节点水头，判断各灭火节点水头是否满足消防服务水头。

虽然消防时比最高时用水时所需服务水头要小得多，但因消防时通过管网的流量增大，各管段的水头损失相应增加，按最高用水时确定的水泵扬程有可能不够消防时的需要，这时须放大个别管段的直径，以减小水头损失。个别情况下因最高用水时和消防时的水泵扬程相差很大（多见于中小型管网），须设专用消防泵供消防时使用。

（2）水塔转输工况校核

在最高用水时，由泵站和水塔同时向管网供水，但在一天内泵站供水量大于用水量的一段时间里，多余的水经过管网送入水塔内贮存，这种情况称为水塔转输工况，水塔进水流量最大的情况称为最大转输工况。

对于前置水塔或网中水塔，转输进水一般不存在问题，只有当设对置水塔或靠近供水末端的网中水塔时，由于它们离供水泵站较远，转输水流的水头损失大，水塔进水可能会遇到困难。所以，水塔转输工况校核通常只是对对置水塔或靠近供水末端网中水塔管网的最大转输工况进行校核。

最大转输时间可以从用水量变化曲线和泵站供水曲线上查到，如图 6.1 中，最大转输发生在 21～22 点（表 6.4 中倒数第 2 列中最大值对应小时），此时，用水量为最高日用水量的 3.65%，水塔进水量为最高日用水量的 4.97－3.65＝1.32（%）。转输校核工况各节点流量按最大转输时的用水量求出，一般假定各节点流量随管网总用水量的变化成比例地增减，所以最大转输工况各节点流量可按下式计算：

$$最大转输工况各节点流量＝\frac{最大转输工况管网总用水量}{最高时工况管网总用水量}×最高时工况各节点流量$$

以图 6.1 所示管网用水情况为例，则有：

$$最大转输工况各节点流量 = \frac{3.65\%}{5.92\%} \times 最高时工况各节点流量$$

转输工况校核一般采用流量校核法，即将水塔所在节点作为定压节点，通过水力分析，得到该节点流量，判断是否满足水塔进行流量要求。

转输工况校核不满足要求时，应适当加大从泵站到水塔最短供水路线上管段的管径。

（3）事故工况校核

管网主要管线损坏时必须及时检修，在检修期和恢复供水前，该管段停止输水，整个管网的水力特性必然改变，供水能力降低。国家有关规范规定，城市给水管网在事故工况下，必须保证70%以上用水量，工业企业给水管网也应按有关规定确定事故时的供水比例。

一般按最不利事故工况进行校核，即考虑靠近供水泵站的主干管在最高时损坏的情况。节点压力仍按设计时的服务水头要求（即满足用户最低自由水压要求），当事故抢修时间短，且断水造成损失小时，节点压力要求可以适当降低。节点流量按下式计算：

事故工况各节点流量＝事故工况供水比例×最高时工况各节点流量

事故工况校核一般采用水头校核法，先从管网中删除事故管段，调低节点流量，通过水力分析，得到各节点水头，将它们与节点服务水头比较，全部高于服务水头为满足要求。

经过核算不能符合要求时，可以增加平行主干管条数或埋设双管。也可以从技术上采取措施，如加强当地给水管理部门的检修力量，缩短损坏管道的修复时间；重要的和不允许断水的用户，可以采取贮备用水的保障措施。

思 考 题

1. 影响用水量的因素有哪些？附表1规定的生活用水定额考虑了哪些影响因素？

2. 为什么说最高日和最高时用水量都是平均流量的概念，它们分别是什么时间内的平均流量？计算它们有何意义？

3. 设计时为什么要分析用水量的变化？在1小时时段内实际用水流量是否保持不变？为什么在计算时不考虑1小时时段内的流量变化？

4. 你能证明调节容积计算公式（6.10）吗？为什么被调节的两个流量在一个变化周期内的总和必须相等？

5. 你认为要使节点设计流量分配比较合理，需要注意哪些问题？

6. 管段设计流量分配的目的是什么？树状管网管段设计流量分配有何特点？环状管网管段设计流量分配要考虑哪些原则？

7. 何为经济流速？它与哪些因素有关？为什么说平均经济流速是近似的经济流速？在设计管段直径时除了考虑经济性外，还要考虑哪些因素？

8. 在设计工况水力分析时为何要暂时删除泵站所在的管段和假设控制点？如何找到真正的控制点？为何真正的控制点是惟一的？

9. 管网设计校核时泵站所在管段还要删除吗？你能说明在各种工况校核时，哪些节点是定压节点，哪些节点是定流节点？

习　题

1. 某城市最高日用水量为 $15000\mathrm{m}^3/\mathrm{d}$，其各小时用水量如表 6.14 所示，管网中设有水塔，二级泵站分两级供水，从前一日 22 点到清晨 6 点为一级，从 6 点到 22 点为另一级，每级供水量等于其供水时段用水量平均值。试绘制用水量变化曲线，并进行以下项目计算：

1）时变化系数；

2）泵站和水塔设计供水流量；

3）清水池和水塔调节容积。

某城市最高日各小时用水量   **表 6.14**

小 时	0~1	1~2	2~3	3~4	4~5	5~6	6~7	7~8	8~9	9~10	10~11	11~12
用水量（m³）	303	293	313	314	396	465	804	826	782	681	705	716
小 时	12~13	13~14	14~15	15~16	16~17	17~18	18~19	19~20	20~21	21~22	22~23	23~24
用水量（m³）	778	719	671	672	738	769	875	820	811	695	495	359

2. 接上题，城市给水管网布置如图 6.11 所示，各管段长度与配水长度见表 6.15，各集中用水户最高时用水量见表 6.16。试进行设计用水量分配和节点设计流量计算。

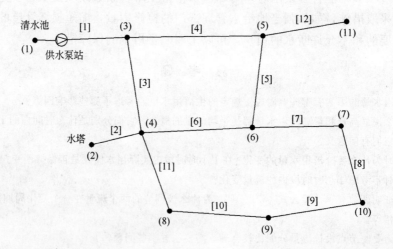

图 6.11　某城市给水管网图

3. 接上题，进行管段设计流量分配和管段直径设计。

4. 接上题，已知清水池最低水位标高 38.30m，各节点地面标高与用户要求自由水压见表 6.17，进行设计工况的水力分析计算，确定控制点，计算泵站扬程、水塔高度并选泵。

5. 接上题，根据规范，本管网消防按同时一处火灾考虑，灭火流量为 15L/s，请进行消防工况校核，判断消防时水塔是供水还是进水？你选的水泵满足消防要求吗？有必要修改个别管径吗？

各管段长度与配水长度　　　　　　　表 6.15

管段编号	1	2	3	4	5	6	7	8	9	10	11	12
管段长度（m）	320	160	650	770	530	500	420	430	590	520	550	470
配水长度（m）	0	0	650	385	530	500	315	215	280	220	400	120

最高时集中用水流量　　　　　　　表 6.16

集中用水户名称	火车站	学校	宾馆	医院	工厂A	工厂B	工厂C
集中用水流量（L/s）	12.60	26.20	6.40	8.60	7.20	17.60	22.50
所处位置节点编号	2	6	6	5	8	10	11

节点设计数据　　　　　　　表 6.17

节点编号	1	2	3	4	5	6	7	8	9	10	11
地面标高（m）	40.70	62.00	41.50	52.40	42.20	45.10	44.80	48.30	46.60	45.90	43.30
要求自由水压（m）	/	/	24.00	24.00	24.00	28.00	24.00	24.00	24.00	24.00	20.00

第7章 给水管网优化设计

7.1 给水管网优化设计数学模型

7.1.1 目标函数的组成

给水管网优化设计的目标是降低管网年费用折算值。所谓年费用折算值，就是管网建设投资偿还期内的管网建设投资费用和运行管理费用之和的年平均值，可用下式表示：

$$W = \frac{C}{T} + Y_1 + Y_2 \tag{7.1}$$

式中　W——年费用折算值，元/a；

　　　C——管网建设投资费用，元，主要考虑管网造价，其他费用相对较少，可以忽略不计；

　　　T——管网建设投资偿还期，a；

　　　Y_1——管网每年折旧和大修费用，元/a，该项费用一般按管网建设投资费用的一个固定比率计算，可表示为：

$$Y_1 = \frac{p}{100}C \tag{7.2}$$

式中　p——管网年折旧和大修费率，%，一般取 $P = 2.5 \sim 3.0$ 左右；

　　　Y_2——管网年运行费用，元/a，主要考虑泵站的年运行总电费，其他费用相对较少，可忽略不计。

7.1.2 管网造价计算

管网造价为所有管网设施造价之和，其中包括所有管道、泵站、水塔等造价。但是，由于泵站、水塔等的造价不易表达，且考虑到它们随着流量和压力因素的变化不显著，优化余地不大，所以忽略不计。因此，管网造价只考虑各管段的管道造价。

管道的造价按管道单位长度造价乘以管段长度计算。管道单位长度造价是指单位长度（一般指每米）管道的建设费用，包括管材、配件与附件等的材料费和施工费（含直接费和间接费）。管道单位长度造价与管道直径有关，可以表示为：

$$c = a + bD^\alpha \tag{7.3}$$

式中　c——管道单位长度造价，元/m；

　　　D——管段直径，m；

a、b、α——管道单位长度造价公式统计参数。

根据《给水排水设计手册》（第 10 册）给水管道工程估算指标（建成区，埋深 1m），不同材料给水管道单位长度造价如表 7.1 所示。

给水管道单位长度造价（元/m）　　　　　　表 7.1

管　　径（m）	0.20	0.30	0.40	0.50	0.60	0.70	0.80	0.90	1.0	1.2
承插铸铁管	349.9	558.4	886.6	1217.5	1503.1	1867.1	2246.4	2707.0	3153.6	4166.6
承插球墨铸铁管	—	644.0	940.3	1134.3	1577.6	1902.2	2459.0	2810.2	3198.2	4234.1
预应力钢筋混凝土管	—	423.7	686.9	949.6	1104.7	1331.6	1547.6	1755.2	1932.3	2388.2

管道单位长度造价公式统计参数 a、b、α 可以用曲线拟合当地管道单位长度造价统计数据求得。有作图法和最小二乘法两种方法，以下通过例题说明。

【例 7.1】　根据表 7.1 所给数据，试确定各种管材管道单位长度造价公式统计参数 a、b 和 α。

【解】　采用作图法求承插铸铁管参数。分为两步，第一步确定参数 a，第二步确定参数 b 和 α。第一步以 D 为横坐标，c 为纵坐标，将（c，D）的数据点画在方格坐标纸上，并且用光滑曲线连接这些点，曲线延长后与纵轴相交，相交处的截距值即为 a。如图 7.1 为根据铸铁管数据所作曲线，a 值为 100。

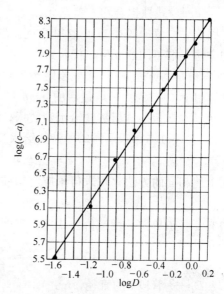

图 7.1　确定管道单位长度造价公式参数 a　　图 7.2　确定管道单位长度造价公式参数 b 和 α

第二步将公式改写为：

$$\log(c - a) = \log b + a\log D \tag{7.4}$$

以 D 为横坐标，$c-a$ 为纵坐标，将 $(D, c-a)$ 数据点画在双对数坐标纸上，并且画一条最接近这些点的直线，直线与纵坐标相交点的截距值即为 b，曲线的斜率即为 a。

若找不到双对数坐标纸，也可以以 $\log D$ 为横坐标，$\log(c-a)$ 为纵坐标，计算出 $[\log D, \log(c-a)]$ 数据并点画在方格坐标纸上，并且画一条最接近这些点的直线，直线与纵坐标相交点的截距值即为 $\log b$，求指数得到 b，曲线的斜率即为 a。如图 7.2 为根据铸铁管数据所作曲线，$\log b=8.03$，$b=3072$，曲线斜率为 1.53，即 $a=1.53$。承插铸铁给水管管道单位长度造价公式为：

$$c = 100 + 3072D^{1.53} \tag{7.5}$$

采用黄金分割最小二乘法求承插球墨铸铁管参数。按最小二乘法线性拟合原理，假设 a 已知，则有：

$$a = \frac{\Sigma c_i \Sigma D_i^{2\alpha} - \Sigma c_i D_i^{\alpha} \Sigma D_i^{\alpha}}{N\Sigma D_i^{2\alpha} - (\Sigma D_i^{\alpha})^2} \tag{7.6}$$

$$b = \frac{\Sigma c_i - aN}{\Sigma D_i^{\alpha}} \tag{7.7}$$

$$\sigma = \sqrt{\frac{\Sigma(a + bD_i^{\alpha} - c_i)^2}{N}} \tag{7.8}$$

式中 N——为数据点数；

　　　σ——线性拟合均方差，元。

因为 α 取值一般在 1.0～2.0 之间，在此区间用黄金分割法（或其他搜索最小值的方法）取不同的 α 值，代入式 (7.6) ～ (7.8) 分别求得参数 a、b 和均方差 σ，搜索最小均方差 σ，直到 α 步距小于要求值（手工计算可取 0.05，用计算机程序计算可 0.01）为止，取最后的 a、b 和 α 值。

对于本例承插球墨铸铁给水管数据，可以计算得下表 7.2，最后得 $a=112.9$、$b=3135$、$\alpha=1.5$，即承插球墨铸铁给水管单位长度造价公式为：

$$c = 112.9 + 3135D^{1.5} \tag{7.9}$$

采用上述相同的方法，可求得预应力钢筋混凝土给水管单位长度造价公式为：

$$c = -142.5 + 2105D^{1.02} \tag{7.10}$$

有了管道单位长度造价公式后，管网造价可表示为：

$$C = \sum_{i=1}^{M} c_i l_i = \sum_{i=1}^{M} (a + bD_i^{\alpha}) l_i \tag{7.11}$$

式中 D_i——管段 i 的直径，m；

　　　c_i——管段 i 的管道单位长度造价，元/m；

l_i——管段 i 的长度，m；

M——管网管段总数。

球墨铸铁给水管单价公式参数计算　　表 7.2

点号	α 取值	a	b	均方差 σ
1	1.00	−738.86	3992.14	117.47
2	2.00	551.73	2659.22	111.33
3	1.38	−36.89	3288.85	57.81
4	1.62	241.45	2999.91	57.89
5	1.24	−246.79	3501.52	75.07
6	1.47	77.66	3171.17	52.73
7	1.53	146.85	3099.33	52.80
8	1.44	41.00	3208.99	53.76
9	1.50	112.91	3134.65	52.41
10	1.51	124.37	3122.75	52.46

7.1.3　泵站年运行电费计算

管网中泵站年运行电费为管网中所有泵站年运行电费之和，泵站年运行电费按全年各小时运行电费累计计算，可用下式表示并简写为：

$$y_2 = \sum_{t=1}^{24 \times 365} \frac{\rho g q_{pt} h_{pt} E_t}{\eta_t} = \frac{86000 \gamma E}{\eta} \cdot q_p h_p = P q_p h_p \qquad (7.12)$$

式中　E_t——全年各小时电价，元/（kW·h），一般用电高峰、低峰和正常时间电价，各地有所不同；

ρ——水的密度，t/m³，近似取 1；

g——重力加速度，m/s²，近似取 9.81；

q_{pt}——泵站全年各小时扬水流量，m³/s；

h_{pt}——泵站全年各小时扬程，m；

η_t——泵站全年各小时扬水综合效率，为变压器效率、电机效率和机械传动效率之积；

E——泵站最大时用电电价，元/（kW·h）；

q_p——泵站最大时扬水流量，m³/s；

h_p——泵站最大时扬程，m；

η——泵站最大时综合效率；

P——泵站经济指标，元/（m³/s·m·a），定义为：

$$P = \frac{86000\gamma E}{\eta} \tag{7.13}$$

γ——泵站电费变化系数，即泵站全年平均时电费与最大时电费的比值，即：

$$\gamma = \frac{\sum\limits_{t=1}^{24\times365} \rho g q_{pt} h_{pt} E_t / \eta_t}{8760 \rho g q_p h_p E / \eta} \tag{7.14}$$

显然 $\gamma \leqslant 1$，且全年各小时 q_{pt}、h_{pt}、η_t 和 E_t 变化越大，则 γ 值越小。但在泵站实际投运前，这些值的变化是无法计算的，只能近似估计。若全年电价不变（$E = E_t$），则 γ 成为泵站能量变化系数，即：

$$\gamma = \frac{\sum\limits_{t=1}^{24\times365} q_{pt} h_{pt} / \eta_t}{8760 q_p h_p / \eta} \tag{7.15}$$

若再忽略泵站综合效率全年的变化（$\eta = \eta_t$），则泵站能量变化系数为：

$$\gamma = \frac{\sum\limits_{t=1}^{24\times365} q_{pt} h_{pt}}{8760 q_p h_p} \tag{7.16}$$

能量变化系数可以根据泵站扬水量和扬程的变化曲线进行计算。若假设：a）泵站扬水量与管网用水量同比例变化；b）管网用水量在一定范围内变化，且在一年中各种用水量出现的几率相等。于是可以推导出以下公式：

1）若泵站扬水至近处水塔或高位水池，扬程基本不变（$h_{pt} \approx h_p$），即全部扬程为静扬程，则：

$$\gamma' = \frac{\sum\limits_{t=1}^{24\times365} q_{pt} h_{pt}}{8760 q_p h_p} = \frac{\sum\limits_{t=1}^{24\times365} q_{pt}}{8760 q_p} = \frac{1}{K_d K_h} = \frac{1}{K_z} \tag{7.17}$$

式中 K_d——管网用水量日变化系数；

K_h——管网用水量时变化系数；

K_z——管网用水量总变化系数，即：$K_z = K_d K_h$。

2）若泵站扬水至较远处且无地势高差，其扬程全部用于克服管道水头损失（$h_{pt} \propto q_{pt}^2$），即全部扬程为动扬程，则：

$$\gamma'' = \frac{\sum\limits_{t=1}^{24\times365} q_{pt} h_{pt}}{8760 q_p h_p} = \frac{\sum\limits_{t=1}^{24\times365} q_{pt}^3}{8760 q_p^3} = \frac{(K_z - 1)^2 + 1}{K_z^3} \tag{7.18}$$

实际情况下，泵站既要提供静扬程，又要提供动扬程，则用加权平均方法近似计算 γ，即：

$$\gamma = (h_{p0}/h_p)\gamma' + (1 - h_{p0}/h_p)\gamma'' \tag{7.19}$$

式中 h_{p0}——泵站静扬程，m。

【例 7.2】 某给水管网用水量日变化系数为 $K_d = 1.35$，时变化系数为 $K_h = 1.82$，其供水泵站从清水池吸水，清水池最低水位为 76.20m。设计考虑两种供水方案：方案一泵站供水到前置水塔，估计水塔高度 35.60m，水塔最大水深 3.00m，水塔所在点地面高程 79.50m，估计泵站设计扬程 48.40m；方案二不设水塔，供水压力最难满足的用户所在地点地面高程为 82.20m，用户最高居住建筑 5 层，需要供水压力 24m，估计泵站设计扬程 47.50m。试分别求两方案的泵站能量变化系数。

【解】 用水量总变化系数为 $K_z = K_d K_h = 1.35 \times 1.82 = 2.457$，代入式(7.17) 和 (7.18) 计算得：

$$\gamma' = \frac{1}{K_z} = \frac{1}{2.457} = 0.407, \gamma'' = \frac{(K_z - 1)^{2+1}}{K_z^3} = \frac{(2.457 - 1)^{2+1}}{2.457^3} = 0.211$$

方案一泵站设计总扬程 $h_p = 48.40$m，其中静扬程 $h_{p0} = (79.50 - 76.20) + 35.60 + 3.00 = 41.90$m，则：

$$\gamma = \left(\frac{h_{p0}}{h_p}\right) \gamma' + \left(1 - \frac{h_{p0}}{h_p}\right) \gamma''$$

$$= \left(\frac{41.90}{48.40}\right) \times 0.407 + \left(1 - \frac{41.90}{48.40}\right) \times 0.211 = 0.38$$

方案二泵站设计总扬程 $h_p = 47.50$m，其中静扬程 $h_{p0} = (82.20 - 76.20) + 24.00 = 30.00$m，则：

$$\gamma = \left(\frac{h_{p0}}{h_p}\right) \gamma' + \left(1 - \frac{h_{p0}}{h_p}\right) \gamma''$$

$$= \left(\frac{30.00}{47.50}\right) \times 0.407 + \left(1 - \frac{30.00}{47.50}\right) \times 0.211 = 0.33$$

根据以上计算，泵站年运行总电费可以表示为：

$$Y_2 = \sum_{i=1}^{M} y_{2i} = \sum_{i=1}^{M} P_i q_i h_{pi} \tag{7.20}$$

式中 y_{2i}——管段 i 上泵站的年运行电费，元/a；

P_i——管段 i 上泵站的单位运行电费指标，元/（m^3/（$s \cdot m \cdot a$））；

q_i——管段 i 的最大时流量，即泵站设计扬水流量，m^3/s；

h_{pi}——管段 i 上泵站最大时扬程，m。

7.1.4 约束条件

给水管网优化设计计算必须满足管网水力条件和设计规范要求等，数学表达式如下：

1）水力约束条件

$$H_{Fi} - H_{Ti} = h_i = h_{fi} - h_{pi} \quad i = 1,2,3,\cdots,M \quad (7.21)$$

$$\sum_{i \in s_j}^{M} (\pm q_i) + Q_j = 0 \quad j = 1,2,3,\cdots,N \quad (7.22)$$

此即给水管网恒定流方程组，其中：

$$h_{fi} = \frac{kq_i^n}{D_i^m} l_i \quad i = 1,2,3,\cdots,M \quad (7.23)$$

2) 节点水头约束条件

$$H_{minj} \leqslant H_j \leqslant H_{maxj} \quad j = 1,2,3,\cdots,N \quad (7.24)$$

式中 H_{maxj}——节点 j 的最小允许水头（m），按用水有力要求或不出现负压条件确定：

$$H_{minj} = \begin{cases} Z_j + H_{uj} & j \text{ 为有用水节点} \\ Zj & j \text{ 为无用水节点} \end{cases} \quad (7.25)$$

Z_j——节点 j 的地面标高，m；

H_{uj}——节点 j 服务水头，m，对于居民用水，一层楼 10m，二层楼 12m，以后每层加 4m；

H_{maxj}——节点 j 的最大允许水头，m，按贮水设施水位或管道最大承压力确定：

$$H_{minj} = \begin{cases} Z_j + H_{bj} - h_{bj} & j \text{ 为有贮水设施节点} \\ Z_j + P_{maxj} & j \text{ 为无贮水设施节点} \end{cases} \quad (7.26)$$

H_{bj}——水塔或水池水面高度，m，水池埋在地下时，H_{bj}取负值；

h_{bj}——水塔或水池最低水深，m；

P_{maxj}——节点 j 处管道承压能力，m。

3) 供水可靠性和管段设计流量非负约束条件

$$q_i \geqslant q_{mini} \quad i = 1,2,3,\cdots,M \quad (7.27)$$

式中 q_{mini}——管段最小允许设计流量，必须为正值；

4) 非负约束条件

$$D_i \geqslant 0 \quad i = 1,2,3,\cdots,M \quad (7.28)$$

$$h_{pi} \geqslant 0 \quad i = 1,2,3,\cdots,M \quad (7.29)$$

7.1.5 给水管网优化设计数学模型

综上所述，给水管网优化设计数学模型为：

$$\text{Min} \quad W = \sum_{i=1}^{M} w_i = \sum_{i=1}^{M} \left[\left(\frac{1}{T} + \frac{p}{100} \right) (a + bD_i^a) l_i + P_i q_i h_{pi} \right] \quad (7.30)$$

$$S.t.\begin{cases} H_{Fi} - H_{Ti} = \dfrac{kq_i^n}{D_i^m}l_i - h_{pi} & i = 1,2,\cdots,M \quad (7.31) \\[2mm] \displaystyle\sum_{i \in s_j}^{M} (\pm q_i) + Q_i = 0 & j = 1,2,\cdots,N \quad (7.22) \\[2mm] H_{minj} \leqslant H_j \leqslant H_{maxj} & j = 1,2,\cdots,N \quad (7.24) \\[2mm] q_i \geqslant q_{mini} & i = 1,2,\cdots,M \quad (7.27) \\[2mm] D_i \geqslant 0 & i = 1,2,\cdots,M \quad (7.28) \\[2mm] h_{pi} \geqslant 0 & i = 1,2,\cdots,M \quad (7.29) \end{cases}$$

式中 w_i——管段年费用折算值，元/a，按下式定义：

$$w_i = \left(\frac{1}{T} + \frac{p}{100} \right)(a + bD_i^a)l_i + P_iq_ih_{pi} \quad i = 1,2,\cdots,M \quad (7.32)$$

7.2 环状网管段设计流量分配的近似优化

7.2.1 管段设计流量分配优化数学模型

给水管网优化设计数学模型是一个大规模非线性数学问题,对于环状管网,直接求解数学模型几乎是不可能的。因此,环状管网优化模型通常分两步近似求解。第一步进行设计流量优化,第二步完成管径、压力等的优化,确定设计流量是进行管径、压力等优化的前提。

树状管网的设计流量可以由节点流量连续性方程直接解出,只有惟一分配方案,不存在优化问题,下面只讨论环状管网设计流量优化问题。

环状管网设计流量优化涉及到两个内容,一是多水源情况下各水源设计供水流量分配的优化,其二是管段设计流量分配的优化。由于水源供水流量分配优化涉及到水资源成本及制水成本等复杂问题,且与水资源、城镇、工矿企业等总体规划关系密切,难以直接用数学手段处理,通常采用方案比较确定。因此,本书只讨论环状管网管段设计流量分配的优化问题。

管段设计流量分配优化涉及到管网输水经济性和供水可靠性,合理的分配方案是既能保证供水可靠性,又能以最小费用输水的方案。然而,在同时考虑经济性和可靠性的前提下,管段设计流量分配的优化还是一个难题。因此,下面只能通过一些定性分析,给出一种近似优化方法。

在没有确定管段直径之前,可以定性地认为,管网输水的费用随着管段流量和长度的增加而增大,因而,为了减少输水费用,可以采用目标函数:

$$\text{Min} \sum_{i=1}^{M} (|q_i|^{\beta_1} l_i) \quad (7.33)$$

式中 β_1 是一个（0，1）区间内的指数，其值大于零，反映了输水费用随着管段设计流量的增加而增加，其值小于 1，反映输水费用增加速度小于设计流量增加速度，即输送大流量较输送小流量更经济。

当然，管段设计流量分配必须满足节点流量连续性方程式（7.22），将其作为约束条件与上式联立，则为管段设计流量分配的经济模型。

通过数学方法可以证明，管段设计流量分配经济模型的解为树状网，即每个环内都有一条管段设计流量为零。从工程意义上可以理解为，将设计流量集中起来用更少的管段输送比分散开来用更多的管段输送更经济。

然而，树状网供水可靠性差，所以只考虑经济性的设计流量分配方案往往是不可取的，如果要提高供水可靠性，必须设计成环状网。为此，必须将上述目标函数中的流量指数 β_1 加大，以减小设计流量的集中效应，通过数学理论可以证明，当指数大于 1 后，模型的解不再是树状网，而成为环状网。

另外，为了提高供水可靠性，应将目标函数中的管长因素去掉，因为如果考虑了管长因素，则设计流量将向输水路线较短的管线集中，输水路线较长的管段将分配到较少的设计流量，这样将导致输水路线短的管道直径大，输水路线长的管道直径小，如果输水路线短的管道出现事故，则不但要绕道长距离输水，而且小管径输水能力差，供水量将显著下降，所以是不安全的。

通过以上分析，为了提高供水可靠性，可以采用以下目标函数：

$$\text{Min} \sum_{i=1}^{M} |q_i|^{\beta_2} \tag{7.34}$$

式中 β_2 是一个大于 1 的指数，反映输水费用增加速度大于设计流量增加速度，这将使设计流量比较均匀地分布到各管段。从理论上讲，β_2 值越大，流量分配均匀性越高，但计算实践表明，其值大于 2 以后，均匀性几乎不再提高，所以 β_2 一般取 2。

这一目标函数与约束条件——节点流量连续性方程式（7.22）联立，则为管段设计流量分配的安全经济模型。

为了综合考虑输水经济性和供水可靠性，可以分别求解经济模型和安全模型，然后取其折中方案。但是这种方法需要两次求解数学模型，计算工作量较大。为了简化计算，可以直接将两个模型进行综合，即采用如下的数学模型：

$$\text{Min} W_q = \sum_{i=1}^{M} (|q_i|^{\beta} l_i^{\chi}) \tag{7.35}$$

$$\text{S. t.} \sum_{i \in S_j}^{M} \pm (q_i) + Q_i = 0 \quad j = 1,2,3,\cdots,N$$

式中指数 β 为前两个模型中 β_1 和 β_2 的综合，其取值介于 β_1 和 β_2 之间，一般在（1，2）区间取值，如取 1.5，χ 指数也是前两个模型中管长指数的综合（经济模型指数为 1，安全模型指数为 0），取值区间为（0，1），一般取 0.5 左右。

上述数学模型是通过定性分析得到的，所以目标函数 W_q 没有明确的物理含义。但是这一模型综合考虑了经济性和安全性，可以求得管段设计流量分配的近似优化方案，具有工程实用性。

7.2.2 管段设计流量分配近似优化计算

用数学理论可以证明，当流量指数 β 大于 1 时，数学模型式（7.35）是一个凸规划问题，也就是说，其目标函数的极值就是最小值。只要找到一种能够使目标函数值逐步减小的方法，就一定能获得其最小值解。

考虑到节点流量连续性约束条件，数学模型中真正的自由变量是环流量，类似于哈代-克罗斯平差计算，如果已经初步分配了管段流量，则任意施加环流量不破坏节点流量连续性条件。然而，施加环流量必然改变目标函数值，现在的问题是找到一种通过施加环流量使目的函数值减小的方法。

图 7.3 管网中的一个环

在初步分配流量后，从管网中任意取出一个环 k，如图 7.3 所示（图中所标箭头为流量方向），若环流量为 Δq_k，根据求极值的原理，在极值点处有：

$$\frac{\partial W_q}{\partial \Delta q_k} = 0$$

由式（7.35）求偏导数得：

$$\beta(q_1^{\beta-1}l_1^{\chi} + q_2^{\beta-1}l_2^{\chi} - q_3^{\beta-1}l_3^{\chi} - q_4^{\beta-1}l_4^{\chi}) = 0$$

将式中 β 约去，然后用推导水头平差公式类似的方法，在初分配流量 $q_i^{(0)}$（$i=1$，2，3，…，M）处用泰勒公式展开，舍去非线性项，经整理变换得：

$$\Delta q_k^{(0)} = -\frac{(q_1^{(0)})^{\beta-1}l_1^{\chi} + (q_2^{(0)})^{\beta-1}l_2^{\chi} - (q_3^{(0)})^{\beta-1}l_3^{\chi} - (q_4^{(0)})^{\beta-1}l_4^{\chi}}{(\beta-1)[(q_1^{(0)})^{\beta-2}l_1^{\chi} + (q_2^{(0)})^{\beta-2}l_2^{\chi} + (q_3^{(0)})^{\beta-2}l_3^{\chi} + (q_4^{(0)})^{\beta-2}l_4^{\chi}]}$$

将此式推广到管网中任意环得：

$$\Delta q_k^{(0)} = -\frac{\sum_{i \in R_k} \pm [(q_i^{(0)})^{\beta-1}l_i^{\chi}]}{(\beta-1)\sum_{i \in R_k}[(q_i^{(0)})^{\beta-2}l_i^{\chi}]} \quad k = 1,2,3,\cdots,L \quad (7.36)$$

为了便于表述，设：

$$x_i = q_i^{\beta-1}l_i^{\chi} \tag{7.37}$$

$$X_k = \sum_{i \in R_k}(\pm x_i) = \sum_{i \in R_k}(\pm q_i^{\beta-1}l_i^{\chi}) \tag{7.38}$$

$$y_i = (\beta - 1)q_i^{\beta-2}l_i^\chi \tag{7.39}$$

$$Y_k = \sum_{i \in R_k} y_i = (\beta - 1)\sum_{i \in R_k}[q_i^{\beta-2}l_i^\chi] \tag{7.40}$$

则式（7.36）可以改写为：

$$\Delta q_k^{(0)} = -\frac{X_k^{(0)}}{Y_k^{(0)}} \quad k = 1, 2, 3, \cdots, L \tag{7.41}$$

此式即为管段设计流量优化公式，由于公式推导时略去了非线性项，所以，不能通过一次计算求得极值点，必须反复迭代计算，迭代公式为：

$$q_i^{(j+1)} = q_i^{(j)} \pm \Delta q_k^{(j)} \quad i \in R_k \tag{7.42}$$

经过对各环反复优化迭代，直到施加环流量的绝对值小于允许值 e_q 为止，即：

$$|\Delta q_k^{(j)}| \leqslant e_{\text{qopt}} \quad k = 1, 2, 3\cdots, L \tag{7.43}$$

式中 e_{qopt} 为允许环流量优化误差，m^3/s，手工计算可取 $e_{\text{qopt}} = 0.0001\ m^3/s$，即 0.1L/s，计算机程序计算可取 $e_{\text{qopt}} = 0.00001\ m^3/s$，即 0.01L/s。

当然，也可以用牛顿—拉夫森算法求解管段设计流量分配近似优化数学模型，有兴趣的读者可以自己推导，这里不再详述。

管段设计流量分配近似优化算法与管网水头平差算法相似，实际上，管段流量优化计算的过程也可以理解为平差过程，但它不是平衡水头闭合差，也不是平衡流量闭合差，而是平衡优化目标函数导数闭合差（极值点处导数为零），下面举例说明。

【**例 7.3**】　某环状管网如图 7.4 所求，管段长度及初分配设计流量标于图中，试用数学模型式（7.35）进行管段设计流量近似优化计算，取 $\beta = 1.5$，$\chi = 0.5$，$e_{\text{qopt}} = 0.1L/s$。

图 7.4　管段设计流量分配近似优化

【解】　计算过程见表7.3。

管段设计流量分配近似优化计算　　　　表7.3

i/k	l_i	第一次优化			第二次优化			......	第八次优化			结果
		$q_i/\Delta q_k$	x_i/X_k	y_i/Y_k	$q_i/\Delta q_k$	x_i/X_k	y_i/Y_k		$q_i/\Delta q_k$	x_i/X_k	y_i/Y_k	q_i
1	770	120.00	303.97	1.27	106.78	286.74	1.34		109.65	290.57	1.32	109.72
2	500	33.00	128.45	1.95	37.25	136.47	1.83		36.78	135.61	1.84	36.74
3	480	112.00	231.86	1.04	125.22	245.16	0.98		122.35	242.34	0.99	122.28
4	630	42.80	164.21	1.92	25.33	126.32	2.49		28.67	134.40	2.34	28.78
5	910	8.60	88.46	5.14	12.85	108.14	4.21		12.38	106.14	4.29	12.34
6	820	24.70	142.32	2.88	44.84	191.75	2.14	......	40.89	183.11	2.24	40.78
7	790	15.00	106.07	3.54	12.71	97.63	3.84		15.24	106.91	3.51	15.32
8	730	60.00	209.28	1.74	53.08	196.85	1.85		54.16	198.84	1.84	54.20
9	690	15.30	102.75	3.36	20.26	118.23	2.92		17.12	108.69	3.17	17.04
10	560	6.40	59.87	4.68	8.36	68.42	4.09		10.42	76.39	3.67	10.46
11	540	21.70	108.25	2.49	14.78	89.34	3.02		15.86	92.54	2.92	15.90
12	790	11.20	94.06	4.20	9.24	85.44	4.62		7.18	75.31	5.24	7.14
1		−13.22	94.00	7.11	3.43	−23.85	6.95		0.07	−0.48	6.89	
2		4.25	−53.37	12.55	−1.67	20.66	12.37	......	−0.04	0.44	11.98	
3		6.92	−72.46	10.47	−2.40	23.79	9.93		−0.04	0.42	10.17	
4		1.96	−30.87	15.78	2.43	−37.62	15.47		0.04	−0.70	15.59	

7.3　已定设计流量下的管网优化计算

7.3.1　已定设计流量下的管网优化数学模型

已定设计流量，即已经确定了各水源设计供水流量和各管段设计流量以后，管网优化设计数学模型可以简化为：

$$\text{Min} \quad W = \sum_{i=1}^{M} w_i = \sum_{i=1}^{M} \left[\left(\frac{1}{T} + \frac{p}{100} \right) (a + bD_i^a) l_i + P_i q_i h_{pi} \right] \quad (7.30)$$

$$S.t. \begin{cases} H_{Fi} - H_{Ti} = \dfrac{kq_i^n}{D_i^m} l_i - h_{pi} & i = 1, 2, \cdots, M & (7.31) \\ H_{\min j} \leqslant H_j \leqslant H_{\max j} & j = 1, 2, \cdots, N & (7.24) \\ D_i \geqslant 0 & i = 1, 2, \cdots, M & (7.28) \\ h_{pi} \geqslant 0 & i = 1, 2, \cdots, M & (7.29) \end{cases}$$

此数学模型中还有三类未知量：管径、节点水头和泵站扬程，而用式
(7.31)可以将管径表示为另两类未知量的函数,代入目标函数和其他约束条件后,
可使数学模型中的未知量减少到两类,即节点水头和泵站扬程,这将使模型的求
解变得更简单。

运用数学理论可以证明,如果以节点水头和泵站扬程作为未知量,则上述数
学模型是一个凸规划问题,即目标函数的极值就是最小值,这样,从任意初始条
件出发,采用任何使目标函数值下降的算法都可以达到全局最优解。下面分两步
论述数学模型的求解：第一步考虑管网中不设泵站的情形,只有节点水头未知量,
对其进行优化；第二步考虑管网中设有泵站的情形,求出泵站扬程的优化解。

7.3.2 不设泵站管网节点水头优化

当管网不设泵站时,从管网中任取一个节点 j,假设其他节点水头暂时不变,
则管网年费用折算值只随着该节点水头的变化而变化,对目标函数求偏导数可以
得到两者变化的关系：

$$\frac{\partial W}{\partial H_j} = \sum_{i \in S_j} \left(\frac{\partial w_i}{\partial h_i} \cdot \frac{\partial h_i}{\partial H_j} \right) \tag{7.44}$$

式 (7.21) 有：

$$\frac{\partial h_i}{\partial H_j} = \begin{cases} +1 & j = F_i \\ -1 & j = T_i \end{cases} \tag{7.45}$$

将此式代入式 (7.39) 得：

$$\frac{\partial W}{\partial H_j} = \sum_{i \in S_j} \left(\pm \frac{\partial w_i}{\partial h_i} \right) \tag{7.46}$$

为便于后面的表述, 定义：

$$q_{\Phi i} = -\frac{\partial w_i}{\partial h_i} \quad i = 1, 2, \cdots, M \tag{7.47}$$

$$Q_{\Phi j} = \frac{\partial W}{\partial H_j} \quad j = 1, 2, \cdots, N \tag{7.48}$$

式中 $q_{\Phi i}$——管段虚流量,为管段年费用折算值随沿程水头损失减小而增大的比
率, 元/ (a·m)；

　　$Q_{\Phi j}$——节点虚流量,为管网年费用折算值随节点水头增加而增大的比率,
元/ (a·m)。

由于管段上不设泵站, 由式 (7.32) 和 (7.23) 可求得：

$$q_{\Phi i} = -\frac{\partial w_i}{\partial h_i} = \left(\frac{1}{T} + \frac{p}{100} \right) \frac{b\alpha}{mk} \cdot \frac{D_i^{\alpha+m}}{q_i^n} \quad i = 1, 2, \cdots, M \tag{7.49}$$

再设：

$$f = \frac{mk}{\left(\dfrac{1}{T} + \dfrac{p}{100}\right)b\alpha} \tag{7.50}$$

将此式代入（7.49），并变换后得：

$$D_i = (fq_{\Phi i}q_i^{\mathrm{n}})^{\frac{1}{\alpha+m}} \tag{7.51}$$

又设：

$$n_\Phi = -\frac{m}{\alpha+m} \tag{7.52}$$

$$S_{\Phi i} = kf^{n_\Phi}q_i^{\frac{n\alpha}{m+\alpha}}l_i \quad i = 1,2,3,\cdots,M \tag{7.53}$$

将上列三式代入式（7.23）得：

$$h_{fi} = S_{\Phi i}q_{\Phi i}^{n_\Phi} \quad i = 1,2,3,\cdots,M \tag{7.54}$$

以上各式中：f 称为经济因素；n_Φ 为虚流量指数；式（7.51）反映了管段虚流量与管径之间的关系，也就是说，在已定管段设计流量的条件下，如果求得了管段虚流量，即等于求得了管径；式（7.53）计算所得 $S_{\Phi i}$ 称为管段虚阻系数；式（7.54）表明管段沿程水头损失可以用管段虚阻系数和虚流量计算，类似于用管段摩阻系数和流量求沿程水头损失，或者说，无论是实际流量还是虚流量，用它们计算出的沿程水头损失总是实际的；式（7.49）和（7.54）还表明管段虚流量与管段流量及沿程水头损失的方向相同。

另外，由式（7.46）、（7.47）和（7.48）可得：

$$Q_{\Phi j} = -\sum_{i\in S_j}(\pm q_{\Phi i}) \text{ 或 } \sum_{i\in S_j}(\pm q_{\Phi i}) + Q_{\Phi j} = 0 \quad j = 1,2,\cdots,N \tag{7.55}$$

该式类似于节点流量连续性方程，可以看成是节点虚流量连续性方程，说明上面定义的虚流量满足节点连续性条件。同时，此式还表明节点虚流量以流出节点为正，流入节点为负。

下面对节点虚流量的特点进行一些分析。

对于管网起端节点，即该节点只有管段流量流出，没有管段流量流入，节点虚流量只能流入节点，恒为负值，说明该节点水头与管网年费用折算值变化方向总是相反的，其工程意义是：该节点水头越高，与之关联的管段直径越小，必然使管网年费用折算值越低，这说明该节点水头应尽量取最大值，即最大允许水头，如图 7.5（a）所示。

对于管网末端节点，即该节点只有管段流量流入，没有管段流量流出，节点虚流量只能流出节点，恒为正值，说明该节点水头与管网年费用折算值变化方向总是相同的，其工程意义是：该节点水头越低，与之关联的管段直径越小，必然使管网年费用折算值越低，这说明该节点水头应尽量取最小值，即最小允许水头，如图 7.5（b）所示。

图 7.5　节点虚流量特性

对于管网中间节点，既有管段流量流入，又有管段流量流出，则该节点虚流量可能为正，也可能为负，如果在 $H_{\min j} \leqslant H_j \leqslant H_{\max j}$ 范围内节点虚流量均为负值，则节点水头应取最大允许水头，才能使管网年费用折算值最小，如图 7.5（c）所示，如果在范围内节点虚流量既有正值，又有负值，则应取使节点虚流量为零的对应节点水头，才能使管网年费用折算值最小，如图 7.5（d）所示，如果在 $H_{\min j} \leqslant H_j \leqslant H_{\max j}$ 范围内节点虚流量均为正值，则节点水头应取最小允许水头，才能使管网年费用折算值最小，如图 7.5（e）所示。

综上所述，最优节点水头应位于 $H_{\min j} \leqslant H_j \leqslant H_{\max j}$ 区间内，且使节点虚流量绝对值最小，即 $\mathrm{Min}\,|Q_{\Phi j}|$，可以表示为以下最优性条件：

$$Q_{\Phi j} = \begin{cases} < 0 & H_j = H_{\max j} \\ > 0 & H_j = H_{\min j} \\ = 0 & H_{\min j} < H_j < H_{\max j} \end{cases} \quad j = 1, 2, \cdots, N \qquad (7.56)$$

为了满足最优性条件，拟定节点水头初值 $H_j^{(0)}$，在该点用泰勒公式将节点虚流量函数展开得：

$$Q_{\Phi j} = Q_{\Phi j}^{(0)} + \frac{\partial Q_{\Phi j}^{(0)}}{\partial H_j} \Delta H_j \quad j = 1, 2, \cdots, N \qquad (7.57)$$

暂不考虑节点水头约束条件，令上式 $Q_{\Phi j} = 0$，可导出：

$$\Delta H_j = -\frac{Q_{\Phi j}^{(0)}}{\partial Q_{\Phi j}^{(0)}} = -\frac{\sum\limits_{i \in S_j}(\pm q_{\Phi i}^{(0)})}{\sum\limits_{i \in S_j}\left(\dfrac{\partial q_{\Phi i}^{(0)}}{\partial h_{\mathrm{f}i}}\right)} = -\frac{\sum\limits_{i \in S_j}(\pm q_{\Phi i}^{(0)})}{\sum\limits_{i \in S_j}\left(\dfrac{1}{n_\Phi S_{\Phi i}|q_{\Phi i}^{(0)}|^{n_\Phi - 1}}\right)}$$

$$= -\frac{\sum\limits_{i \in S_j}(\pm q_{\Phi i}^{(0)})}{\sum\limits_{i \in S_j} c_{\Phi i}^{(0)}} \quad j = 1, 2, \cdots, N \qquad (7.58)$$

式中　$c_{\Phi i}$——称为虚流量系数，由下式定义：

$$c_{\Phi i} = \frac{1}{n_\Phi S_{\Phi i} q_{\Phi i}^{n_\Phi - 1}} = \frac{q_{\Phi i}}{n_\Phi h_{\mathrm{f}i}} \quad i = 1, 2, \cdots, M \qquad (7.59)$$

式 (7.58) 类似于节点流量平差公式，但不是平衡节点流量的闭合差，而是通过给节点水头一个增量，期望使节点虚流量的绝对值减小到零，也就是期望降低管网年费用折算值。

但是考虑到节点水头的约束条件，即式 (7.24)，所以给节点水头施加增量应为：

$$H_j = \begin{cases} H_j^{(0)} + \Delta H_j & H_{\min j} \leqslant H_j^{(0)} + \Delta H_j \leqslant H_{\max j} \\ H_{\min j} & H_j^{(0)} + \Delta H_j < H_{\min j} \\ H_{\max j} & H_j^{(0)} + \Delta H_j > H_{\max j} \end{cases} \quad (7.60)$$

如果对管网的各节点反复应用式 (7.58) 和 (7.60) 计算并施加水头增量，则管网年费用折算值将不断减小，直到各节点满足或基本满足最优性条件式 (7.56)，考虑到收敛精度，最优性条件应写成：

$$\begin{cases} \left| Q_{\Phi j}^{(0)} \right| < e_{\Phi} & H_{\min j} \leqslant H_j^{(0)} \leqslant H_{\max j} \\ Q_{\Phi j}^{(0)} > 0 & H_j^{(0)} = H_{\min j} \qquad j = 1,2,\cdots,N \\ Q_{\Phi j}^{(0)} < 0 & H_j^{(0)} = H_{\max j} \end{cases} \quad (7.61)$$

式中　e_{Φ}——节点虚流量最大允许绝对值，元/（a·m），一般可取 10～1000。

7.3.3 设置泵站管网节点水头优化

根据给水管网模型，泵站设于管段上，因此泵站的优化属于管段局部优化问题。具体而言，当管段设计流量和两端节点水头确定后，如果管段下游节点的水头高于上游节点，则必须设泵站，否则，水流在没有能量补充的情况下不可能从低水头处流向高水头处；当管段下游节点的水头低于上游节点，则有两种可能，一是不设泵站，使管段水头损失正好等于管段压降，即根据式 (7.23) 计算管径；另一种是设泵站，用较小的管径输送流量，水头损失大于管段压降，不足的能量由水泵扬程提供。作为设泵站的方案（包括管段下游节点的水头高于上游节点的情况），泵站扬程越大，则管径可以越小，反之，泵站扬程越小，管径越大，前者使电费增加，管网造价降低，后者使电费降低，但管网造价提高，其间必然有一个平衡点，此点的电费与造价综合费用——即管段年费用折算值最小。总之，泵站扬程优化问题是管段局部问题，是管段造价与泵站扬程之间的优化决策问题。

当可以确认管段上需要设泵站时（如管段下游节点的水头高于上游节点），需要确定最优的泵站扬程和管径，当不能确认管段上是否要设泵站时，首先要判断是设泵站更经济，还是不设泵站更经济，在确定了要设泵站后，再计算最优的泵站扬程和管径。但在数学上可以将两个问题统一起来，即假定每条可能设泵站的管段上都设泵站，扬程为 h_{pi}，优化结果如果是 $h_{pi} > 0$ 说明应设泵站，且得到了最优的扬程，如果是 $h_{pi} = 0$，则说明不需要设泵站。

为了确定泵站的最优扬程，现对管段年费用折算值求偏导数得：

$$\frac{\partial w_i}{\partial h_{pi}} = -\left(\frac{1}{T} + \frac{p}{100}\right)\frac{b\alpha}{mk} \cdot \frac{D_i^{\alpha+m}}{q_i^n} + P_i q_i \quad i \text{ 管段设泵站}$$

由于设泵站的管段不允许流量为负，即必须 $q_i > 0$，所以有：

$$\frac{\partial w_i}{\partial h_{pi}} = -\left(\frac{1}{T} + \frac{p}{100}\right)\frac{b\alpha}{mk} \cdot \frac{D_i^{\alpha+m}}{q_i^n} + P_i q_i \quad i = 1, 2, \cdots, M \tag{7.62}$$

如果期望求得极值点，令上式偏导数为零，并代入式（7.31）和（7.48），经整理得：

$$h_{pi} = S_{\Phi i}(P_i q_i)^{n_\Phi} - h_i = \hat{h}_i - h_i \quad i \text{ 管段设泵站} \tag{7.63}$$

式中 $\hat{h}_i$ ——临界压降，m，由下式计算：

$$\hat{h}_i = S_{\Phi i}(P_i q_i)^{n_\Phi} \tag{7.64}$$

从式（7.63）可以看出，当 $h_i \leqslant \hat{h}_i$ 时，$h_{pi} = \hat{h}_i - h_i$ 使 $\frac{\partial w_i}{\partial h_{pi}} = 0$，这是一个极值点，且 $h_{pi} \geqslant 0$ 满足约束条件，得到了最优解；但当 $h_i > \hat{h}_i$ 时，若令 $h_{pi} = \hat{h}_i - h_i$ 则 $h_{pi} < 0$ 不满足约束条件，所以应该令 $h_{pi} = 0$。因此，泵站最优扬程为：

$$h_{pi} = \begin{cases} 0 & h_i \geqslant \hat{h}_i, \text{不设泵站} \\ \hat{h}_i - h_i & h_i < \hat{h}_i, \text{设置泵站} \end{cases} \tag{7.65}$$

此解表明，当管段压降足够大时（大于或等于临界压降 $\hat{h}_i$），管段上不需要设泵站（$h_{pi} = 0$），水流靠压差输送更经济；当管段压降小到一定程度时（小于临界压降 $\hat{h}_i$），管段上设泵站更经济。临界压降 $\hat{h}_i$ 是衡量管段是否设泵站的界限。将上式代入式（7.21）得：

$$h_{fi} = \begin{cases} h_i & h_i \geqslant \hat{h}_i, \text{不设泵站} \\ \hat{h}_i & h_i < \hat{h}_i, \text{设置泵站} \end{cases} \tag{7.66}$$

由管段虚流量的定义式（7.47）和式（7.32）、（7.65）可导出：

$$q_{\Phi i} = \frac{D_i^{\alpha+m}}{f q_i^n} = \begin{cases} \left(\frac{h_i}{S_{\Phi i}}\right)^{\frac{1}{n_\Phi}} & \left(\frac{h_i}{S_{\Phi i}}\right)^{\frac{1}{n_\Phi}} \leqslant P_i q_i, \text{不设泵站} \\ P_i q_i & \left(\frac{h_i}{S_{\Phi i}}\right)^{\frac{1}{n_\Phi}} > P_i q_i, \text{设置泵站} \end{cases} \tag{7.67}$$

于是可以定义：

$$\hat{q}_{\Phi i} = P_i q_i \tag{7.68}$$

$\hat{q}_{\Phi i}$ 称为管段的临界虚流量，也是管段最大虚流量，当管段虚流量达到临界值时，不允许再增加，管段虚流量为确定值，它不再随管段压降而变化。对应的管径为：

$$\hat{D}_i = (f P_i q_i^{n+1})^{\frac{1}{\alpha+m}} \tag{7.69}$$

D_i 称为管段临界直径,简称临界管径,也是最大管径,当管径大于临界管径时,应设置泵站。

当管段上设泵站时,其虚流量等于临界虚流量,为常数。因此,在对节点水头进行优化计算时,该管段虚流量系数为零,所以式(7.59)应改写为:

$$c_{\Phi i} = \begin{cases} \dfrac{1}{n_{\Phi} S_{\Phi i} q_{\Phi i}^{n_{\Phi}-1}} = \dfrac{q_{\Phi i}}{n_{\Phi} h_i} & h_i \geqslant \hat{h}_i, \text{不设泵站} \\ 0 & h_i < \hat{h}_i, \text{设置泵站} \end{cases} \quad i=1,2,\cdots,M \quad (7.70)$$

另外,再定义节点虚流量系数为:

$$C_{\Phi j} = \sum_{i \in S_j} c_{\Phi i} \quad j=1,2,\cdots,N \quad (7.71)$$

根据以上分析,可得到如下节点水头优化算法:

1)用式(7.53)、(7.64)计算出各管段虚阻系数 $S_{\Phi i}$ 和临界压降 $\hat{h}_i$;

2)拟定各节点水头初值:对于管网起端节点,令 $H_j^{(0)} = H_{\max j}$,对于末端节点,令 $H_j^{(0)} = H_{\min j}$,其他节点应使 $H_{\min j} \leqslant H_j^{(0)} \leqslant H_{\max j}$;

3)用式(7.65)判断各管段上是否需要设置泵站;

4)用式(7.67)计算各管段虚流量 $q_{\Phi i}^{(0)}$;

5)用式(7.55)计算各节点虚流量 $Q_{\Phi j}^{(0)}$;

6)对于各节点,按式(7.61)判断是否满足最优性条件,对于不满足的节点,按式(7.58)计算节点水头增量,并按式(7.60)调整节点水头,然后转3)重复计算,若所有节点均满足式(7.61)的最优性条件,则节点水头优化计算完成,转下步;

7)按式(7.51)和(7.65)分别计算各管段最优直径和泵站最优扬程。计算完毕。

【例7.4】 某给水管网如图7.6所示,[1]、[5]号管段上可考虑设置泵站,有关设计参数为:$n=2.0$,$k=0.00174$,$m=5.333$,$b=3072$,$\alpha=1.53$,$T=15$,$p=2.5$,$E_1=0.6$,$E_5=0.6$,$\gamma_1=0.4$,$\gamma_5=0.28$,$\eta_1=0.65$,$\eta_5=0.6$。各管段长度及设计流量分配如图7.6中标注,各节点允许最大与最小水头如表7.4所列,所有量的单位均如前述各式,节点虚流量允许误差取100,试通过优化计算确定各管段直径,并判断[1]、[5]管段上是否应设置泵站,若应设泵站,其扬程是多少?

某给水管网节点允许水头 表7.4

节点编号	(1)	(2)	(3)	(4)	(5)
最小允许水头(m)	—	58.00	55.00	53.00	60.00
最大允许水头(m)	20.00	—	—	—	—

图 7.6　节点水头优化计算

【解】　由式（7.13），计算各泵站经济指标如下：

$$P_1 = \frac{86000 \gamma_1 E_1}{\eta_1} = \frac{86000 \times 0.4 \times 0.6}{0.65} = 31754$$

$$P_5 = \frac{86000 \gamma_5 E_5}{\eta_5} = \frac{86000 \times 0.28 \times 0.6}{0.60} = 24080$$

由式（7.50）、（7.52）计算经济因素和虚指数如下：

$$f = \frac{mk}{\left(\dfrac{1}{T} + \dfrac{p}{100}\right) b\alpha} = \frac{5.333 \times 0.00174}{\left(\dfrac{1}{15} + \dfrac{2.5}{100}\right) \times 3072 \times 1.50} = 0.00002154$$

$$n_\Phi = -\frac{m}{\alpha + m} = -\frac{5.333}{1.53 + 5.333} = -0.777$$

由式（7.53）、（7.64）计算各管段虚阻系数和临界压降如下：

$$S_{\Phi 1} = k f^{n_\Phi} q_1^{\frac{n\alpha}{m+\alpha}} l_1 = 0.00174 \times 0.00002154^{-0.777} \times 0.2^{\frac{2.0 \times 1.53}{5.333 + 1.53}} \times 800 = 2870$$

$$h_1^* = S_{\Phi 1}(P_1 q_1)^{n_\Phi} = 2870 \times (31754 \times 0.2)^{-0.777} = 3.18$$

其余各管段虚阻系数和临界压降计算方法相同，见表 7.5（不考虑设置泵站的管段，不必计算临界压降，因为计算临界压降的目的就是为了判断是否设泵站）。

在开始优化计算之前，先假定和节点水头，其中节点（1）管网起点，虚流量必为负，节点水头取最大值，节点（5）为管网终点，虚流量必为正，节点水头取最小值，其余节点水头近似估计，见表 7.5 第 7 列。

节点水头优化计算过程见表 7.5 所列，其中管段虚流量、节点虚流量、管段虚流量系数、节点虚流量系数、节点水头增量等的计算分别采用式（7.67）、（7.55）、（7.70）、（7.71）和（7.58）。

最后用式（7.51）计算最优管段直径，用式（7.65）计算最优泵站扬程，见表 7.6。

某给水管网优化计算表　　　　　　　　　　表 7.5

节点	H_{max} H_{min}	管段	s_Φ	$\bar{h}$	P_q	第I次优化 h/H	q_Φ/Q_Φ	c_Φ/C_Φ	第II次优化 h/H	q_Φ/Q_Φ	c_Φ/C_Φ	第III次优化 h/H	q_Φ/Q_Φ	c_Φ/C_Φ	优化结果 h/H	q_Φ/Q_Φ
1	20.00					20.00			20.00			20.00			20.00	
2	∞ 58.00	1-2	2870	3.18	6350	40.00	−6350	0	40.75	−6350	0	39.99	−6350	0	39.97	−6350
		2-3	2634	/	/	4.00	4241	1060	5.75	2659	462	4.99	3191	639	4.97	3207
		2-4	1908	/	/	2.50	5128	2051	3.86	2932	760	3.67	3129	853	3.76	3033
						60.00	−3019	3111	60.75	759	1222	59.99	30	1492	59.97	110
		$\Delta H=\dfrac{-0.777\times(-3019)}{3111}=0.75$							$\Delta H=-0.76$			$\Delta H=-0.02$			/	
3	∞ 55.00	2-3	2634	/	/	−4.00	−4241	1060	−5.75	−2659		−4.99	−3191		−4.97	−3207
		4-3	616	/	/	−1.50	−2310	1540	−1.89	−1715		−1.32	−2723		−1.21	−3045
		3-5	4493	13.97	1686	−4.00	1686	0	−5.00	1686		−5.00	1686		−5.00	1686
						56.00	4865	2600	55.00	2688		55.00	4228		55.00	4566
		$\Delta H=\dfrac{-0.777\times4865}{2600}=-1.45$							/			/			/	
4	∞ 53.00	2-4	1908	/	/	−2.50	−5128	2051	−3.86	−2932	760	−3.67	−3129	853	−3.76	−3033
		4-3	616	/	/	1.50	2310	1540	1.89	1715	907	1.32	2723	2063	1.21	3045
						57.50	2818	3591	56.89	1217	1667	56.32	406	2916	56.21	−12
		$\Delta H=\dfrac{-0.777\times2818}{3591}=-0.61$							$\Delta H=-0.57$			$\Delta H=-0.11$			/	
5	60.00					60.00			60.00			60.00			60.00	

最优管径与泵站扬程计算　　　　　　　　　　表 7.6

管段编号	[1]	[2]	[3]	[4]	[5]
最优管段直径（m）	0.468	0.346	0.322	0.242	0.284
最优泵站扬程（m）	43.15	/	/	/	18.97

7.3.4 对节点水头优化解的几点讨论

(1) 虚流量的分布规律

经优化后，一般管网中大多数节点满足 $Q_{\Phi j}=0(|Q_{\Phi j}|<\varepsilon)$ 且 $H_{min j}<H_j<H_{max j}$ 的条件，少数节点满足 $Q_{\Phi j}>0$ 且 $H_j=H_{min j}$ 或者 $Q_{\Phi j}<0$ 且 $H_j=H_{max j}$ 的条件，宏观地看，虚流量从管网的若干节点注入（$Q_{\Phi i}<0$），经过各管段与设计流量同向流动，最后汇流到若干节点流出（$Q_{\Phi j}>0$）。

对于任何管网，所有节点虚流量之总和必为零，即：

$$\sum_{j=1}^{N}Q_{\Phi j}=0 \qquad\qquad (7.72)$$

(2) 上控制点

经优化后，$Q_{\Phi j}<0$ 且 $H_j=H_{max j}$ 的节点称为上控制点，因为这些节点水头进一

步提高还可以使管网年费用折算值降低，但节点水头受到了上限约束（控制），技术上不允许再提高了。

上控制点是管网虚流量的源头，一般为水库或水塔等所在节点，显然它们的位置（水头）越高，泵站扬程越低。管段直径也可越低，所以年费用折算值越低。

但是提高水库的高程意味着提高一级泵站扬程和水厂地面高程，提高水塔高程意味着提高非设计工况（最大转输时）泵站的扬程，这些做法带来的经济代价在优化目标函数（年费用折算值）中没有考虑，实际上并不经济，只能用约束条件 $H_j \leqslant H_{maxj}$ 来控制。

（3）下控制点

经优化后，$Q_{\Phi j} > 0$ 且 $H_j = H_{minj}$ 的节点称为下控制点。因为这些节点水头进一步降低还可以使管网年费用折算值降低，但节点水头受到了下限约束（控制），技术上不允许再下降了。

下控制点是管网虚流量的目的地，一般为离水源较远或地势较高的用户用水节点，它们的水头越低，则泵站扬程和管段直径越小，所以年费用折算值越低，但用户有用水压力要求（$H_j > H_{minj}$），节点水头不能再低了。

7.4　输水管线优化设计计算

7.4.1　压力输水管

输水管线由多条管段串联组成，中间没有分支但允许有出流。假设压力输水管由 N 个节点和 $N-1$ 条管段组成，泵站设于管段 [1] 上，如图 7.7 所示。

图 7.7　压力输水管线示意图

输水管线的主要功能输水，沿途虽然有出流，但不考虑直接供应用户，因此不考虑中间节点的压力要求，其优化设计的特点是：输水管线的起点为上控制点，终点为下控制点，中间各节点均非控制点，它们的虚流量为零，这意味着所有管段虚流量相等，即：

$$q_{\Phi 1} = q_{\Phi 2} = q_{\Phi 3} = \cdots\cdots = q_{\Phi N-1} = q_{\Phi} \tag{7.73}$$

对于压力输水管，因为在第一条管段上设有泵站，泵站单位费率记为 P，则管段输流量为：

$$q_{\Phi} = Pq_1 = PQ \tag{7.74}$$

代入式（7.51）得各管段最优直径为：

$$D_i = (fq_{\Phi i}q_i^n)^{\frac{1}{a+m}} = (fPQq_i^n)^{\frac{1}{a+m}} \tag{7.75}$$

【例7.5】 某压力输水管由3段组成，第一段上设有泵站，设计流量为160L/s，第二、三段设计流量分别为140L/s和50L/s，有关经济指标为：$b=2105$，$a=1.02$，$T=15$，$p=2.5$，$E=0.6$，$\gamma=0.55$，$\eta=0.7$，$n=1.852$，$k=0.00177$，$m=4.87$。试确定各段管径。

【解】 由前各式：

$$P = \frac{86000\gamma E}{\eta_1} = \frac{86000 \times 0.55 \times 0.6}{0.7} = 40540$$

$$f = \frac{mk}{\left(\frac{1}{T} + \frac{p}{100}\right)ba} = \frac{4.87 \times 0.00177}{\left(\frac{1}{15} + \frac{2.5}{100}\right) \times 2105 \times 1.02} = 0.00004380$$

$$\frac{1}{a+m} = \frac{1}{1.02 + 4.87} = 0.17$$

$$fPQ = 0.0000438 \times 40540 \times 0.16 = 0.284$$

代入式（7.64）得：

$$D_1 = (fPQq_i^n)^{\frac{1}{a+m}} = (0.284 \times 0.16^{1.852})^{0.17} = 0.453，选用500mm管径；$$

$$D_2 = (fPQq_i^n)^{\frac{1}{a+m}} = (0.284 \times 0.14^{1.852})^{0.17} = 0.435，选用400mm管径；$$

$$D_3 = (fPQq_i^n)^{\frac{1}{a+m}} = (0.284 \times 0.05^{1.852})^{0.17} = 0.314，选用300mm管径。$$

7.4.2 重力输水管

重力输水管，如图7.8所示，其输水动力来自起点和终点的水头差，记为$\Delta H = H_1 - H_N$。

图7.8 重力输水管示意图

与压力输水管一样，重力输水管各管段虚流量也应相等，但计算方法不同。根据能量方程有：

$$\sum_{i=1}^{N-1} h_i = \sum_{i=1}^{N-1} S_{\Phi i}q_{\Phi i}^{n_\Phi} = q_\Phi^{n_\Phi} \sum_{i=1}^{N-1} S_{\Phi i} = \Delta H \tag{7.76}$$

$$q_\Phi = \left(\Delta H \bigg/ \sum_{i=1}^{N-1} S_{\Phi i} \right)^{\frac{1}{n_\Phi}} \tag{7.77}$$

将式 (7.51) 代入式 (7.77)，得各管段最优直径为：

$$D_i = (fq_{\Phi i}q_1^n)^{\frac{1}{\alpha+m}} = \left(\frac{k}{\Delta H}\sum_{i=1}^{N-1}q^{\frac{n\alpha}{\alpha+m}}l_i\right)^{\frac{1}{m}}q_i^{\frac{n}{\alpha+m}} \tag{7.78}$$

【例 7.6】 仍用前例数据，若改用重力输水，管段长度分别为：$l_1=1660$m，$l_2=2120$m，$l_3=1350$m，输水两端水头差为 18.5m，试确定各管段直径。

【解】 计算过程如下：

$$\frac{n\alpha}{\alpha+m} = \frac{1.852\times1.02}{1.02+4.87} = 0.32$$

$$\frac{n}{\alpha+m} = \frac{1.852}{1.02+4.87} = 0.31$$

$$\left(\frac{k}{\Delta H}\sum_{i=1}^{N-1}q^{\frac{n\alpha}{\alpha+m}}l_i\right)^{\frac{1}{m}} = \left[\frac{0.00177}{18.5}\times(0.16^{0.32}\times1660 + 0.14^{0.32}\times2120\right.$$
$$\left. + 0.05^{0.32}\times1350)\right]^{\frac{1}{4.87}} = 0.75$$

$$D_1 = \left(\frac{k}{\Delta H}\sum_{i=1}^{N-1}q^{\frac{n\alpha}{\alpha+m}}l_i\right)^{\frac{1}{m}}q_1^{\frac{n}{\alpha+m}} = 0.75\times0.16^{0.31} = 0.425,\text{取 400mm；}$$

$$D_2 = 0.75\times0.14^{0.31} = 0.408,\text{取 400mm；}$$

$$D_3 = 0.75\times0.05^{0.31} = 0.296,\text{取 300mm。}$$

验证：

$$\Delta H = \sum_{i=1}^{N-1}\left(\frac{kq_i^n}{D_i^m}l_i\right)$$
$$= 0.00177\times\left(\frac{0.16^{1.852}}{0.4^{4.87}}\times1660 + \frac{0.14^{1.852}}{0.4^{4.87}}\times2120 + \frac{0.05^{1.852}}{0.3^{4.87}}\times1350\right)$$
$$= 20.4$$

显然不满足要求，改 $D_1=500$mm（如果有 450mm 标准管径，也可以用），则：

$$\Delta H = 0.00177\times\left(\frac{0.16^{1.852}}{0.5^{4.87}}\times1660 + \frac{0.14^{1.852}}{0.4^{4.87}}\times2120 + \frac{0.05^{1.852}}{0.3^{4.87}}\times1350\right)$$
$$= 14.7 < 18.5$$

满足要求。

7.5 近似优化计算

在前述给水管网优化设计中，无论是设计流量分配的优化还是节点水头的优化，都采用了一些假设和简化处理，计算所得最优管径往往也不是标准管径，所以严格意义上的最优化实际上是不可能的。为了减轻人工计算工作量，在工程中可以采取一些近似的方法，只要运用优化设计的一些理论指导，方法使用得当，还是可以保证一定精度的。

7.5.1 管段设计流量的近似优化分配

实践表明，管段设计流量分配对整个系统优化的经济性影响是不显著的，主要是影响系统供水安全性。在工程设计中，依靠人工经验进行管段设计流量分配是可行的，但要注意遵守以下原则：

1）对于多条平行主干管，设计流量相差不要太大（如不超过 25%），以便在事故时可以相互备用。

2）要保证与主干管垂直的连通管上有一定的流量（如不少于主干管流量的 50%），以保证在事故时沟通主干管的能力，但连通管的设计流量也不应过大（如不大于主干管流量的 75%）。

3）尽量做到主要设计流量以较短的路线流向大用户和主要供水区域，多水源管网应首先确定各水源设计供水流量，然后根据设计供水流量拟定各水源大致供水范围并划出供水分界线。

4）多水源或对置水塔管网中，各水源及对置水塔之间至少应有一条有较大过流能力的通路，以便于水源之间供水量的相互调剂及低峰用水时向水塔输水。

5）一般情况下，要保证节点流量连续性条件满足，当设计流量初步分配完成后，可以采取施加环流量（或回路流量）的办法调整分配方案。特殊情况下可以不遵守节点流量连续性方程，如在多水源或有对置水塔的系统中，在各水源或水塔供水的分界线附近可以适当加大设计流量，而不必满足节点流量连续性条件。这种做法实际上考虑了多工况的条件。

6）要避免出现设计流量特别小的管段和明显不合理的管段流向。

7.5.2 管段虚流量的近似分配

在管段设计流量分配完成后，近似分配管段虚流量，就是近似确定设计管径。因为：

$$D_i = (fq_{\Phi i}q_i^n)^{\frac{1}{\alpha+m}} \qquad i = 1, 2, \cdots, M \qquad (7.51)$$

根据设计流量直接确定管径往往是困难的，只有动力输水管比较简单。然而，先估计管段虚流量却有一些原则可以遵循，遵循这些原则确定管段虚流量后用式（7.51）计算所得管径是有经济意义的。

1）首先确定需要设泵站的管段，这些管段的虚流量为 $q_{\Phi i} = P_i q_i$；

2）与水塔相连的输水管，其虚流量亦可按 $q_{\Phi i} = P_i q_i$ 估算，其中 P_i 取各泵站的最大值；

3）管网中间的节点一般不是控制点，所以 $Q_{\Phi j} = 0$，即不考虑虚流量流出。

4）管段虚流量的方向与设计流量的方向保持一致。

5）对于多条管段虚流量流入或流出节点，它们的虚流量分配比例可以参考其设计流量的比例。

6）虚流量只能从那些可能成为下控制点的节点流出，一般而言，用水量越大或用水压力要求越高，从节点流出的虚流量越大，反之则从节点流出的虚流量越小。在虚流量初步分配完后，要对所有下控制点流出的虚流量横向比较一下，若有明显不合理，则要加以调整。

【例 7.7】   某给水管网如图 7.9 所示，管段长度与设计流量分配标于图中，有关参数为：$n=2.0$，$k=0.00174$，$m=5.333$，$b=3072$，$\alpha=1.53$，$f=0.00002154$，$P_{13}=31800$，试进行虚流量近似分配，并据分配结果确定设计管径。

图 7.9   管网虚流量近似分配

【解】   首先计算管段 [13] 的虚流量：
$$q_{\Phi13} = (P_{13}q_{13}) \times 2 = (31800 \times 0.1277) \times 2 = 4060 \times 2$$

节点（9）为控制点，所有虚流量从节点（10）流入，从节点（9）流出，其余节点虚流量为零，管段虚流按管段设计流量比例进行近似分配，见图 7.10。

图 7.10   管网虚流量近似分配计算

在近似分配管段虚流后，按式（7.51）计算最优管径：

$$D_{13} = (fg_{\Phi 13}q_{13}^n)^{\frac{1}{a+m}} = (0.00002154 \times 4060 \times 0.1277^2)^{\frac{1}{1.53+5.333}} = 0.385 \quad (\text{m})$$

其余最优管段直径计算结果标于图 7.10 中。

7.5.3 输水管经济流速

根据计算经验，管段虚流量对管径的影响并不显著，一般当虚流量增加 100% 时，计算管径只增加 10% 左右，即使虚流量增加 300%，计算管径也只增加 22% 左右，考虑到选取标准管径，所以虚流分配对最终确定的管径几乎没有影响，特别是对于中小型管网更是如此。因此，可以采取更简单的方法确定管段直径。

对于设泵站加压的输水管，或离输水管较近的管网管段，其虚流量应为 $q_{\Phi i} = P_i q_i$，计算很简单，对于管网中的其他管段，可以近似地按输水管的虚流量确定管径，即：

$$D_i = (fg_{\Phi i}q_i^n)^{\frac{1}{a+m}} \approx (fP_i q_i^{n+1})^{\frac{1}{a+m}} \quad i = 1, 2, \Lambda, M \tag{7.79}$$

考虑到设计人员一般习惯于用流速确定管径，因此可以将上式转换为求流速的形式：

$$v = \frac{4q}{\pi D^2} \approx \frac{4}{\pi}(fP)^{-\frac{2}{a+m}}q^{\frac{a+m-2n-2}{a+m}} \quad (\text{m/s}) \tag{7.80}$$

此式求出的是输水管经济流速，根据前述，也可以用于管网中管段的直径设计。

用我国现行经济指标的平均情况计算，可得表 7.7，供设计参考。

输水管经济流速（m/s） 表 7.7

管材	电 价 [元/ (kW·h)]	设计流量 (L/s)											
		10	25	50	100	200	300	400	500	750	1000	1500	2000
球墨铸铁管	0.4	0.99	1.09	1.18	1.27	1.37	1.43	1.48	1.51	1.58	1.63	1.71	1.76
	0.6	0.87	0.97	1.04	1.13	1.22	1.27	1.31	1.35	1.41	1.45	1.52	1.57
	0.8	0.80	0.89	0.96	1.04	1.12	1.17	1.21	1.24	1.29	1.33	1.40	1.44
	1.0	0.75	0.83	0.90	0.97	1.05	1.09	1.13	1.16	1.21	1.25	1.31	1.35
铸铁管	0.4	0.95	1.05	1.14	1.23	1.33	1.38	1.45	1.48	1.55	1.61	1.68	1.74
	0.6	0.84	0.93	1.01	1.10	1.19	1.24	1.28	1.32	1.38	1.43	1.50	1.55
	0.8	0.77	0.86	0.93	1.01	1.09	1.14	1.18	1.21	1.27	1.31	1.38	1.42
	1.0	0.72	0.80	0.87	0.94	1.02	1.07	1.11	1.14	1.19	1.23	1.29	1.33
钢筋混凝土管	0.4	1.23	1.29	1.33	1.38	1.43	1.46	1.48	1.50	1.53	1.55	1.58	1.60
	0.6	1.08	1.13	1.17	1.21	1.26	1.28	1.30	1.32	1.34	1.36	1.39	1.41
	0.8	0.99	1.03	1.07	1.11	1.15	1.17	1.19	1.20	1.23	1.24	1.27	1.29
	1.0	0.92	0.96	1.00	1.03	1.07	1.09	1.11	1.12	1.14	1.16	1.18	1.20

7.5.4 管径标准化

通过优化计算所得最优管径是无法在工程中采用的，因为市售标准管径只有若干个规格，在我国一般为 100、150、200、250、300、350、400（mm）等规格，各地区可能还略有不同。最优管径往往介于两档标准管径之间，只能向上靠采用大一号或向下靠采用小一号的标准管径，具体根据经济性决定，即看采用哪一档标准管径更经济。

因为管网中的管段在水力上是相互联系的，改变某管段直径也将影响到其他管段最优直径和泵站扬程，这样问题就复杂化了。为此，我们做出两点假定：

1）假设管段上设有泵站（无论实际上是否设有泵站），管径改变所造成的水头损失的变化由泵站的扬程弥补，这样，管径的变化就不致引起管段两端节点水头变化，从而不致影响系统中其他管段；

2）假设泵站的扬程的变化所造成管网年费用折算值的变化等同于真实泵站，即：

$$\Delta m_{2i} = P_i q_i \Delta h_{pi} = q_{\Phi i} \Delta h_{pi} = \frac{D_i^{\alpha+m}}{f q_i^n} \Delta h_{pi}$$

设最优管径 D_i 介于标准管径 $\hat{D}_1$ 和 $\hat{D}_2$ 之间（$\hat{D}_1 < D_i < \hat{D}_2$），若采用标准管径 $\hat{D}_1$，根据以上假设，管网年费用折算值改变量为：

$$\Delta w'_i = \left(\frac{1}{T} + \frac{p}{100} \right) \left[(a + b\hat{D}_1^\alpha) - (a + bD_i^\alpha) \right] l_i + \frac{D_i^{\alpha+m}}{f q_i^n} \Delta h_{pi}$$

$$= \left(\frac{1}{T} + \frac{p}{100} \right) b(\hat{D}_1^\alpha - D_i^\alpha) l_i + \frac{D_i^{\alpha+m}}{f q_i^n} k k q_i^n (\hat{D}_1^{-m} - D_i^{-m}) l_i$$

同理，若采用标准管径 $\hat{D}_2$，管网年费用折算值改变量为：

$$\Delta w''_i = \left(\frac{1}{T} + \frac{p}{100} \right) b(\hat{D}_2^\alpha - D_i^\alpha) l_i + \frac{D_i^{\alpha+m}}{f q_i^n} k k q_i^n (\hat{D}_2^{-m} - D_i^{-m}) l_i$$

根据经济性原则，若 $\Delta w'_i < \Delta w''_i$，则应采用标准管径 $\hat{D}_1$，若 $\Delta w''_i = \Delta w'_i$，则应采用标准管径 $\hat{D}_2$，若 $\Delta w'_i = \Delta w''_i$，则可以任选 $\hat{D}_1$ 或 $\hat{D}_2$，这是一个分界线，我们称此时对应的管径为界限管径，记为 D^*。为求得界限管径，令 $\Delta w'_i = \Delta w''_i$、$D_i = D^*$，由前式推导可得：

$$D^* = \left(\frac{m}{\alpha} \frac{\hat{D}_2^\alpha - \hat{D}_1^\alpha}{\hat{D}_1^{-m} - \hat{D}_2^{-m}} \right)^{\frac{1}{\alpha+m}} \tag{7.81}$$

一般情况下，设 $\alpha = 1.65 \sim 1.85$、$m = 4.87 \sim 5.33$，所计算出的界限管径基本相同，可列出标准管径选用界限表 7.8。该表在各地区可以通用。

标准管径选用界限表   表 7.8

标准管径 (mm)	界限管径 (mm)	标准管径 (mm)	界限管径 (mm)	标准管径 (mm)	界限管径 (mm)
100	～120	350	328～373	700	646～746
150	120～171	400	373～423	800	746～847
200	171～222	450	423～474	900	847～947
250	222～272	500	474～545	1000	947～1090
300	272～328	600	545～646	1200	1090～

【例 7.8】 根据例 7.8 的计算结果，为各管段确定标准管径。

【解】 根据图 7.10 中标注的计算管径，查表 7.7，得各管段标准管径，见表 7.9。

标准管径选用表   表 7.9

管段编号	1	2	3	4	5	6	7	8	9	10	11	12	13
计算管径(mm)	365	244	383	219	178	246	182	278	191	184	195	168	385×2
标准管径(mm)	350	250	400	200	200	250	200	300	200	200	200	150	400×2

思 考 题

1. 给水管网优化设计的目标函数年费用折算值由哪些部分组成，它忽略了哪些费用项目？本章介绍的计算方法是静态法还是动态法？

2. 从能量变化系数的计算公式可以看出，它随着用水量变化系数的增大而减小，这是不是说明用水量变化越大，泵站的运行电费越少？为什么？

3. 在优化设计数学模型中认为每条管段上都设有泵站，这样做的目的是什么？

4. 优化设计是总费用越低越好吗？技术要求和供水可靠性等在优化设计数学模型中如何体现？

5. 为什么说，如果不考虑供水可靠性，任何管网优化的结果都会成为树状网？

6. 在已定设计流量下，管网优化问题是一个凸规划，凸规划问题的求解有何方便之处？

7. 节点虚流量和管段虚流量的物理意义是什么？它们如何随着节点水头和管段压降的变化而变化？当考虑管段设泵站时，什么时候管段虚流量主要随着其压降而变化？

8. 临界压降给出了管段设不设泵站的判断标准，你能从它的计算公式说明电价越高设泵站的可能性越小，管道造价越高设泵站的可能性越大吗？

9. 为什么说管段虚流量对管径的影响没有其实际设计流量影响大？请用其计算公式说明。

10. 为什么管网水力分析时只有一个控制点，而优化设计时则可能有多个控制点？而且水力分析时的控制点只是下控制点，而优化设计时的控制点既有下控制点，又有上控制点呢？

11. 试分析优化设计计算的节点虚流量平差算法与水力分析计算的节点流量平差算法的异同。

12. 管网中虚流量的分布规律如何？并请说明在输水管线优化设计和管网近似优化计算时是如何运用这些规律的。

习　题

1. 根据表 7.10 所给数据，试计算管道单位长度造价公式统计参数 a、b 和 α。

管　径（m）	0.30	0.35	0.40	0.45	0.50	0.60	0.70	0.80	0.90	1.0
造　价（元/m）	490.4	605.1	730.0	862.6	1004.5	1316.2	1662.8	2037.7	2442.2	2875.6

给水管道单位长度造价资料　　　　**表 7.10**

2. 某环状管网如图 7.4 所求，管段长度及初分配设计流量标于图中，试用数学模型式（7.35）进行管段设计流量近似优化计算，取 $\beta=1.75$，$\chi=0.75$，$e_{qopt}=0.1$L/s。

3. 某压力输水管起端水头为 22.50m，终端水头为 31.80m，采用双管并联输水以提高可靠性，共分为 3 段，如图 7.11 所示，第 1 段上设泵站，设计流量为 720L/s，管长为 4050m，第 2、3 段设计流量分别为 520L/s 和 350L/s，管长分别为 370m 和 290m，有关经济指标为：$b=2790$，$\alpha=1.60$，$T=15$，$p=2.8$，$E=0.75$，$\gamma=0.62$，$\eta=0.75$，$n=2.0$，$k=0.00174$，$m=5.333$。试确定各段管径和泵站扬程。

图 7.11　某压力输水管示意图

4. 某给水管网如图 7.12 所示，管段长度与设计流量分配标于图中，经分析认为，只有节点 1、9 可能分别成为上、下控制点，有关参数为：$n=2.0$，$k=0.00174$，$m=5.333$，$b=2790$，$\alpha=1.60$，$f=0.00003342$，$P_1=32200$，试进行虚流量近似分配，并据分配结果计算设计管径，并进行管径标准化。

图 7.12　某给水管网示意图

第 8 章　给水管网运行调度与水质控制

8.1　给水管网运行调度任务与系统组成

给水管网运行调度的目的是安全可靠地将符合水量、水压、水质要求的水送往每个用户，并最大限度地降低给水系统的运行成本，保证给水系统的运行安全可靠性。

大城市的给水管网往往随着用水量的增长而逐步形成多水源的给水系统，通常在管网中设有水库和加压泵站。多水源给水系统如不采取集中调度的措施，将使各方面的工作得不到协调，从而影响到经济而有效地供水。为此须有调度管理部门，称为调度室或调度中心等，及时了解整个给水系统的生产情况，采取有效的科学方法和强化措施，执行集中调度的任务。通过管网的集中调度，各水厂泵站不再只根据本厂水压的大小来启闭水泵，而是由集中调度管理部门按照管网控制点的水压确定各水厂和泵站运行水泵的台数。这样，既能保证管网所需的水压，且可避免因管网水压过高而浪费能量。通过调度管理，可以改善运转效果，降低供水的耗电量和生产运行成本。

调度管理部门是整个管网也是整个给水系统的管理中心，不仅要照顾日常的运转管理，还要在管网发生事故时，立即采取措施。要做好调度工作，必须熟悉各水厂和泵站中的设备，掌握管网的特点，了解用户的用水情况，才能发挥应有的作用。

目前，国内大多数城市给水管网系统仍采用传统的人工经验调度的方式，主要依据为区域水压分布，利用增加或减少水泵开启的台数，使管网中各区域水的压力能保持在设定的服务压力范围之内。随着现代科学技术的快速发展，仅凭人工经验调度已不能符合现代化管理的要求。先进的调度管理应充分利用计算机信息化和自动控制技术，包括管网地理信息系统（GIS）、管网压力、流量及水质的遥测和遥讯系统等,通过计算机数据库管理系统和管网水力及水质动态模拟软件，实现给水管网的程序逻辑控制和运行调度管理。给水系统的中心调度机构须有遥控、遥测、遥讯等成套设备，以便统一调度各水厂的水泵，保持整个系统水量和水压的动态平衡。对管网中有代表性的测压点及测流点进行水压和流量遥测，对所有水库和水塔进行水位遥测，对各水厂的出厂管进行流量遥测。对所有泵站和主要阀门进行遥控。对泵站的电压、电流和运转情况进行遥讯。根据传示的情况，发出调度指令。

我国许多供水公司可在调度室内对各测点的工艺参数集中检测，并用数字显示、连续监测和自动记录，还可发现和记录事故情况。采用这种装置后，取得以下效果：

1）在调度室内能连续监测各种参数，使能合理进行调度；

2）检测速度很快，几秒钟内即可发出警报，以便迅速采取措施，避免发生事故；

3）能代替值班人员抄表和检查设备，为自动操作创造条件。

我国不少城市的水厂已建立城市供水的数据采集和监控系统，即 SCADA 系统，在此基础上，通过在线的、离线的数据分析和处理系统和水量预测预报系统等，逐渐向优化调度的方向发展。

8.1.1 给水管网运行调度任务

现代化城镇的给水管网运行调度应全面考虑保持管网的水压和水质、降低漏水损失和节省运行费用等因素，不仅要控制水泵开启的台数，还要控制水泵（包括加压泵站的水泵）、水池、水塔、阀门等的协调运行，并且能够有效地监视、预报和处理事故。实现水泵调速和综合考虑水源与制水成本等以实现全局优化调度是给水工程中最新的研究课题。

给水管网运行调度的第一目标是在保证管网中各区域供水压力应不小于规定的供水压力条件下，应尽量节省输水的能量消耗，在多水源给水系统中，还考虑水资源和制水成本的节省。这样的调度方式实际上是管网压力优化调度。将每 $1000m^3$ 的水提升 $1m$ 扬程的理论有效耗电量是 $2.73kWh$，一般城市给水系统从取水水源开始到供水至用户，对水的总提升高度约为 $70\sim80m$ 左右，按照水泵平均工作效率 85% 计算，城市供水系统每 $1000\ m^3$ 供水的水泵加压耗电量约为 $250kWh$ 左右。我国的统计数据表明，在供水区域内的地形标高相差不悬殊的城镇中，每向用户输送 $1000m^3$ 水的平均电能总耗量为 $300kWh$ 左右，其中包括制水工艺过程和生产管理的用电量。因此，在满足供水服务压力的前提下，最大限度地降低管网节点水头，可有效节约电能。为了节省管网供水的电能耗量，供水部门一般根据管网中设置的测压点的压力变化，总结水泵或水池的运行调度经验，并根据管网压力分布的变化，调度水泵或水池的运行状态。为此，在供水范围内，按地区高程或距离进行分区供水，可使全部管网区域内服务压力相对均匀，取得明显的节电效果。

给水管网水质控制是给水管网运行调度的一项新内容，越来越受到重视，已成为管网运行调度的重要内容。我国新颁布的《生活饮用水水质卫生规范》大大提高了生活饮用水水质要求，而且规定要检验管网水质，这使得通过运行调度手段来保证管网水质变得非常必要。给水管网水质保护和控制的主要对象是管道中水的物理、化学变化过程和水的流经时间，在管网中安装小型净化与消毒设备和控制管道中水流速度，保证管网水质稳定和安全。

当管网服务区域内出现意外事件时，例如发生火灾、管道损坏、管网水质突发性污染、阀门等设备失控等，运行调度应及时通过水泵、阀门等的控制及时改变部分区域的水压，或隔离事故区域，或启动水质净化或消毒等设备。

现代给水管网调度系统越来越多地采用四项基础技术：计算机技术（Computer）、通讯技术（Communication）、控制技术（Control）和传感技术（Sensor），简称 3C＋S 技术，也统称为信息与控制技术。而建立在这些基础技术之上的应用技术包括：管网模拟、动态仿真、优化调度、实时控制和智能决策等，正在逐步得到应用。虽然这些技术及其应用目前还存在不少缺陷，但理论和应用研究正在不断深入。随着我国供水企业技术资料的积累和完善，管理机制的改革，管理水平的提高，应用条件将逐步具备，应用水平将不断提高，应用效益也会逐渐明显地体现出来。

根据技术应用的深度和系统完善程度，可以将管网运行调度系统分为如下三个发展阶段：

1）人工经验调度；

2）计算机辅助优化调度；

3）全自动优化调度与控制。

管网调度系统发展的方向是：实现调度与控制的优化、自动化和智能化；实现与水厂过程控制系统、供水企业管理系统的一体化进程。

8.1.2 给水管网调度系统组成

管网调度系统由硬件系统和软件系统组成，如图 8.1 所示。

可分为以下组成部分：

1）数据采集与通讯网络系统。包括：检测水压、流量、水质等参数的传感器、变送器；信号隔离、转换、现场显示、防雷、抗干扰等设备；数据传输（有线或无线）设备与通讯网络；数据处理、集中显示、记录、打印等软硬件设备。通讯网络应与水厂过程控制系统、供水企业生产调度中心等联通，并建立统一的接口标准与通讯协议。

2）数据库系统。是调度系统的数据中心，与其他三部分具有紧密的数据联系，具有规范的数据格式（数据格式不统一时要配置接口软件或硬件）和完善的数据管理功能。一般包括：地理信息系统（GIS），存放和处理管网系统所在地区的地形、建筑、地下管线等的图形数据；管网模型数据，存放和处理管网图及其构造和水力属性数据；实时状态数据，如各检测点的压力、流量、水质等数据，包括

图 8.1　给水管网调度系统组成框图

从水厂过程控制系统获得的水厂运行状态数据；调度决策数据，包括决策标准数据（如控制压力、水质等）、决策依据数据、计算中间数据（如用水量预测数据）、决策指令数据等；管理数据，即通过与供水企业管理系统接口获得的用水抄表、收费、管网维护、故障处理、生产核算成本等数据。

　　3）调度决策系统。是系统的指挥中心，又分为生产调度决策系统和事故处理系统。生产调度决策系统具有系统仿真、状态预测、优化等功能；事故处理系统则具有事件预警、侦测、报警、损失预估及最小化、状态恢复等功能，通常包括爆管事故处理和火灾事故处理两个基本模块。

　　4）调度执行系统。由各种执行设备或智能控制设备组成，可以分为开关执行系统和调节执行系统。开关执行系统控制设备的开关、启停等，如控制阀门的开闭、水泵机组的启停、消毒设备的运停等；调节执行系统控制阀门的开度、电机转速、消毒剂投量等，有开环调节和闭环调节两种形式。调度执行系统的核心是供水泵站控制系统，多数情况下，它也是水厂过程控制系统的组成部分。

　　以上划分是根据管网调度系统的功能和逻辑关系进行的，有些部分为硬件，有些则为软件，还有一些既包括硬件也包括软件。初期建设的调度系统不一定包括上述所有部分，根据情况，有些功能被简化或省略，有时不同部分可能共用软件或硬件，如用一台计算机进行调度决策兼数据库管理等。

8.2　给水管网调度 SCADA 系统

SCADA 是集成化的数据采集与监控系统（Supervisory Control and Data

Acquisition)，又称计算机四遥，指遥测（Telemetering）、遥控（Telecontrol）、遥讯（Telesingal）、遥调（Teleadjusting）技术，在给水管网调度系统中得到了广泛的应用，取得了良好的经济效益与社会效益。它建立在 3C＋S 技术基础上，与地理信息系统（GIS）、管网模拟仿真系统、优化调度等软件配合，可以组成完善的管网调度管理系统。

8.2.1　给水管网调度 SCADA 组成

现代 SCADA 系统不但具有调度和过程自动化的功能，也具有管理信息化的功能，而且向着决策智能化方向发展。现代 SCADA 系统一般采用多层体系结构，一般可以分 3～4 层，如图 8.2 所示。

图 8.2　现代 SCADA 系统组成示意图

1) 设备层：包括传感检测仪表、控制执行设备和人机接口等。设备层的设备安装于生产控制现场，直接与生产设备和操作工人相联系，是生产状态与数据的直接感知者，是调度与控制的最终实施者，还负责现场指示、显示与操作。在现代 SCADA 系统中，设备层也在逐步走向智能化和网络化。

管网调度 SCADA 系统的设备层具有分散程度高的特点，往往需要使用一些自带通讯接口的智能化检测与执行设备。

2) 控制层：负责调度与控制指令的实施。控制层向下与设备层联接，接受设备层提供的工业过程状态信息，向设备层给出执行指令。对于具有一定规模的

SCADA 系统，控制层往往设有多个控制站（又称控制器或下位机），控制站之间联成控制网络，可以实现数据交换。控制层是 SCADA 系统可靠性的主要保证者，每个控制站应做到可以独立运行，至少可以保证生产过程不中断。

管网调度 SCADA 系统的控制层一般由可编程控制器（PLC）或远方终端（RTU）组成，有些控制站又属于水厂过程控制系统的组成部分。

3）调度层：实现监控系统的监视与调度决策。调度层往往是由多台计算机（微机或工作站）联成的局域网组成，一般分为监控站、维护站（工程师站）、决策站（调度站）、数据站（服务器）等。其中监控站向下联接多个控制站，调度层各站可以通过局域网透明地使用各控制站的数据与画面；维护站可以实时地修改各监控站及控制层的数据与程序；决策站可以实现和监控站的整体优化和宏观决策（如调度指令、领导指示）等；数据站可以与信息层共用计算机或服务器，也可以设专用服务器。

管网调度 SCADA 系统的调度层可以与水厂过程控制系统的监控层合并建设。

4）信息层：提供全球范围信息服务与资源共享，包括与供水企业内部网络共享管理信息和水厂过程控制信息。信息层一般以广域网（如国际互联网）作为信息载体，使得一个 SCADA 系统的所有信息可以发布到全世界任何地方，也可以从全世界任何地方进行远程调度与维护。也可以说，全世界信息系统、控制系统可以联成一个网。这是现代 SCADA 系统发展的大趋势。

某管网调度 SCADA 系统组成如图 8.3 所示。

图 8.3　某管网调度 SCADA 系统组成示意

8.2.2 给水管网调度 SCADA 技术基础

SCADA 系统应用的不断普及，得益于其基础技术 3C＋S（Computer、Communication、Control、Sensor）近年来的快速发展，全面了解这些技术的发展，有利于 SCADA 系统应用水平的提高。

（1）计算机（Computer）技术

近些年来，计算机技术飞速发展，强大的硬件平台、不断更新的视窗操作系统支持着庞大的网络运行，可以处理大型的控制和信息处理任务。功能强大的计算机系统平台，使计算机得到了广泛的应用，更为构建高功能的 SCADA 系统创造了条件。

在 SCADA 系统中，计算机主要用作调度主机和数据服务器，近来国内外许多厂家都推出了基于 Windows 的 for SCADA 的组态软件。这些软件平台上可以完成与给水管网调度相关的数据采集，提供了与多种控制或智能设备通讯的驱动程序、动态数据交换（DDE）等功能，便于实现数据处理、数据显示和数据记录等工作，具有良好的图形化人机界面（MMI），具备趋势分析和控制功能，为优化调度、节能降耗提供了尽善尽美的手段。计算机的网络功能为多级 SCADA 调度系统的建设和水厂过程控制系统、供水企业管理系统的一体化提供了条件。

（2）通讯（Communication）技术

通讯技术与设备的选择是构建 SCADA 系统最丰富多彩的部分，SCADA 系统设计是否合理，通讯技术的选择十分重要。目前，各种通讯技术发展迅速，相互融会贯通，这里只作简单介绍。

SCADA 系统中的通讯可以分为三个层次：

1）信息与管理层的通讯。这是计算机之间的网络通讯，实现计算机网络互联与扩展，获得远程访问服务。将 SCADA 联入 Internet，不但可以享受公共网络的廉价服务，而且可以将控制与管理信息漫游到全世界，实现全球资源共享。

2）控制层的通讯。即控制设备与计算机，或控制设备之间的通讯。这些通讯多采用标准的测控总线技术，要根据控制设备的选型确定通讯协议，也要求控制设备选型尽量统一，以便于维护管理。

3）设备底层的通讯。即检测仪表、执行设备、现场显示仪表、人机界面等的通讯。底层设备数字化，以替代传统的电流或电压信号连接。数字化设备之间的通讯多采用串行通讯，如 RS232C、RS485、RS422 等，而 USB（Universal Serial Bus）是近期推出的高效率、即插即用、热切换的接口通讯协议，具有良好的应用前景。

根据数据传输方式，通讯可以分为有线通讯和无线通讯两大类。选择不同的传输方式，对通讯可靠性和通讯成本有显著影响。

无线通讯技术包括微波通讯、短波通讯、双向无线寻呼等，有些是公共数据网的应用，应用最多的是超短波 200MHz 的通讯。当前正在发展的双向无线寻呼为构成管网调度 SCADA 中的测压点、井群等通信将会有十分重要的作用，是既可靠又廉价的通讯手段。

有线通讯可以利用公共数据网进行，或通过电话、电力线进行载波通讯，但成本非常高，只有短距离或要求高可靠性时采用。

(3) 控制 (Control) 技术

控制设备为 SCADA 系统的下位机，是管网调度执行系统的组成部分。控制设备在每一个 SCADA 系统中都会有若干台，对 SCADA 系统的可靠性和价格影响最大。

目前常用的控制设备有工控机 (IPC)、远方终端 (RTU)、可编程逻辑控制器 (PLC)、单片机、智能设备等多种类型。

IPC 的软硬件与普通计算机相同，其本质还是计算机，具有大容量和高速数据处理能力，其软件十分丰富，有理想的界面，为开发者所熟悉。目前在给水管网调度 SCADA 系统中应用还不多见，但随着现场设备的数学化及与控制设备通讯连接技术发展 (如 USB)，IPC 的应用可能会不断增加。

PLC 是严谨、方便、易安装、易编程，高可靠性的技术产品。它提供高质量的硬件、高水平的系统软件平台和易学易懂的应用软件平台 (用户平台)，能与现场设备方便连接，特别适于逻辑控制和计时、计数等，多数产品还适用于复杂计算和闭环调节控制。PLC 一般用于构建管网调度 SCADA 的调度执行系统，特别是泵站的控制。

RTU 是介于 IPC 与 PLC 之间的产品，它既有 IPC 强大的数据处理能力，又具备 PLC 方便可靠的现场设备接口，特别是远程通讯能力比较强。RTU 适于在管网调度 SCADA 系统完成较大型的或远程的控制任务。

单片机是一种廉价的控制设备，在追求低成本的情况下，单片机构成给水管网调度 SCADA 系统下位机已成为主流。单片机有多个系列，品种丰富，但在使用前都必须经过二次开发，需要进行逻辑设计、驱动设计、可靠性设计和软件开发等。单片机应该主要用于管网调度 SCADA 系统中的数据采集或小型的控制任务。近年来的现场总线技术 (FCS) 的发展又为单片机的应用带来了良好的前景，如美国 ECHELON 公司设计的神经元芯片，可以解决复杂的通讯控制任务，使得控制网络的构建非常简单，价格十分低廉。

(4) 传感 (Sensor) 技术

在给水管网调度 SCADA 系统的生产现场，安装有许多传感器，完成 SCADA 系统的数据采集任务。

传感器可分为智能型和非智能型两类。非智能型完成电量的标准化信号转换和非电量的理化数据向标准化电量信号转换。智能型传感器除完成上述非智能型传感器的工作之外，还具有上、下限报警设置、自诊断与校准、数据显示、简单数字逻辑控制等功能。最新的智能传感器大都具有某种现场总线功能，可以与SCADA 的上位计算机或下位控制单元通讯，构成 SCADA 系统的一个部分。

在给水管网调度 SCADA 中常用的传感器主要有：水位、压力、流量、温度、湿度、浊度、余氯、电压、电流、功率、电度、功率因素以及接近开关、限位开关、水位开关、继电器等。传感器在 SCADA 系统数量相对较大，类型也很多，其可靠性提高是 SCADA 系统长期稳定工作的关键。

8.2.3　给水管网调度 SCADA 建设程序

（1）基础准备

在建设管网调度 SCADA 系统之前和过程中，要加强各项基础工作，这是建好用好 SCADA 系统的前提条件。

1）收集管网技术资料，包括管线资料、泵站资料、附属设施资料、用户资料、运行历史资料、维护检修资料等，还包括相关的水处理系统资料、其他相关管线资料等。

2）搞好管网现状调查，摸清管线现状（连接关系、长度、直径、阻力系数）、设备与附属设施状态（水泵电机组的能力与效率、阀门状态、调节构筑物作用情况等）、用水量分布与变化情况、压力分布、水量漏失情况、水质状态等。

3）建立管网构造与水力模型，运用 GIS 系统技术，将管网现状资料和模型输入计算机。

4）安装必要的检测和控制设备，如泵站出口和管网内压力、流量、水质等检测设备的安装，泵站的自动控制与水泵调速等，为 SCADA 系统建设做好准备。

（2）充分利用公共及商业信息网络资源

目前，计算机技术与网络通讯技术已构成了巨大的公共信息和商业信息网络资源和功能，包括数以万计的计算机软硬件平台、有线电话、无线电话、卫星通讯以及各种通讯总线或协议等。

给水管网调度 SCADA 系统建设包括：

1）利用不断发展升级的计算机软硬件平台，构建 SCADA 调度中心；

2）利用 WAN 技术与公共通讯网构成多级 SCADA 调度系统；

3）利用 Internet 技术，在网上对 SCADA 调度进行远方浏览与操作；

4）利用 BISDN 增值业务和无线双向寻呼业务等作为 SCADA 远方智能控制单元的数据通讯。

（3）SCADA 系统集成

尽量采用商品化的产品和技术，即采用社会化大生产方式集成 SCADA 系统的方式，也是构建最合理、最可靠、最廉价的 SCADA 系统的方式，所采用的技术包括：

1）运用基于 Windows 等开放式操作系统平台的 for SCADA 组态软件，使调度系统软件得到多系统的互相移植与互联、升级、功能扩充、冗余、热备份、数据库等优化手段和网络通讯等功能。

2）在尽量采用公共通讯网仍然不足以解决问题的情况下，应选择专业化、商品化的产品，构建 SCADA 通讯网。

3）对构成 SCADA 系统影响最大的是现场控制单元设备。对较复杂的逻辑控制应选用 PLC，但要注意该 PLC 要具备与上位机组态软件相适应的驱动程序和适用的通讯接口。从一般意义上看，各种 PLC 质量差别不大；集中的大量模拟量数据采集和控制可以采用 IPC、RTU 或 PLC；分散的模拟量数据采集和简单控制应尽量采用能与上位机进行通讯的智能设备，长期使用证明成熟、稳定的单片机产品也可以选用。

4）SCADA 系统的软硬件供应商必须能够提供全部软硬件文档、负责培训等售前售后服务、有适用的通讯接口并提供完整的接口使用方法。

（4）重视软件开发与新技术应用

在 SCADA 系统规划设计初期，必须同时规划硬件系统与软件系统，进行系统分析与设计，按软件工程的方法与程序确定软件的功能、开发平台、数据结构、接口标准等。

在建设和使用 SCADA 系统的同时，也是企业建设和培养自身技术队伍的过程。只有具备高素质的技术队伍，才能建好、用好、管好 SCADA 系统，使 SCADA 系统不断发展与完善。

8.3　用水量预测

掌握用水量及其变化，是给水管网系统运行调度的基础。保证用水量是作为调度的前提条件给出的，也就是说调度系统必须适应用水量的变化，而不能改变用水量。只有正确地预测调度各时段的用水量，才能得出该时段最优的调度决策。经验表明，管网系统用水量具有以日、周和年为周期的周期性变化规律，根据这些规律和历史用水量资料，可以应用数理统计方法进行各种时段的用水量预测。用水量预测方法有线性回归分析、卡尔曼滤波、灰色系统模型等方法，本节介绍一种比较简单易学的线性回归分析法，供学习参考。

8.3.1　日用水量预测

（1）线性回归分析法

城市日用水量受到季节、天气、气温、居民生活以及工业生产等因素的影响，其中影响显著且容易预报的因素有天气、气温及居民休假等。因此，在回归分析中，可以选取天气、气温及休假日作为自变因素，建立日用水量预测的回归方程。

在一般的供水系统中，相邻若干日用水量比较接近，变化范围为该若干日内平均日用水量的 $\pm 10\% \sim 20\%$ 左右。同时，日用水量存在以下变化规律：

1）晴天较阴雨天用水量大；

2）气温增高，用水量增大；

3）在节假日里，由于大部分工矿企业及事业部门放假，用水量减少。

因此，可以假定日用水量变化规律服从以下的线性回归模型：

$$Q_d = Q_A(1 + B_1\Delta T + B_2W + B_3V)(\text{m}^3/\text{d}) \tag{8.1}$$

式中　　　Q_d——预测日用水量，m^3/d；

　　　　　Q_A——过去若干日平均用水量，m^3/d；

　　　　　ΔT——预测日的最高气温对于过去若干日最高气温平均值的增量，$^\circ\text{C}$；

　　　　　W——天气变化因数，拟定晴天 $W=0$，阴天 $W=-1$，雨天 $W=-2$；

　　　　　V——假日因数，拟定非假日 $V=0$，假日 $V=-1 \sim -2$；

B_1，B_2，B_3——线性回归系数。

这里的 W 及 V 值可在使用过程中按实际情况给予修正。为简化计算，并且保证较高的预测精度，用于回归计算的数据一般应取预测日之前相邻若干日的实际运行数据，所取日数应以 $15 \sim 30$ 日为宜，时间太长会产生季节变化及日照时间变化的影响，太短则可能受到随机因素的干扰而使回归精度下降。为求得线性回归系数 B_1、B_2 和 B_3，根据过去若干日的用水量记录及天气与节假日因数，应用线性回归最小二乘法原理，可以建立方程组：

$$\begin{bmatrix} \Sigma\Delta T_i^2 & \Sigma(W_i\Delta T_i) & \Sigma(V_i\Delta T_i) \\ \Sigma(W_i\Delta T_i) & \Sigma W_i^2 & \Sigma(W_iV_i) \\ \Sigma(V_i\Delta T_i) & \Sigma(W_iV_i) & \Sigma V_i^2 \end{bmatrix} \cdot \begin{bmatrix} B_1 \\ B_2 \\ B_3 \end{bmatrix} = \begin{bmatrix} \Sigma[(Q_{di}/Q_A - 1)\Delta T_i] \\ \Sigma[(Q_{di}/Q_A - 1)W_i] \\ \Sigma[(Q_{di}/Q_A - 1)V_i] \end{bmatrix} \tag{8.2}$$

式中 Q_{di}、ΔT_i、W_i 和 V_i 分别为第 i 日的用水量、气温增量、天气变化因数和假日因数的记录数据。

解线性方程组（8.2），可求得系数 B_1、B_2 和 B_3，并按式（8.1）预测日用水量。

研究表明，采用线性回归方法预测日用水量简单易行，大多数给水系统日用水量用此方法预测的相关系数在 0.8 以上，可信度检验基本能够满足统计学的要求。对某市供水管网日用水量进行线性回归分析，计算结果如表 8.1 所示。

某城市供水系统日用水量回归计算结果   表 8.1

月　份	Q_A ($10^4 m^3/d$)	B_1	B_2	B_3	标准差 SB ($10^4 m^3/d$)	可信度 F 检验值	相关系数 R
XX 年 2 月	33.708	0.00554	0.01084	0.03841	1.053	11.054	0.762
XX 年 7 月	42.171	0.01888	0.00365	0.01562	1.215	36.712	0.896

（2）日用水量动态修正预测方法

根据对日用水量统计资料分析可以得出，日用水量与当日某一时段用水量之间存在较为稳定的比例关系。如下式表示：

$$\frac{\int_0^T Q_t dt}{Q_d} = \frac{Q_T}{Q_d} \approx 常数 = K_T \tag{8.3}$$

式中　Q_t——瞬间用水量，m^3/h；

　　　Q_d——当日统计实际用水量，m^3/d；

　　　T——当日 $0\sim T$ 时累计供水时间，h；

　　　Q_T——当日 $0\sim T$ 时累计用水量，m^3；

　　　K_T——当日 $0\sim T$ 时累计用水量与当日用水量的比值。

可以用 $0\sim T$ 时的实测累计用水量修正预测当日的用水量，用下式表达：

$$Q_d = \frac{1}{K_T}\int_0^T Q_t dt = \frac{1}{K_T}Q_T \quad (m^3/d) \tag{8.4}$$

某城市 10 月份若干日小时累计用水量 Q_T（m^3）及 K_T 值   表 8.2

日期＼小时	项目	2	10	15	20	K_T 平均值	K_T 最大偏差	K_T 最大相对偏差（％）
3	Q_T	33760	37410	42003	38979	0.0896	0.0051	5.69
	K_T	0.0899	0.0875	0.0947	0.0865			
6	Q_T	68045	79083^1	81709	81207	0.1826	0.0024	1.31
	K_T	0.1811	0.1849	0.1841	0.1802			
9	Q_T	122893	140748	148753	148834	0.3304	0.0048	1.45
	K_T	0.3271	0.3292	0.3352	0.3303			
12	Q_T	180810	205065	216155	217027	0.4824	0.0047	0.97
	K_T	0.4812	0.4796	0.4871	0.4816			
15	Q_T	232934	263884	277419	280020	0.6209	0.0043	0.69
	K_T	0.6200	0.6171	0.6252	0.6214			
18	Q_T	286931	325523	341382	345592	0.7653	0.0041	0.54
	K_T	0.7637	0.7613	0.7694	0.7669			
21	Q_T	336881	382174	400162	404434	0.8974	0.0044	0/49
	K_T	0.8966	0.8938	0.9018	0.8975			
24	Q_T	375716	427606	443719	450609	1.0000	0.0000	0.00
	K_T	1.0000	1.0000	1.0000	1.0000			

注：K_T 最大偏差＝$Max|K_T-K_T$ 平均值|，K_T 最大相对偏差＝K_T 最大偏差/K_T 平均值×100％；

表 8.2 中数据表明，K_T 最大相对偏差值逐时减少，利用式（8.4）修正预测当日用水量的精度可逐时提高。

8.3.2 调度时段用水量预测

由式（8.3）和（8.4），调度时段 $T \sim T+\Delta t$ 的用水量可写成：

$$Q_{T+\Delta t} - Q_T = Q_d(K_{T+\Delta t} - K_T)(\text{m}^3) \tag{8.5}$$

式中，$K_{T+\Delta t}$，K_T 分别为从 0 时到 $T+\Delta t$ 和从 0 时到 T 的累计用水量占全日用水量的比率。用此式对某城市某日的小时用水量（以小时为调度时段）预测结果与实际用水量的比较如表 8.3。

某城市某日小时用水量预测与实际用水量比较表   表 8.3

时间（h）	预测用水量（10^4m^3）	实际用水量（10^4m^3）	绝对误差（10^4m^3）	相对误差（%）
0—1	2.19	2.01	0.18	8.96
1—2	2.02	1.94	0.08	4.12
2—3	1.96	1.76	0.20	11.36
3—4	1.90	1.72	0.18	10.47
4—5	1.99	1.94	0.05	2.58
5—6	2.92	2.98	−0.06	−2.01
6—7	4.90	5.05	−0.15	−2.97
7—8	5.44	5.71	−0.27	−4.73
8—9	5.56	5.71	−0.15	−2.63
9—10	5.32	5.55	−0.23	−4.14
10—11	5.16	5.44	−0.18	−3.31
11—12	5.10	5.03	0.07	1.39
12—13	5.02	5.00	0.02	0.40
13—14	4.93	4.64	0.29	6.25
14—15	4.85	4.84	0.01	0.21
15—16	5.02	5.24	−0.22	−4.20
16—17	5.56	5.61	−0.05	−0.89
17—18	5.74	5.71	0.03	0.53
18—19	5.35	5.35	0.00	0.00
19—20	4.87	4.79	0.08	1.67
20—21	4.11	4.09	0.02	0.49
21—22	3.91	3.71	0.08	2.16
22—23	3.00	2.97	0.03	1.01
23—24	2.41	2.37	0.04	1.69

8.4　给水管网优化调度数学方法

给水管网优化调度的目标是在满足管网系统中各节点的用水量和供水压力条件下，合理地调度给水系统中各水厂供水泵站和水塔、水池的联合运行，达到供水成本费用最小的目标。当供水系统中的各水厂的生产成本相同时，达到供水电费最低。

给水管网优化调度的数学方法就是首先提出给水管网优化调度数学模型，然后采用适当的数学手段进行求解，最后用求解结果形成调度执行指令。目前，常用的数学方法可分为微观数学模型法和宏观数学模型法两种类型。

微观数学模型法将管网中尽可能多的管段和节点纳入模拟计算，通过管网水力分析，求解满足管网水力条件的最经济压力分布，优选最适合该压力分布方案的水泵组合及调速运行模式。微观数学模型与管网的物理相似性很好，但其计算时间较长，数据准备工作量很大。

宏观数学模型法不考虑供水泵站和测压点之间通过实际管网的物理连接，而是用假想的简化管网将它们连接起来，甚至完全不考虑它们之间的物理连接，而是通过统计数学或人工智能等手段确定它们之间的水力关系，并由此计算确定优化调度方案。宏观数学模型比较简单，计算速度快，但模型参数不易准确，需要较长时期的数据积累和模型校验。而且，一旦管网进行改造和扩建，宏观数学模型需要重新调整和校验。

目前，给水管网计算机优化调度已受到广泛重视，研究开发工作不断深入，是给水管网运行调度现代技术的发展方向，上述方法均有文献报道。本节仅介绍微观数学模型的基本思想和求解方法，供读者在学习和研究开发工作中参考。

8.4.1　给水管网优化调度数学模型

给水管网优化调度数学模型包括目标函数和约束条件两个部分，目标函数是给水系统运行成本费用的数学表达，约束条件是管网水力平衡、水源供水能力、用户水压要求等的数学表达。

由于要全面、真实地考虑给水管网调度的目标函数和约束条件是十分困难的，有些条件目前还无法用数学方法表达，有些即使可以表达，但形成的数学模型无法求解，所以，下面的数学模型是在一定的假设条件下提出的，突出了影响供水成本费用的主要因素，而忽略了一些次要因素。主要的假设有：

1) 假定在调度时段内，给水管网处于恒定流状态，这样各水力因素是不随着时间变化的；

2) 假定在调度时段内用户的用水量是固定不变的，而且是已知的（用水量预测属于另一问题）；

3）假定在调度时段内用户水压要求是固定不变的，而且是已知的；

4）假定除泵站所在管段以外，所有管段的水力特性是已知的和固定不变的。有些管网安装了可调节开启度的调节阀，因而可以将改变管段阻力作为一种调度手段，但本书中暂不考虑这种手段；

5）不考虑水塔（或高位水池、水库等）的调节作用产生的费用损耗或收益，将它们的供水看作是无代价的（相对于水厂供水是有代价的，需要费用）；

6）假定各水厂单位水量制水成本是常量，各泵站单位扬程单位流量的电费也是常量；

7）不考虑管网中设有减压阀等的情况；

8）不考虑管网水质的优化，或作为约束条件；

9）不考虑固定资产折旧和资金效益等对调度的影响。

（1）给水管网优化调度目标函数

给水管网运行成本主要包括两个部分，一部分是水厂的制水成本费用，另一部分是泵站运行电费。为了便于数学描述，应用第 4 章提出的管网模型假设，水厂供水从节点进入管网，泵站为管段提高水头。所以，可以将制水成本费用表示为：

$$C_S = \sum_{j=1}^{N} c_{1j} Q_{Sj} \qquad (\text{元}/h) \qquad (8.6)$$

式中　c_{1j}——向各节点供水的水厂制水成本，元/m^3，包括取水和净水过程的各项成本费用；

　　　Q_{Sj}——向各节点供水的水厂供水量，m^3/h；

　　　N——管网节点总数。

显然，此式是认为每个节点都有水厂供水进入，这实际上是不可能的，但这种表达方法具有通用性，便于运用数学方法。对于没有水厂供水的节点，可以令 $c_{1j}=0$。

另外，根据节点流量的定义有：

$$Q_j = Q_{Uj} - Q_{Sj} \quad j = 1, 2, 3, \cdots, N \qquad (8.7)$$

式中　Q_{Uj}——各节点的用水量，m^3/h；

　　　Q_j——各节点的节点流量，m^3/h。

将式（8.7）代入式（8.6）得：

$$C_S = \sum_{j=1}^{N} C_{1j} Q_{Uj} - \sum_{j=1}^{N} c_{1j} Q_{Uj}$$

考虑到 c_{1j}、Q_{Uj} 均为常数（根据前面的假设），将第一项略去将不影响优化调度计算，因而可以将下式作为优化目标：

$$C_N = -\sum_{j=1}^{N} c_{1j} Q_j \quad (\text{元}/h) \tag{8.8}$$

式中　C_N——称为节点流量费用，m^3/h。

因为节点流量被定义成与用水量方向相同，此式前面的负号从形式上表示管网提供用水产生的收益（费用支出为正，收益为负），但实际上水厂供水是进入节点的，为负值，所以 C_N 为正值。

再考虑泵站运行电费成本，根据前面的假设，可以将泵站电费表示为：

$$C_P = \sum_{i=1}^{M} c_{2i} q_i h_{pi} \quad (\text{元}/h) \tag{8.9}$$

式中　c_{2i}——各管段上泵站单位扬程和单位供水量的电费，元/$(m^3 \cdot m)$，简称扬水成本；

　　　q_i——各管段流量，m^3/h；

　　　h_{pi}——各管段上泵站扬程，m；

　　　M——管网管段总数。

此式同样也是假设每条管段上均设有泵站，以便于数学处理，对于不设泵站的管段，令 $c_{2i}=0$。

根据功与能的等价关系，可将扬水成本表示为：

$$C_{2i} = \frac{100 \times 9.81 E_i}{3600 \eta_i} = \frac{E_i}{3.67 \eta_i} \quad i = 1,2,3,\cdots,M \quad [\text{元}/(m^3 \cdot m)]$$

$$\tag{8.10}$$

式中　E_i——电价，元/$(kW \cdot h)$；

　　　η_i——泵站在调度时段内的平均效率，%。

综上所述，可以将给水管网运行成本费用表示为：

$$C_W = C_S + C_P = \sum_{j=1}^{N} c_{1j} Q_{Sj} + \sum_{i=1}^{M} c_{2i} q_i h_{pi} \quad (\text{元}/h) \tag{8.11}$$

去掉常数部分后，给水管网运行成本费用可以表示为：

$$C_W' = C_N + C_P = -\sum_{j=1}^{N} c_{1j} Q_j + \sum_{i=1}^{M} c_{2i} q_i h_{pi} \quad (\text{元}/h) \tag{8.12}$$

（2）给水管网优化调度约束条件

1）给水管网水力平衡条件

根据前面的恒定流假设，给水管网优化调度必须在满足恒定流方程组的前提下进行，即：

$$\begin{cases} \sum_{i \in S_j} (\pm q_i) + Q_j = \sum_{i \in S_j} (\pm q_i) + Q_{Uj} - Q_{Sj} = 0 & j = 1,2,3,\cdots,N \tag{8.13} \\ H_{Fi} - H_{Ti} = h_i = s_{fi} q_i^n - h_{pi} & i = 1,2,3\cdots,M \tag{8.14} \end{cases}$$

式中符号的意义见第 4 章。

2）水厂供水能力约束

$$Q_{\text{S}minj} \leqslant Q_{\text{S}j} \leqslant Q_{\text{S}maxj}, \qquad j = 1,2,3,\cdots,N \tag{8.15}$$

式中　$Q_{\text{S}minj}$——各水厂允许的最小供水量，m^3/h；

　　　$Q_{\text{S}maxj}$——各水厂允许的最大供水量，m^3/h。

在考虑到节点用水量为常数后，可以将水厂供水能力约束条件表示为：

$$Q_{minj} \leqslant Q_j \leqslant Q_{maxj}, \qquad j = 1,2,3,\cdots,N \tag{8.16}$$

式中　Q_{minj}——各节点允许的最小流量，m^3/h，$Q_{minj} = Q_{\text{U}j} - Q_{\text{S}maxj}$；

　　　Q_{maxj}——各节点允许的最大流量，m^3/h，$Q_{maxj} = Q_{\text{U}j} - Q_{\text{S}minj}$。

3）用户用水压力要求约束

$$H_{minj} \leqslant H_j \leqslant H_{maxj}, \qquad j = 1,2,3,\cdots,N \tag{8.17}$$

式中　H_{minj}——各节点允许的最小水头，m；

　　　H_{maxj}——各节点允许的最大水头，m。

4）非负约束

$$h_{\text{p}i} \geqslant 0 \qquad i = 1,2,3,\cdots,M \tag{8.18}$$

（3）给水管网优化调度数学模型

综合上述目标函数与约束条件，以追求给水管网运行成本最小为方向，则数学模型为：

$$\text{Min } C_{\text{W}} = \sum_{j=1}^{N} c_1 Q_{\text{S}j} + \sum_{i=1}^{M} c_{2i} q_i h_{\text{p}i} \quad （\text{元}/\text{h}） \tag{8.19}$$

$$\text{S.t.} \begin{cases} \sum_{i \in S_j} (\pm q_i) + Q_{\text{U}j} - Q_{\text{S}j} = 0 & j = 1,2,3,\cdots,N \tag{8.13} \\ H_{\text{F}i} - H_{\text{T}i} = s_{fi} q_i^n - h_{\text{p}i} & i = 1,2,3,\cdots,M \tag{8.14} \\ Q_{\text{S}minj} \leqslant Q_{\text{S}j} \leqslant Q_{\text{S}maxj}, & j = 1,2,3,\cdots,N \tag{8.15} \\ H_{minj} \leqslant H_j \leqslant H_{maxj}, & j = 1,2,3,\cdots,N \tag{8.17} \\ h_{\text{p}i} \geqslant 0 & i = 1,2,3,\cdots,M \tag{8.18} \end{cases}$$

为了和给水管网模型理论保持一致性，优化调度数学模型也可以写成：

$$\text{Min } C_{\text{W}}' = -\sum_{j=1}^{N} c_{1j} Q_j + \sum_{i=1}^{M} c_{2i} q_i h_{\text{p}i} \quad （\text{元}/\text{h}） \tag{8.20}$$

$$\text{S.t.} \begin{cases} \sum_{i \in S_j} (\pm q_i) + Q_j = 0 & j = 1,2,3,\cdots,N \tag{8.13} \\ H_{\text{F}i} - H_{\text{T}i} = s_{fi} q_i^n - h_{\text{p}i} & i = 1,2,3,\cdots,M \tag{8.14} \\ Q_{minj} \leqslant Q_j \leqslant Q_{maxj}, & j = 1,2,3,\cdots,N \tag{8.16} \\ H_{minj} \leqslant H_j \leqslant H_{maxj}, & j = 1,2,3,\cdots,N \tag{8.17} \\ h_{\text{p}i} \geqslant 0 & i = 1,2,3,\cdots,M \tag{8.18} \end{cases}$$

8.4.2　给水管网优化调度计算

给水管网优化调度计算就是求解其数学模型的过程。从前面所给出的给水管网优化调度数学模型表达式可以看出，该模型中包含了很多的变量和复杂的非线性表达式，其求解是非常困难的，特别是当管网规模很大时。这说明优化调度是一个非常复杂的数学问题，同时，我们也可以看出问题的根源是管网的大规模和非线性水力特性，正如管网水力分析和优化设计问题的复杂性一样。

在求解前，要对数学模型进行一定的分析，了解其特性，明确求解任务。找到合适的求解算法。下面作简单介绍。

（1）求解任务分析

根据前面的假设，暂不考虑管网中安装调节阀和情况，这样在给水管网中真正可控的因素只有泵站的扬程，其他因素只能根据水力平衡条件求解。也就是说，泵站流量、水厂供水量、节点水头等都是由泵站扬程确定的。

因为给水管网必须满足恒定流方程组，根据第 5 章中介绍的管网水力分析条件可知：当泵站扬程已知后，所有管段的水力特性成为已知，各管段流量（包括泵站所在管段流量，即泵站工作流量）可作为未知量求解；水厂所在节点的水头是已知量，因而可求解出节点流量，从而得到水厂供水量；用户用水节点的流量是已知的，所以可求出节点水头。由此分析表明，只要给定各泵站扬程，其他未知量均可以由恒定流方程组解出。

当然，给定不同的泵站扬程，求解恒定流方程组后，如果求解结果满足其他约束条件，代入前面列出的目标函数，可以得到不同管网运行成本费用。如何使成本费用最小，是下一步的任务。

（2）数学模型特性分析

给水管网优化调度数学问题是一个大规模非线性规划，求解难度是很大的，但也有一些规律可循。根据数学理论，如果一个数学规划问题是一个凸规划，则可以用各类下降算法求解。但目前还不能证明前面给出的优化调度数学模型是一个凸规划问题。然而，可以证明，当以泵站扬程为求解变量时，目标函数是一个凸函数（证明过程略）。

由于目标函数是凸函数，所以仍然可以用下降算法求解给水管网优化调度问题，或者说，应设法找到一种能使目标函数不断下降的方法。根据数学理论，由于不能证明约束条件式（8.16）、（8.17）和（8.18）是凸集，所以不能保证下降算法能够获得目标函数的最小值，但作为工程问题，可以引入一些人工调度经验，或进行适当的人工判断和干预，从而获得最优解。

（3）求解方法概述

目前，在有关资料中提出的求解给水管网优化调度问题的具体方法已有多种，而且还在不断研究发展之中。作为一个有效的算法，应解决以下三个问题：

1) 能够给出较准确的初值。由于优化调度是分时段进行的，显然以上一个调度时段的调度方案作为本调度时段的初值是比较合适的，因为管网的工况在较短的时段内不会发生突变，相邻时段用户用水量只有很小的差异。特别是随着计算机运算速度、检测传感与通讯技术等水平的提高，调度时段会越来越短，因而初值的给定也会更准确。

2) 能够快速找到可行解。所谓可行解，就是满足所有约束条件的解。为了判断可行解，必须进行管网水力分析计算，并判断水厂供水能力、用户水压要求等约束条件是否满足，若不满足，应提出通过调整泵站扬程，得到可行解的方法。

3) 能够使目标函数值不断下降，并能判断最优点的到达。对求得的每一个可行解，不但要进行目标函数值的计算，比较它们的大小，更重要的是知道如何调整泵站扬程，使目标函数值有所减少，而且每一步减少越多，说明算法越好。最后，若不能再使目标函数值下降，或下降量已经很微小，则得到了最优解。这一过程也称为目标函数调优。

根据资料，目前在工程中应用较多的方法有两种。其一，是结合水泵机组的可行组合方案进行优化计算的方法，从数学上讲是一种枚举法，它对于水厂数量和水泵台数不太多的情况是合适的，其基本思想是提出多种可能的运行水泵组合方案，在每个调度时段再从中选择若干种方案，然后通过水力分析计算判断其可行性并计算目标函数值，最后选择一种费用最低的方案执行；其二，是梯度法，算法分为两步反复进行，先计算已知工况点（即上一个调度时段的管网状态下）目标函数下降梯度方向，然后沿该方向搜索可行的且目标函数值最小的点。在泵站安装有调速水泵时，一般只能采用第二种方法。

上述方法都需要求解恒定流方程组，当管网规模较大时，计算工作量是很大的。人们因此而提出了用宏观模型替代微观模型的方法，以减少水力计算工作量甚至完全不用进行水力计算。然而，宏观模型的建模技术又是一个难题，目前还有待研究。

8.4.3 关于管网建模

管网建模是建立给水管网水力模型的简称，是研究和解决管网问题的重要数学手段。管网优化调度技术的成功运用有两个重要基础，一是调度时段用水量的准确预测，另一个就是建立准确的管网水力模型。如果它们不准确，再好的优化调度算法也是没有意义的。

（1）管网建模的基础工作

做好管网基础资料的收集、整理和核对工作，是管网建模工作的基础。管网建模与建立管网地理信息系统（GIS）相结合是发展方向。

（2）管网模型的表达

正确合理的管网模型表达方法是重要的，国外在此方面的研究已经很成熟，值得借鉴。本书关于管网模型的概念已经具备一定系统性，但一些特殊的水力元件（如减压阀等）还无法处理，模型表达的数据格式和标准化编码还有待研究。

（3）模型的校核与修正

由于管网模型存在不准确性和管网构造本身的变化与发展，管网模型要经常进行校核和修正。目前提倡动态模型技术，即通过各种检测、分析和计算手段，在管网运行中，实时地验证管网模型的准确性，并随时修正。作为管网计算机辅助调度系统，必须安装各种压力和流量检测设备，其根本目的就是为了检测管网运行的实际状态，如果利用管网模型进行的调度计算所得结果与实测值不一致，则说明模型存在误差，并且要根据误差进行模型修正。

管网优化调度的宏观模型法，就是建立一种高度抽象的管网动态模型，因为其模型较微观模型具有更大的不确定性，必须在调度运行过程中不断使用和修正。

8.5　给水管网水质控制

维护管网水质也是给水管网调度和管理工作的任务之一。随着人们对水也是一种商品的意识的加强，人们希望从管网得到的用水是合格的产品。近年来，用户关于管网水质问题的投诉越来越多，促使供水企业对管网水质的管理逐步加强，新的《生活饮用水水质卫生规范》（2001）明确提出了对管网水质的要求，研究控制管网水质的调度手段和技术，提出管网水质管理的新观念和方法，已经成为管网研究的重要和紧迫课题。

有些地区管网中出现水的浊度及色度增高，气味发臭等水质恶化问题，其原因除了出厂水水质不符合标准外，还由于水管中的积垢在水流冲击下脱落，管线末端的水流停滞，或管网边远地区的余氯不足而致生物繁殖等原因引起。随着供水科学技术的发展和用户对水质的重视，给水管网系统中的水质变化分析和保障技术已成为管网设计和运行管理工作的重要组成部分。

为保持管网的正常水量或水质，除了提高出厂水水质外，目前主要采取以下措施：

1）通过给水栓、消火栓和放水管，定期放去管网中的部分"死水"，并借此冲洗水管；

2）长期未用的管线或管线末端，在恢复使用时必须冲洗干净；

3）管线延伸过长时，应在管网中途加氯，以提高管网边缘地区的余氯浓度，防止细菌繁殖；

4）定期对金属管道清垢、刮管和衬涂内壁，以保证管线输水能力和水质洁净；

5）无论在新敷管线竣工后，或旧管线检修后均应冲洗消毒。消毒之前先用高速水流冲洗水管，然后用 20～30mg/L 的漂白粉溶液浸泡 24h 以上，再用清水冲洗，同时连续测定排出水的浊度和细菌，直到合格为止；

6）定期清洗水塔、水池和屋顶高位水箱；

7）在管网的运行调度中，重视管网的水质检测，消除管网中水流滞留时间过长等影响水质的不利因素。

8.5.1 给水管网水质变化影响因素

给水管网系统中的化学和生物的反应给水质带来不同程度的影响，会导致水质变差，亦称为管网水质的"二次污染"。导致水质变差的主要因素有水源水质、输水管道渗漏、管道的腐蚀和管壁上金属的腐蚀、储水设备中残留或产生的污染物质、消毒剂与有机物和无机物之间的化学反应产生的消毒副产物、细菌的再生长和病原体的寄生、由悬浮物导致的混浊度等。

给水管网中影响水质的另一主要因素是水在管网中停留的时间过长。在管网中，可以从不同的水源通过不同的时间和管线路径将水输送给用户，而水的输送时间与管网水质的变化有着密切关系。我们可以通过管网合理设计、管道的及时维修和更换、调整管道布置和系统运行的科学调度来保护和改善管网水质，保障水质的安全性。

在卫生部颁发的《生活饮用水水质卫生规范》和《生活饮用水输配水设备及防护材料卫生安全评价规范》中规定供水单位必须负责检验水源水、净化构筑物出水、出厂水和管网水的水质，应在水源、出厂水和居民经常用水点采样。城市供水管网的水质检验采样点数，一般应按每两万供水人口设一个采样点计算。供水人口超过 100 万时，按上述比例计算出的采样点数可酌量减少。人口在 20 万以下时，应酌量增加。在全部采样点中应有一定的点数，选在水质易受污染的地点和管网系统陈旧部分供水区域。在每一采样点上每月采样检验应不少于两次，细菌学指标、浑浊度和肉眼可见物为必检项目。其他指标可根据当地水质情况和需要选定。对水源水、出厂水和部分有代表性的管网末端水，至少每半年进行一次常规检验项目的全分析。当检测指标连续超标时，应查明原因，采取有效措施，防止对人体健康造成危害。凡与饮用水接触的输配水设备、水处理材料和防护材料，均不得污染水质，出水水质必须符合《生活饮用水水质卫生规范》(2001) 的要求。

当在水中加氯消毒后，氯与管壁材料发生反应，特别是在老化和没有保护层的铸铁管或钢管中，由于铁的腐蚀或者生物膜上的有机质氧化，会消耗大量的氯气，管网中的余氯会发生额外的损失。此类反应的速率一般很高，氯的半衰期会减少到几小时，并且它会随着管道的使用年数增长和材料的腐蚀而不断加剧。管道内壁耗氯量的常用测定方法是在无入流的一段管道的进出口分别检测其余氯量。

氯化物的衰减速度比自由氯要慢一些,但同样也会产生少量的氯化副产物。但是,在一定的 pH 值和氯氨存在的条件下,氯氨的分解会生成氮,可能会导致水的富营养化。目前已经有方法来处理管网系统中氯损失率过大的问题。首先,可以使用一种更加稳定的化合型消毒物质,例如氯化物;其次,可以更换管道材料和冲洗管道;第三,通过运行调度减少水在管网系统中的滞留时间,消除管网中的严重滞留管段;第四,降低处理后水中有机化合物的含量。

管道腐蚀会带来水的金属味、帮助病原微生物的滞留、降低管道的输水能力,并最后导致管道泄漏或堵塞。管道腐蚀的主要种类如下:

1) 衡腐蚀:是指材料腐蚀量和腐蚀产物基本上是等量的;

2) 凹点腐蚀:指局部的、不均匀的腐蚀过程,在管壁上形成凹陷,最终导致管道穿孔泄漏;

3) 结节腐蚀:在凹陷周围,会形成结节物,大量的结节物会减小管道的直径,增加硬度,并且促进生物膜的生长;

4) 生物腐蚀:在管壁材料和附着在上面的微生物之间发生生物腐蚀,pH 值的变化、生物膜生长和水中溶解氧都会增加生物腐蚀的速度。

许多物理、化学和生物因素都会影响到腐蚀的发生和腐蚀速率。在铁质管道中,水在停滞状态下会促使结节腐蚀和凹点腐蚀的产生和加剧;一般来说,对所有的化学反应,腐蚀速率都会随着温度的提高而加快。但是,在较高的温度下,钙会在管壁上形成一层保护膜。pH 值较低时会促进腐蚀,当 pH 值小于 5 时,铜和铁的腐蚀都相当快。当 pH 值大于 9 时,这两种金属通常都不会被腐蚀。pH 值处于这两者之间时,如果在管壁上没有防腐保护层,腐蚀就会发生。碳酸盐和重碳酸盐碱度为水中 pH 值的变化提供了缓冲空间,它同样也会在管壁形成一层碳酸盐保护层,并防止水泥管中钙的溶解。溶解氧和可溶解的含铁化合物发生反应形成可溶性的含铁氢氧化物。这种状态的铁就会导致结节的形成及铁锈水的出现。所有可溶性固体在水中表现为离子的聚合体,它会提高导电性及电子的转移,因此会促进电化腐蚀。硬水一般比软水的腐蚀性低,因为在管壁上易形成一层碳酸钙保护层。吸附在管壁上的生物膜细菌会导致 pH 值和溶解氧的变化并促进电化腐蚀。氧化铁细菌会产生可溶性的含铁氢氧化物。

一般有三种方法可以控制腐蚀:调整水质、涂衬保护层和更换管道材料。调整pH 值是控制腐蚀最直接的形式,因为它直接影响到电化腐蚀和碳酸钙的溶解,也会直接影响混凝土管道中钙的溶解。同样,大量的化学防腐剂也会帮助在管壁表面形成保护层。石灰和苏打灰可以用来促进碳酸钙在管壁的沉淀,无机磷酸盐和硅酸钠也会形成保护层。对于不同的管道系统,这些防腐剂的剂量和效果也是不同的,必须通过实际测试决定。生物膜一般在流速慢的区域、管段和水塔中形成。随着细菌、线虫类、蠕虫等在水中的生长,在管壁和池壁上的生物膜种类也不断增加。

8.5.2 给水管网水质数学模型

给水管网应建立水质监测制度,用于监测管网水质在时间和空间上的变化。水质监测数据库可以用于管网水质管理,了解在系统中发生的水质变化和进行系统水质数学模型的校正。

仅仅使用监控数据很难了解管网水质变化的全部内容,即使在中型城市也会有上千公里长度的给水管道,全部监测显然是不可能的。管网水质数学模型是对管网水质管理的一种很好手段,可以有效地模拟计算水中物质在时间和空间上的变化,例如:某一水源流入的水量,水在系统中的滞留时间,消毒剂的浓度和损失率,消毒剂副产物的浓度和产生率,系统中附着细菌和游离细菌的数量等。这些模型也可以用于研究一系列与管网水质相关的问题,调整系统的设计和运行方案,评估配水系统的安全性和减小管网水质恶化的风险。

应用管网水质模型进行管网水质分析,是一种有效的描述污染物运动的管网水质控制工具。最近的管网水质模型包括模拟余氯量、生物膜生长和三氯甲烷(THM)形成模型等。将水力和水质模型结合成计算机软件包,在已知的水力条件下,可以模拟计算多种溶解物质随时间的变化状态和过程。

(1) 反应方程式

管网水质模型必须用到物质的反应模型,物质反应速率可用下式来描述:

$$r(C) = kC^n \tag{8.21}$$

式中　k——反应常数;

　　　n——反应级别。

对于氯的衰减反应(一级反应),$r = -kC$;对于形成 THM 的反应过程,$r = k(C^* - C)$,C^* 为可能形成的 THM 最大值。

(2) 动态水质模型

在给水管网中,溶解性物质在管道中流动,在一定的反应速率条件下,溶解性物质浓度在流动中发生变化。管段中溶解性物质浓度可用下列公式表示:

$$\frac{\partial C_i}{\partial t} = -v_i \frac{\partial C_i}{\partial x} + r(C_i) \tag{8.22}$$

式中　C_i——管段 i 中的浓度;

　　　v_i——管段 i 中的流速;

　　　r——与浓度有关的反应速率。

管网中的节点有两种类型,一类是普通管道交汇点,流入节点的水量立即流出,另一类是水池、水塔等所在节点,水量流入这类节点后要存贮一段时间后再流出。前一类节点称为无容节点,后一类称为有容节点。不论是哪类节点,一般均假设流体在节点上瞬时完全混合。

对于无容节点，节点出流中的物质浓度只与入流中物质浓度有关。溶解性物质在节点 j 处具有以下质量平衡关系：

$$\sum_{i \in S_j^-} q_i C_{i \backslash x=L_i} + Q_{Sj} C_{Sj} = \sum_{i \in S_j^+} q_i C_{i \backslash x=0} + Q_{Uj} C_{Uj} = C_{Nj} \left(\sum_{i \in S_j^+} q_i + Q_{Uj} \right) \quad (8.23)$$

式中　　S_j^-——流入节点 j 的管段编号集合；

$\quad\quad$ S_j^+——流出节点 j 的管段编号集合；

$\quad\quad$ q_i——管段 i 流量；

$\quad\quad$ C_i——管段 i 中溶解物质浓度，沿水流而变化，$C_{i \backslash x=0}$ 和 $C_{i \backslash x=L_i}$ 分别为始端和末端的浓度；

$\quad\quad$ Q_{Sj}、C_{Sj}——节点 j 输入流量（如水厂供水）与其溶解物质浓度；

$\quad\quad$ Q_{Uj}、C_{Uj}——节点 j 输出流量（如用户用水量）与其溶解物质浓度；

$\quad\quad$ C_{Nj}——节点 j 处溶解物质浓度，与流出节点管段始端浓度相等。即有：

$$C_{Nj} = C_{i \backslash x=0} \quad\quad i \in S_j^+ \quad\quad\quad\quad (8.24)$$

对于有容节点，需要考虑节点容水量的溶解物质反应变化，在管网的调节构筑物中，大多数水质模型都假设构筑物中流体是完全混合的，水中物质的浓度变化公式如下：

$$\frac{\partial(V_{Nj} C_{Nj})}{\partial t} = \left(\sum_{i \in S_j^-} q_i C_{i \backslash x=L_i} + Q_{Sj} C_{Sj} \right) - C_{Nj} \left(\sum_{i \in S_j^-} q_i + Q_{Uj} \right) - r(C_{Nj}) \quad (8.25)$$

式中　　V_{Nj}——节点 j 在时间 t 的容水量；

其余符号意义同前。

（3）管网水质动态模拟计算方法

管网水质动态模型描述了管网水流中溶解物质在空间和时间上的分布与变化规律。管网水质动态模拟计算就是求解水质动态模型，求解时必须已知如下条件：

起始条件：每一管段和节点中的 C_j 和 C_{Nj} 在时间为 0 时的初值；

边界条件：每个节点的 C_{Sj} 值；

水力条件：即管段和节点的流量分布及相互关系。

动态模型的解法在空间上可以分为欧拉法和拉格朗日法，在时间上可以分为时间驱动和事件驱动。欧拉方法把网络管线分解为一系列固定的、相互关联和制约的体积元素，记录它们在边界上的变化或通过体积元素的通量。拉格朗日模型是跟踪管网中一系列离散水粒子的变化。时间驱动模型以固定的时间间隔修正管网系统的现状，事件驱动模型在变化次数上修改管网系统状态。

上述方法都假设水力模型可以决定每一管道在某一时间段上的流速和流向。这个时间段被称为水力时间步长，一般可采用 0.1h 左右。在该时间段中，则假定每一管道的水流状态保持不变（恒定流），水中物质的迁移和反应速率保持不变。在确定水力时间步长时应考虑流速和流向变化稳定程度。管网水质动态模型的求解方法可采用离散体积法（亦称欧拉法），它将每个管道分为一系列大小相同，完全混合的水体单元。在每一连续水质段中，每一水体的污染物首先发生反应、接着转移到下一单元水体中。当邻近水体为一节点时，节点处水流发生完全混合。管道中的反应完成以后，每一节点的物质混合浓度可以计算得出。

(4) 管网水质数学模拟基础数据

1) 水力学数据

水质模型以水力模型的结果作为它的输入数据，动态模型需要每一管道的水流状态变化和容器的储水体积变化等水力学数据，这些数值可以通过管网水力分析计算得到。大多数管网水质模拟软件包都将水质和水力模拟计算合而为一，因为管网水质模拟计算需要水力模型提供的流向、流速、流量等数据，因此水力模型会直接影响到水质模型的应用。

2) 水质数据

动态模型计算需要初始的水质条件。有两种方法可以确定这些条件，一是使用现场检测结果，检测数据经常用来校正模型。现场检测可以得到取样点的水质数据，其他点的水质数据可以通过插值方法计算得到。当使用这种方法时，对容器设备中的水质条件必须要有很好的估计，这些数值会直接影响到水质模拟计算的结果。另外一种方法是在重复水力模拟条件下，以管网进水水质为边界条件，管网内部节点水质的初始条件值可以设为任意值，进行长时段的水力和水质模拟计算，直到系统的水质变化为一周期模式。应该注意的是，水质变化周期与水力周期是不同的。对初始条件和边界条件的准确估计可以缩短模拟系统达到稳定的时间。

3) 反应速率数据

水中物质的反应速率数据主要依赖于被模拟的物质特性，这些数据会随着不同的水源、处理方法以及管线条件而不同。实验结果表明，测得的水中余氯量与时间成自然对数关系。反应速率为曲线上对应点的斜率。

瓶实验还可以估计水中三氯甲烷（THM）的一级增长率，这个实验应有足够长的时间，以至于 THM 的浓度达到不变，这就是 THM 形成的最大估计值。THM 的浓度与时间成自然对数曲线，对应点上的曲线斜率就是 THM 的增长率。

8.5.3 给水管网水质数学模型校正

模型的校正是调整模型变量，使模型结果与实际观测结果尽可能的吻合。因为水质模型需要水力模型提供管道水流的情况，因此，一个准确校核的水力模型是非常必要的。在水质模拟计算中，保守物质不随水流移动而发生变化。在节点处，物质的浓度和水的流经时间可以通过流入节点的水量和水质的完全混合方程计算得出。

在管网系统中，非保守物质与水中其他物质发生反应，浓度随时间发生变化，需要通过实验和观测数据来确定反应方式和参数，需要通过实地调查分析来估计和确定数据值。

在水质数学模型的校正工作中，可以采用容易识别的保守示踪剂测定试验进行。所用的化学物质一般有氟化物、氯化钙、氯化钠、氯化锂。示踪剂的选择一般根据化学品管理的规定、使用效果、费用、投加方法和分析装置而定。示踪剂浓度的模拟计算值和实际测定值达到基本一致时，即可表明水质模型得到了正确的校正结果。如两者之间仍存在较大的差距，则需要对模型进一步的修正。许多统计和直接观测技术可以和示踪剂数据一起被用于调整水力及水质模型参数，使模拟计算结果与观测数据能够较好吻合。

8.6 给水管网水流停留时间和水质安全评价

给水管网内的水流停留时间、流速变化和管网水力特性是对管网水质产生影响的主要因素。氯在管网中的消耗速度与时间有关。如果水在管网内的停留时间过长，就会使水的质量下降，在管道中产生锈蚀和生物膜。因此，水在管网内的停留时间可以作为评价管网水质的安全可靠性的重要依据。模拟计算水在管网中的停留时间，是一个管网水质动态实时模拟和评价的有效途径和方法。

8.6.1 给水管网"水龄"计算

水在管网中的停留时间是指水从水源节点流至各节点的流经时间，也被称为节点"水龄"。停留时间的长短表明各节点上水的新鲜程度，是该节点上的水质安全性的重要参数。水源节点上的水的停留时间（h）为零。

对于管网中任意管段，设其上游节点 F_i 上水的停留时间为 t_{Fi}，水流经由管段流至其下游节点 T_i 的流经时间 t_{pi} 为：

$$t_{pi} = \frac{L_i}{v_i} \quad (s) \tag{8.26}$$

式中 L_i——管段 i 长度，m；

v_i——管段 i 中的水流速度，m/s。

管段 i 中的水在节点 T_i 的停留时间为 t_{Fi} 与 t_{pi} 之和，即：

$$t_{Ti} = t_{Fi} + t_{pi} \quad (s) \tag{8.27}$$

对于管段 i，其上、下游节点上的余氯浓度关系为：

$$C_{NTi} = C_{NFi}\exp(-kt_{pi}) \tag{8.28}$$

式中 k——氯的衰减系数。

实际上，管网中各节点水的停留时间和水中的物质浓度是随时间变化的，管段下游节点 T_i 的水流停留时间和物质浓度是在与之连接的各上游节点上前一时刻的数据基础上计算求得的。在进行动态模拟计算时，应采用统一的时间步长，设为 Δt。模拟计算从 $t=0$ 开始，然后，每间隔 Δt 的时间进行一次模拟计算，模拟计算的时间依次为 0、Δt、$2\Delta t$、$3\Delta t$、$4\Delta t$、$\cdots$、$n\Delta t$、$\cdots$。因此，在 $n\Delta t$ 时刻，各管段水流中的物质浓度 $C_i^{(n)}$ 可取其两端节点上物质浓度的平均值，即：

$$C_i^{(n)} = 0.5(C_{\mathrm{NF}i}^{(n)} + C_{\mathrm{NT}i}^{(n)}) \tag{8.29}$$

在 $(n+1)\Delta t$ 时刻，各管段中的物质浓度为：

$$C_i^{(n+1)} = C_i^{(n)} + \exp(-k\Delta t) \tag{8.30}$$

各管段中的平均水流停留时间为

$$t_{\mathrm{p}i} = 0.5(t_{\mathrm{F}i} + t_{\mathrm{T}i}) \tag{8.31}$$

当流向节点 j 的管段不只一根时，则设定所有流到节点 j 的水中物质在节点 j 完全混合。

在 $(n+1)\Delta t$ 时刻，节点 j 上水流停留时间可采用到达该节点的水流的加权平均停留时间，各管段在 Δt 时段内流向节点 j 的流量 $q_i^{(n)}\Delta t$ 为该流量的停留时间的权值，表达如下式：

$$t_j^{(n+1)} = \frac{\displaystyle\sum_{i \in S_j^-} (q_i^{(n)}\Delta t \cdot t_{\mathrm{p}i}^{(n)})}{\displaystyle\sum_{i \in S_j^-} (q_i^{(n)}\Delta t)} \tag{8.32}$$

此刻，在节点 j 的水中物质浓度为

$$C_{\mathrm{N}j}^{(n+1)} = \frac{\displaystyle\sum_{i \in S_j^-} (C_i^{(n)} q_i^{(n)}\Delta t)}{\displaystyle\sum_{i \in S_j^-} (q_i^{(n)}\Delta t)} \tag{8.33}$$

式中符号意义同前。

利用上述方法，可以模拟计算管网中任意节点或管段在任意时刻的水流停留时间和物质的浓度。

在模拟计算的开始时刻，$t=0$，$n=0$，管网中各节点和管段的水流停留时间和物质的浓度必须设定初始值，是不可能符合实际情况的。但是，当模拟计算若干时段后，即当 $n\Delta t$ 值大于最大的节点水流停留时间 $t_{j\max}$ 时，模拟计算的结果将会逐步接近实际的情况。当然，模拟计算结果的可靠程度仍取决于管网水力计算和水质反应速率常数的正确性。

8.6.2 给水管网水质安全性评价

在水厂内加氯后，经过给水干管和配水管输送过程中，由于氯和管道材料以及水中杂质发生化学反应而消耗氯，氯的消耗速度为一级反应：

$$\frac{\mathrm{d}C}{\mathrm{d}t} = -kC \tag{8.34}$$

式中　k——反应速度常数。

将上式中余氯浓度 C 对反应时间积分，时间从 0 到 t，浓度从 C_0 到 C，得

$$C = C_0\exp(-kt) \quad (\mathrm{mg/L}) \tag{8.35}$$

式中　C_0——$t=0$ 时的余氯浓度，mg/L；

　　　k——余氯消耗速度常数，h^{-1}。

k 值因管道材料不同而异，一般 $k = (5 \sim 10) \times 10^{-3}$。对于一个特定的管网系统，$k$ 值可以通过水质监测数据计算求得。

在研究管网内的余氯变化情况时，上述反应时间 t 如用管网内停留时间 T 代替，则达到允许余氯浓度 C_a（mg/L）时的停留时间 T_a 为

$$T_a = -\frac{1}{k}\ln\left(\frac{C_a}{C_0}\right) \text{ 或 } T_a = -\frac{1}{k}\ln\left(\frac{C_0}{C_a}\right) \tag{8.36}$$

允许停留时间 T_a 值可以作为评价水质安全性的指标。从上述的水流停留时间和物质的浓度模拟计算中，如果任一节点或管段的水流停留时间超过 T_a 值，应视为水质安全性降低。

应该指出的是，为了保证管网中的水量和水压，在管道工程设计时，一般总希望尽量放大管径，但从水质安全性考虑，宜将管径缩小，因此在确定管径之前须加以比较。此外，调整水压并不能改变停留时间，所以对已敷设的管网，为了保证水质，只有采取加强消毒的措施。

水质安全性指标主要是指细菌学方面，此外还有病毒、有机物、金属离子等有毒害的物质，可以通过管网的水质监测和模拟计算进行监控，以保证用户用水的安全可靠性。

思 考 题

1. 你认为计算机和信息技术能够从哪些方面帮助更好地完成给水管网调度任务。

2. 通讯、控制与传感技术在给水管网调度系统中各有何作用？

3. 给水管网计算机辅助调试系统建设中，哪些属于硬件建设，哪些属于软件建设？

4. 你认为如何才能提高用水量预测的精度？

5. 在给水管网优化调度数学模型中，如何理解目标函数值只与各泵站扬程有关？

6. 增加管网在线检测设备有利于管网建模及模型校正，从而有利于提高优化调度方案的合理性，你认为这样的观点正确吗？

7. 你认为在目前的技术条件下，缩短调度时段主要是受检测与通讯技术制约吗？

8. 给水管网水质模型是以水力模型为基础的，你认为关于水力模型的哪些假设会给水质模拟计算造成误差？

9. 管网中节点的"水龄"可以通过哪些方法改变？

第9章 污水管网设计与计算

城市污水管网的主要功能是收集和输送城市区域中的生活污水和生产废水，可以统称为城市污水，其中生活污水占有较大部分的比例。

污水管网设计的主要任务是：

1）污水管网总设计流量及各管段设计流量计算；

2）污水管网各管段直径、埋深、衔接设计与水力计算；

3）污水提升泵站设置与设计；

4）污水管网施工图绘制等。

9.1 污水设计流量计算

9.1.1 设计污水量定额

城市污水主要来源于城市用水，因此，污水量定额与城市用水量定额之间有一定的比例关系，该比例称为排放系数。由于水在使用过程中的蒸发、形成工业产品、分流到其他水体或以其他排水方式排除等原因，部分生活污水或工业废水不再被收集到排水管道，在一般情况下，生活污水和工业废水的污水量大约为用水量的 60%～80%，在天热干旱季节有时可低达 50%。

但是，由于地下水和地面雨水可以通过管道的接口、裂隙等处进入排水管，雨水也可能从检查井口和错误接入的管道进入污水管，还有一些未包括在城市给水系统中的自备水源的企业或其他用户的排水也可能进入排水系统，使实际污水量增大。

我国《室外排水设计规范》规定，居民生活污水定额和综合生活污水（即包括居民生活污水和公共建筑排放的污水）定额应根据当地采用的用水定额，结合建筑内部给排水设施水平和排水系统普及程度等因素确定，可按当地用水定额的 80%～90% 计算，即排放系数为 0.8～0.9；工业企业内生活污水量、淋浴污水量的确定，应与国家现行的《室外给水设计规范》的有关规定协调；工业企业的工业废水量及其总变化系数应根据工艺特点确定，并与国家现行的工业用水量有关规定协调。

工业废水量定额一般以单位产值、单位数量产品或单位生产设备所排出的废水量表示，对于具有标准生产工艺的工矿企业，可参照同行业单位产值、单位数量产品或单位生产设备的废水量标准。

国家和行业有关用水量或废水量定额一般给出了一定取值范围，在选用时应对实际情况进行调查研究，要注意用水设备的改进、用水计量与价格的变化、工业用水重复利用率的提高、原材料品质的变化、生产工艺改进、管理水平及工人素质提高等对生产、生活废水量定额的影响。

在计算设计污水量时还应明确，污水管网是按最高日最高时污水排放流量进行设计的，在选用污水量定额和确定变化系数时，应能计算出最高日最高时污水流量。根据我国设计规范规定，污水设计流量计算与给水设计用水量计算方法是有差别的，其主要的一点是，在计算居民生活用水量或综合生活用水量时，采用最高日用水量定额和相应的时变化系数，而在计算居民生活污水量或综合生活污水量时，采用平均日污水量定额和相应的总变化系数。

9.1.2   污水量的变化

与给水系统用水量一样，污水的排放量也是时刻在发生变化的，同样有逐日变化和逐时变化的规律。污水量的变化同样可以用变化系数和变化曲线来描述。

为了确定污水管网的设计流量，必须确定污水量的变化系数。

污水量日变化系数 K_d：指设计年限内，最高日污水量与平均日污水量的比值；

污水量时变化系数 K_h：指设计年限内，最高日最高时污水量与该日平均时污水量的比值；

污水量总变化系数 K_z：指设计年限内，最高日最高时污水量与平均日平均时污水量的比值。

显然，按上述定义有：

$$K_z = K_d \cdot K_h \tag{9.1}$$

（1）居民生活污水量变化系数

影响生活污水量变化的因素很多，如有历史资料，可通过统计计算求出总变化系数。在工程设计阶段，一般难以获得足够的数据来确定生活污水量变化系数。国内设计单位分析了一些城市的污水量实测数据，总变化系数 K_z 的数值主要与排水系统中接纳的污水总量的大小有关。当管道所服务的用户增多或用户的用水量标准增大，污水流量也随即增大。这样，排水流量在时间分布上趋于均匀，使总变化系数减小。经过长期使用和调整以后，得到了生活污水总变化系数经验数值，并由《室外排水设计规范》推荐使用，如表9.1所示。

生活污水量总变化系数 K_z 表 9.1

平均日污水流量 (L/s)	5	15	40	70	100	200	500	≥1000
总变化系数 K_z	2.3	2.0	1.8	1.7	1.6	1.5	1.4	1.3

注：1. 当污水平均日流量为中间数值时，总变化系数用内插法求得；

    2. 当居住区有实际生活污水量变化资料时，可按实际数据采用。

表 9.1 中所列总变化系数 K_z 取值范围为 1.3～2.3，可按下式计算：

$$K_z = \begin{cases} 2.3 & Q_d \leqslant 5 \\ \dfrac{2.7}{Q_d^{0.11}} & 5 < Q_d < 1000 \\ 1.3 & Q_d \geqslant 1000 \end{cases} \qquad (9.2)$$

式中 Q_d——平均日污水流量，L/s。

（2）工业废水量变化系数

工业废水量变化规律与产品种类和生产工艺有密切联系，往往需要通过实地调查研究和分析求得。

一般情况下，大部分工业产品的生产工艺本身与气候、温度关系不大，因此生产废水水量比较均匀，日变化系数较小，多数情形下，日变化系数 K_d 可近似取值为 1。

表 9.2 列出了部分工业生产废水流量的时变化系数 K_h，可供缺乏实际调查资料时参考。

部分工业生产废水的时变化系数   表 9.2

工业种类	冶金	化工	纺织	食品	皮革	造纸
时变化系数 K_h	1.0～1.1	1.3～1.5	1.5～2.0	1.5～2.0	1.5～2.0	1.3～1.8

（3）工业企业生活污水和淋浴污水量变化系数

工业企业生活污水量一般按每个工作班污水量定额计算，相应的变化系数按班内污水量变化给出，且与工业企业生活用水量变化系数基本相同，即一般车间采用 3.0，高温车间采用 2.5。

工业企业淋浴污水量也是按每个工作班污水量定额计算，每班考虑在 1h 之内使用，且不考虑 1h 之内的流量变化，即近似地认为均匀用水和排水。

9.1.3 污水设计流量计算

（1）居民生活污水设计流量

影响居民生活污水设计流量的主要因素有生活设施条件、设计人口和污水流量变化。在计算生活污水设计流量时，设计人口指的是排水系统在设计使用年限终期所服务的人口数量。如果排水工程系统是准备分期实施的，则还应明确各个分期时段内的服务人口数，用于计算各个分期时段内的污水量。

同一城市中可能存在着多个排水服务区域，其污水量标准不同，计算时要对每个区分别按照其规划目标，取用适当的污水量定额，按各区实际服务人口计算该区的生活污水设计流量。

居民生活污水设计流量 Q_1 用下式计算：

$$Q_1 = K_{z1} \Sigma \frac{q_{1i} N_{1i}}{24 \times 3600} \quad (\text{L/s}) \tag{9.3}$$

式中 q_{1i}——各排水区域平均日居民生活污水量标准，L/（cap・d）；

N_{1i}——各排水区域在设计使用年限终期所服务的人口数，cap；

K_{z1}——生活污水量的总变化系数，可由表 9.1 查得或采用式（9.2）计算确定，其中平均日污水流量 Q_d 由下式计算：

$$Q_d = \Sigma \frac{q_{1i} N_{1i}}{24 \times 3600} \quad (\text{L/s}) \tag{9.4}$$

由于 K_{z1} 是基于平均日污水量的，所以 q_{1i} 必须采用平均日污水量定额，按照设计规范，q_{1i} 按平均日人均用水量定额（见附表 1）的 80%～90%确定。

在地下水位较高的地区，在计算管道和污水处理设施的流量时，应适当考虑地下水渗入管道的水量。

（2）工业废水设计流量

工业废水的设计流量 Q_2 用下式计算：

$$Q_2 = \Sigma \frac{K_{2i} q_{2i} N_{2i} (1 - f_{2i})}{3.6 T_{2i}} \quad (\text{L/s}) \tag{9.5}$$

式中 q_{2i}——各工矿企业废水量定额，m^3/单位产值、m^3/单位数量产品或 m^3/单位生产设备；

N_{2i}——各工矿企业最高日生产产值（如万元）、生产产品数量（如件、台、吨等）或生产设备数量（如台、套等）；

T_{2i}——各工矿企业最高日生产小时数，h；

f_{2i}——各工矿企业生产用水重复利用率；

K_{2i}——各工矿企业废水量的时变化系数。

对于产品种类繁多、工序复杂的综合企业，应分别以各类产品或设备的废水定额计算汇总。

（3）工业企业生活污水量和淋浴污水设计流量

工业企业生活污水和淋浴污水的设计流量 Q_3 用下式计算：

$$Q_3 = \Sigma \left(\frac{q_{3ai} N_{3ai} K_{h3ai}}{3600 T_{3ai}} + \frac{q_{3bi} N_{3bi}}{3600} \right) \quad (\text{m}^3/\text{d}) \tag{9.6}$$

式中　q_{3ai}——各工矿企业车间职工生活用水量定额，L/（cap·班），一般车间采用 25 L/（cap·班），高温车间采用 35 L/（cap·班）；

　　　q_{3bi}——各工矿企业车间职工淋浴用水量定额，L/（cap·班），按附表 2 确定；

　　　N_{3ai}——各工矿企业车间最高日职工生活用水总人数，cap；

　　　N_{3bi}——各工矿企业车间最高日职工淋浴用水总人数，cap；

　　　T_{3ai}——各工矿企业车间最高日每班工作小时数，h；

　　　K_{h3ai}——各工矿企业车间最高日职工生活污水量班内变化系数，一般车间采用 3.0，高温车间采用 2.5。

（4）公共建筑污水设计流量

公共建筑的污水量可与居民生活污水量合并计算，此时应选用综合生活污水量定额，也可以单独计算。公共建筑排放的污水量比较集中，例如公共浴室、旅馆、医院、学校住宿区、洗衣房、餐饮娱乐中心等。若有条件获得充分的调查资料，则可以分别计算这些公共建筑各自排出的生活污水量。其污水量定额可参照《建筑给水排水设计规范》中有关公共建筑的用水量标准采用。

公共建筑污水设计流量 Q_4 用下式计算：

$$Q_2 = \sum \frac{q_{4i}N_{4i}K_{h4i}}{3600T_{4i}} \quad \text{（L/s）} \tag{9.7}$$

式中　q_{4i}——各公共建筑最高日污水量标准，L/（用水单位·d）；

　　　N_{4i}——各公共建筑在设计使用年限终期所服务的用水单位数；

　　　T_{4i}——各公共建筑最高日排水小时数，h；

　　　K_{h4i}——各公共建筑污水量时变化系数。

（5）城市污水设计总流量

城市污水设计总流量一般采用直接求和的方法进行计算，即直接将上述各项污水设计流量计算结果相加，作为污水管网设计的依据，城市污水设计总流量 Q_h 用下式计算：

$$Q_h = Q_1 + Q_2 + Q_3 + Q_4 \quad \text{（L/s）} \tag{9.8}$$

实际上，由于各项污水设计流量均为最大值，它们是不太可能在同一时间出现的，即直接将设计流量相加是不合理的。然而，合理地计算城市污水设计总流量需要逐项分析污水量的变化规律，这在实际工程设计中很难办到，只能采用简化计算方法。采用直接求和法计算所得城市污水设计总流量往往超过其实际值，由此设计出的污水管网是偏安全的。

【例 9.1】　某城镇居住小区污水管网设计。

该居住小区街坊总面积 50.20hm²，人口密度为 350cap/hm²，居民生活污水量定额为 120L/（cap.d）；有两座公共建筑，火车站和公共浴室的污水设计流量分别为 3.00L/s 和 4.00L/s；有两个工厂，工厂甲的生活、淋浴污水与工业废水总设计流量为 25.00L/s，工厂乙的生活、淋浴污水与工业废水总设计流量 6.00L/s。全部污水统一送至污水厂处理。试计算该小区污水设计总流量。

【解】　由街坊总面积 50.20hm²，居住人口密度为 350cap/hm²，则服务总人口数为 50.20×350＝17570cap，居民生活污水量定额为 120L/（cap.d），由式 9.4 计算居民平均日生活污水量为：

$$Q_d = \Sigma \frac{q_{1i} N_{1i}}{24 \times 3600} = \frac{120 \times 17570}{24 \times 3600} = 24.40 \quad (L/s)$$

由式（9.2）计算总变化系数为：

$$K_z = \frac{2.7}{Q_d^{0.11}} = \frac{2.7}{24.40^{0.11}} = 1.9$$

代入式（9.3）计算得居民生活污水设计流量：

$$Q_1 = K_{z1} \Sigma \frac{q_{1i} N_{1i}}{24 \times 3600} = K_{z1} Q_d = 1.9 \times 24.40 = 46.36 \quad (L/s)$$

工业企业生活、淋浴污水与工业废水设计流量已直接给出，为：

$$Q_2 + Q_3 = 25.00 + 6.00 = 31.00 \quad (L/s)$$

公共建筑生活污水设计流量也已直接给出，为：

$$Q_4 = 3.00 + 4.00 = 7.00 \quad (L/s)$$

将各项污水设计流量直接求和，得该小区污水设计总流量：

$$Q_h = Q_1 + Q_2 + Q_3 + Q_4 = 46.36 + 31.00 + 7.00 = 84.36 \quad (L/s)$$

9.2　管段设计流量计算

9.2.1　污水管网的节点与管段

污水管网的管道必须与其服务的所有用户连接，将用户排放的污水收集汇总到较大的管道中，再汇总到污水输送干管中，然后输送到污水处理厂。在工程上，将连接用户的污水管道称为连接管，将主要承担污水输送功能的大型管道称为污水干管（又可分为主干管和干管），将连接管与输送干管之间的收集连接管中污水的管道称为污水支管。

在污水收集和输送过程中，污水管道的流量从管网的起始端到末端不断地增加，管道的直径也随之不断增大。为了污水管道连接和清通方便，污水管道的交叉连接处和转弯处以及直线管道上每隔一定距离需要设置检查井（亦称为窨井）。由于污水管道中的水流是重力流，水面高度亦逐渐降低，因此需要逐渐增加污水管道的埋设深度，形成满足污水流动的水力坡度。当管道埋设深度太大时，会使管道施工困难，造价增加。所以，在大型污水管网中经常需要增加设置提升泵站，将污水提升到一定高度，以减小管道的埋设深度。在地形坡度较大的地区，为了满足污水管道最小埋深的要求，防止管道受到地面荷载冲击或被冻坏等，需要设置跌水井，以提高管道的埋深。

污水管网设计计算的重要任务是计算管网中不同地点的污水流量、各管段的污水输送流量，从而确定各管段的直径、埋深和衔接方式等。在设计计算时，将污水管网中流量和管道敷设坡度不变的一段管道称为管段，将该管段的上游端汇入污水流量和该管段的收集污水量作为管段的输水流量，称为管段设计流量。每个设计管段的上游端和下游端被称为污水管网的节点。污水管网节点处一般设有检查井，但并不是所有检查井处均为节点，如果检查井未发生跌水，且连接的管道流量和坡度均保持不变，则该检查井可不作为节点，即管段上可以包括多个检查井。

如同给水管网一样，污水管网也可以被简化为由管段和节点构成的污水管网模型系统——污水管网图，并用图论方法建立和处理管段与节点之间的关联关系。由于污水管网图为不含回路的树，是一类较简单的图，其管段与节点之间的流量关系与能量关系都较简单，所以一般不必列出恒定流方程组，而是直接将质量与能量守恒原理应用于设计计算中。

上述概念同样适用于工业废水管网、雨水管网及合流污水管网等各种排水管网，以后不再赘述。

9.2.2 节点设计流量计算

在进行污水管网设计时，采用最高日最高时的污水流量作为设计流量。污水管网的节点流量是该节点下游的一条管段所连接的用户污水流量与该节点所接纳的集中污水流量之和，前者称为本段沿线污水流量，简称本段流量，后者称为集中污水流量，简称集中流量。

工矿企业和公共建筑的污水排放一般采用集中的方式，所以工业企业的工业废水、生活污水与淋浴污水流量往往作为集中流量，公共建筑污水流量也作为集中流量。因为这些集中流量的值一般较大，所以它们的接纳点一般必须作为节点，以免造成较大的计算误差。

污水管网节点设计流量计算与给水网节点设计流量计算方法类似，即首先进行管段沿线流量分配，然后计算节点流量，但有两点不同之处。首先，如前所述，四类污水流量中有三类一般作为集中流量处理，只有居民生活污水是沿线流量，沿线流量亦采用面积比例或管长比例进行分配，但不是直接分配设计流量，而是分配平均日流量，在计算管段设计流量时再乘以总变化系数；其次，管段分配的沿线流量全部加到上游节点作为节点流量，而不是如给水管网计算时均分到两端节点上。

节点设计流量计算往往与管段设计流量计算同时进行，具体过程见例9.2。

9.2.3　管段设计流量计算

污水管网水力计算，是从上游起端节点开始向下游节点进行，依次对各管段进行设计计算，直到末端节点。为了确定各管段的管径、埋深、坡度和充满度等，必须先计算出各管段的设计流量。

虽然一般不必如同给水管网一样写出节点流量连续性方程，污水管网中节点和管段的流量亦应满足连续性条件，这是计算管段设计流量的基础。然而，污水管网的设计流量并不满足流量连续性条件，因为设计流量为最高小时流量，它们一般不会同时出现，连续性条件只能对同一时间内的流量运用。因此，在计算和分配居民生活污水流量时，只能对其日平均流量运用连续性条件，当它们最后分配到每条管段后，再乘以总变化系数得到设计流量。另外，正如在计算城市污水总设计流量时所假设的一样，为了降低设计的复杂性，总是假定居民生活污水、工业废水、工业企业生活与沐浴污水、公共建筑污水等四大类污水的最高小时流量同时出现，也就是说它们的设计流量可以直接累加。

根据以上所述，可以得到污水管网管段设计流量（L/s）的计算公式：

$$q_i = K_{z1i}q_{1i} + q_{2i} + q_{3i} + q_{4i} \qquad i = 1, 2, \cdots, M \tag{9.9}$$

式中　q_{1i}——各管段输送的居民生活污水平均日流量，L/s，它们在管网中满足连续性条件；

q_{2i}——各管段输送的工业废水设计流量，L/s，它们在管网中满足连续性条件；

q_{3i}——各管段输送的工业企业生活与淋浴污水设计流量，L/s，它们在管网中满足连续性条件；

q_{4i}——各管段输送的公共建筑生活污水设计流量，L/s，它们在管网中满足连续性条件；

K_{z1i}——各管段输送的居民生活污水量总变化系数，根据q_{1i}查表9.1或用式（9.2）计算；

M——污水管网中的管段总数。

【例9.2】　继续进行例9.1给出的某城镇居住小区污水管网设计。

该小区平面如图9.1所示，街坊划分为27个，图中用箭头标出了各街坊污水排出的方向，经测算各街坊的汇水面积列于表9.3中。该小区地势自北向南倾斜，坡度较小，无明显分水线，可划分为一个排水流域。街道支管布置在街坊地势较低一侧，干管基本上与等高线垂直，布置在小区南面河岸低处，基本与等高线平行。污水管网平面采用截流式形式布置，初步设计方案如图中所示。试计算干管各管段污水设计流量。

图 9.1 某城镇小区污水管网平面布置

街坊面积　　　　　　　　　　表 9.3

街坊编号 I	1	2	3	4	5	6	7	8	9
街坊面积 A_i (hm^2)	1.21	1.70	2.08	1.98	2.20	2.20	1.43	2.21	1.96
街坊编号 I	10	11	12	13	14	15	16	17	18
街坊面积 A_i (hm^2)	2.04	2.40	2.40	1.21	2.28	1.45	1.70	2.00	1.80
街坊编号 I	19	20	21	22	23	24	25	26	27
街坊面积 A_i (hm^2)	1.66	1.23	1.53	1.71	1.80	2.20	1.38	2.04	2.40

【解】　本污水管网中主干管为 1～7，可划分为 1～2、2～3、3～4、4～5、5～6、6～7 等 6 个管段，干管为 8～2、11～4 和 16～6，其余为支管。

居民生活污水平均日流量按街坊面积比例分配，比流量为：

$$q_A = \frac{Q_d}{\Sigma A_i} = \frac{24.40}{50.20} = 0.486 \quad [(L/s)/hm^2]$$

管段设计流量采用列表进行计算，如表 9.4 所示。

污水干管设计流量计算 表9.4

| 管段编号 | 居民生活污水日平均流量分配 | | | | | | 管段设计流量计算 | | | | |
| | 本段 | | | | 转输流量 (L/s) | 合计流量 (L/s) | 总变化系数 | 沿线流量 (L/s) | 集中流量 | | 设计流量 (L/s) |
	街坊编号	街坊面积 (hm²)	比流量 [(L/s)/hm²]	流量 (L/s)					本段 (L/s)	转输 (L/s)	
1	2	3	4	5	6	7	8	9	10	11	12
1～2	/	/	/	/	/	/	/	/	25.00	/	25.00
8～9	/	/	/	/	1.41	1.41	2.3	3.24	/	/	3.24
9～10	/	/	/	/	3.18	3.18	2.3	7.31	/	/	7.31
10～2	/	/	/	/	4.88	4.88	2.3	11.23	/	/	11.23
2～3	24	2.20	0.486	1.07	4.88	5.95	2.2	13.09	/	25.00	38.09
3～4	25	1.38	0.486	0.67	5.95	6.62	2.2	14.56	/	25.00	39.56
11～12	/	/	/	/	/	/	/	/	3.00	/	3.00
12～13	/	/	/	/	1.97	1.97	2.3	4.53	/	3.00	7.53
13～14	/	/	/	/	3.91	3.91	2.3	8.99	4.00	3.00	15.99
14～15	/	/	/	/	5.44	5.44	2.2	11.97	/	7.00	18.97
15～4	/	/	/	/	6.85	6.85	2.2	15.07	/	7.00	22.07
4～5	26	2.04	0.486	0.99	13.47	14.46	2.0	28.92	/	32.00	60.92
5～6	/	/	/	/	14.46	14.46	2.0	28.92	6.00	32.00	66.92
16～17	/	/	/	/	2.14	2.14	2.3	4.92	/	/	4.92
17～18	/	/	/	/	4.47	4.47	2.3	10.28	/	/	10.28
18～19	/	/	/	/	6.32	6.32	2.2	13.90	/	/	13.90
19～6	/	/	/	/	8.77	8.77	2.1	18.42	/	/	18.42
6～7	27	2.40	0.486	1.17	23.23	24.40	1.9	46.36	/	38.00	84.36

有4个集中流量，分别在节点1、5、11、13汇入管道，相应的设计流量分别为25、6、3和4（L/s）。管段1～2为主干管的起始管段，只有工厂甲的集中流量流入，设计流量为25L/s。设计管段2～3除接纳街坊24排入的本段流量外，还转输管段1～2的汇入集中流量25L/s和管段8～2的生活污水流量。街坊24的汇水面积为2.2hm²，故本段日平均流量为0.486×2.2=1.07L/s，由管段8～9～10～2汇入管段2～3的生活污水日平均流量为0.486×（1.21+1.7+1.43+2.21+1.21+2.28）=0.486×10.04=4.88L/s，则管段2～3中的居民生活污水合计日平均流量为1.07+4.88=5.95L/s，由式（9.2）计算出总变化系数为2.2，则该管段居民生活污水设计流量为5.95×2.2=13.09L/s，管段设计流量为13.09+25=38.09L/s。

其余干管设计流量计算方法同上。

9.3 污水管道设计参数

从水力学计算公式可知,设计流量与设计流速及过水断面积有关,而流速则是管壁粗糙系数、水力半径和水力坡度的函数。为了保证污水管道的正常运行,《室外排水设计规范》对这些设计参数作了相应规定,在进行污水管网水力计算时一般应予遵循。

9.3.1 设计充满度

在一个设计管段中,污水在管道中的水深 h 和管道直径 D 的比值称为设计充满度,如图 9.2 所示。当 $h/D=1$ 时称为满管流,当 $h/D<1$ 时称为非满管流。

图 9.2 充满度示意图

污水管道应按非满管流设计,原因如下:

1) 污水流量是随时变化的,而且雨水或地下水可能通过检查井盖或管道接口渗入污水管道。因此,有必要保留一部分管道内的空间,为未预见水量的增长留有余地,避免污水溢出而妨碍环境卫生。

2) 污水管道内沉积的污泥可能分解析出一些有害气体,需留出适当的空间,以利管道内的通风,排除有害气体。

3) 便于管道的疏通和维护管理。

设计规范规定污水管道的最大设计充满度如表 9.5 所示。

最大设计充满度   表 9.5

管径 D 或渠道高度 H(mm)	最大设计充满度 h/D 或 h/H
200~300	0.55
350~450	0.65
500~900	0.70
≥1000	0.75

在计算污水管道充满度时,设计流量不包括淋浴或短时间内突然增加的污水量,但当管径小于或等于 300mm 时,应按短时间内的满管流复核,保证污水不能从管道中溢流到地面。

对于明渠,设计规范规定设计超高(即渠中水面到渠顶的高度)不小于 0.2m。

9.3.2   设计流速

与设计流量、设计充满度相对应的水流平均速度称为设计流速。为了防止管道中产生淤积或冲刷，设计流速应限制在最大和最小设计流速范围之内。

最小设计流速是保证管道内不产生淤积的流速。这一最低设计流速的限值与污水中所含悬浮物的成分和粒度有关，与管道的水力半径和管壁的粗糙系数有关。引起污水中悬浮物沉淀的另一重要因素是水深。根据国内污水管道实际运行情况的观测数据并参考国外经验，《室外排水设计规范》规定污水管渠在设计充满度下最小设计流速为 0.6m/s，含有金属、矿物固体或重油杂质的生产污水管道，其最小设计流速宜适当加大；明渠的最小设计流速为 0.4m/s。

由于防止淤积的管段最小设计流速与废水中挟带的悬浮物颗粒的大小和比重有关，所以，对各种工业废水采用的最小设计流速要根据试验或调查研究决定。

在地形平坦地区，如果最小设计流速取值过大，就会增大管道的坡度，从而增加管道的埋深和管道造价，甚至需要增设中途泵站。因此，在平坦地区，要结合当地具体情况，可以对规范规定的最小流速作合理的调整，并制定科学的运行管理规程，保证管道系统的正常运行。

最大设计流速是保证管道不被冲刷损坏的流速。该值与管道材料有关，通常，金属管道的最大设计流速为 10m/s，非金属管道的最大设计流速为 5m/s。明渠最大设计流速按表 9.6 采用。

明渠最大设计流速 表 9.6

明渠类别	最大设计流速（m/s）	明渠类别	最大设计流速（m/s）
粗砂或低塑性粉质黏土	0.8	草皮护面	1.6
粉质黏土	1.0	干砌块石	2.0
黏土	1.2	浆砌块石或浆砌砖	3.0
石灰岩或中砂岩	4.0	混凝土	4.0

9.3.3   最小管径

在污水管网的上游部分，污水管段的设计流量一般很小，若根据设计流量计算管径，则管径会很小，极易堵塞。根据污水管道的养护记录统计，直径为 150mm 的支管的堵塞次数，可能达到直径为 200mm 的支管的堵塞次数的两倍，使管道养护费用增加。然而，在同样埋深条件下，直径为 200mm 与 150mm 的管道造价相差不多。此外，因采用较大的管径，可选用较小管道坡度，使管道埋深减小。因此，为了养护工作的方便，常规定一个允许的最小管径。在街区和厂区内最小管径为200mm，在街道下的最小管径为300mm。在进行管道水力计算时，由管段设计流量计算得出的管径小于最小管径时，应采用最小管径值。因此，一般可根据最小管径在最小设计流速和最大充满度情况下能通过的最大流量值，计算出设计管段服务的排水面积。若设计管段服务的排水面积小于此值，即直接采用最小管径和相应的最小坡度而不再进行水力计算。这种管段称为不计算管段。在这些管段中，当有适当的冲洗水源时，可考虑设置冲洗井。

9.3.4 最小设计坡度

在污水管网设计时，通常使管道敷设坡度与设计区域的地面坡度基本一致，在地势平坦或管道走向与地面坡度相反时，尽可能减小管道敷设坡度和埋深对于降低管道造价显得尤为重要。但由该管道敷设坡度形成的流速应等于或大于最小设计流速，以防止管道内产生沉淀。因此，将相应于最小设计流速的管道坡度称为最小设计坡度。

从水力计算公式可知，设计坡度与设计流速的平方成正比，与水力半径的4/3次方成反比。水力半径等于过水断面与湿周的比值，因此不同管径的污水管道应有不同的最小坡度。管径相同的管道，因充满度不同，其最小坡度也不同。当在给定的设计充满度条件下，管径越大，相应的最小设计坡度值也就越小。规范只规定最小管径对应的最小设计坡度：管径200mm的最小设计坡度为0.004；管径300mm的最小设计坡度为0.003；较大管径的最小设计坡度由最小设计流速保证。

9.3.5 污水管道埋设深度

污水管道的埋设深度是指管道的内壁底部离开地面的垂直距离，亦简称为管道埋深。管道的顶部离开地面的垂直距离称为覆土厚度，见图9.3。管道埋深是影响管道造价的重要因素，是污水管道的重要设计参数。在实际工程中，污水管道的造价由选用的管道材料、管道直径、施工现场地质条件和管道埋设深度等四个主要因素决定，合理地确定管道埋设深度可以有效地降低管道建设投资。一条管段的埋设深度分为起点埋深、终点埋深和管段平均埋深，管段平均埋深是起点埋深和终点埋深的平均值。

图9.3 管道埋深示意图

为了保证污水管道不受外界压力和冰冻的影响和破坏，管道的覆土厚度不应小于一定的最小限值，这一最小限值称为最小覆土厚度。

污水管道的最小覆土厚度，一般应满足下述三个因素的要求。

1）防止管道内污水冰冻和因土壤冰冻膨胀而损坏管道

我国北方的部分地区气候比较寒冷，属于季节性冻土区。土壤冰冻深度主要受气温和冻结期长短的影响，如海拉尔市最低气温为−28.5℃，最大土壤冰冻深度达3.2m。同一城市中因地面覆盖的土壤种类、阳光照射时间不同和市区与郊区的差别等因素，冰冻深度也有很大差异。冰冻层内污水管道埋设深度或覆土厚度，应根据流量、水温、水流情况和敷设位置等因素确定。一般情况下，污水水温较高，即使在冬季，污水温度也不会低于4℃。根据东北几个寒冷城市冬季污水管道的调查和多年实测资料，满洲里市、齐齐哈尔市、哈尔滨市的出户污水管水温在4～15℃之间，齐齐哈尔市的街道污水管水温平均为5℃，一些测点的水温高达8～9℃。满洲里市和海拉尔市的污水管道出口水温，在一月份实测为7～9℃。此外，管内经常保持一定的流量而不断地流动，在管道内是不易冰冻的。由于污水水温的辐射作用，管道周围的泥土也不易冰冻。因此，没有必要把整个污水管道都埋在土壤冰冻线以下。但如果将管道全部埋在冰冻线以上，则会因土壤冰冻膨胀可能损坏管道基础，从而损坏管道。《室外排水设计规范》规定：无保温措施的生活污水管道或水温与生活污水接近的工业废水管道，管底可埋设在冰冻线以上0.15m。有保温措施或水温较高的管道，管底在冰冻线以上的距离可以加大，其数值应根据该地区或条件相似地区的经验确定。

2）防止地面荷载而破坏管道

埋设在地面下的污水管道承受着管顶覆盖土壤静荷载和地面上车辆运行产生的动荷载。为了防止管道因外部荷载影响而损坏，首先要注意管材质量，另外必须保证管道有一定的覆土厚度。因为车辆运行对管道产生的动荷载，其垂直压力随着深度增加而向管道两侧传递，最后只有一部分压力传递到地下管道上。从这一因素考虑并结合实际经验，车行道下污水管最小覆土厚度不宜小于0.7m。非车行道下的污水管道若能满足管道衔接的要求，而且无动荷载的影响，其最小覆土厚度值可适当减小。

3）满足街区污水连接管衔接的要求

为了使住宅和公共建筑内产生的污水畅通地排入污水管网，就必须保证污水干管起点的埋深大于或等于街区内污水支管终点的埋深，而污水支管起点的埋深又必须大于或等于建筑物污水出户连接管的埋深。这对于确定在气候温暖又地势平坦地区管网起点的最小埋深或覆土厚度是很重要的因素。从安装技术方面考虑，要使建筑物首层卫生设备的污水能顺利排出，污水出户连接管的最小埋深一般采用0.5～0.7m，所以污水支管起点最小埋深也应有0.6～0.7m。

对于每一个具体设计管段，从上述三个不同的因素出发，可以得到三个不同的管底埋深或管顶覆土厚度值，这三个数值中的最大一个值就是这一管道的允许最小覆土厚度或最小埋设深度。

除考虑管道的最小埋深外，还应考虑最大埋深问题。污水在管道中依靠重力从高处流向低处。当管道的坡度大于地面坡度时，管道的埋深就愈来愈大，尤其在地形平坦的地区更为突出。埋深愈大，则造价愈高，施工期也愈长。管道允许埋设深度的最大值称为最大允许埋深。该值的确定应根据技术经济指标及施工方法而定，一般在干燥土壤中，最大埋深不超过 7～8m；在多水、流砂、石灰岩地层中，一般不超过 5m。

9.3.6　污水管道的衔接

污水管道在检查井中衔接，设计时必须考虑检查井的上游管段和下游管段衔接的高程关系。管道衔接时要遵守两个原则：其一，避免上游管道形成回水，造成淤积；其二，在平坦地区应尽可能提高下游管道的标高，以减少埋深。

管道的常用衔接方法有两种：一为水面平接，二为管顶平接。

水面平接是在确定上、下游管道直径和设计充满度后，设计管道的埋深时使上、下游管道内的设计水面保持等高。由于上游管道的设计流量一般较小，因而可能具有较大的流量变化，因而可能在短期内上游管道内的实际水面低于下游管道，形成回水。水面平接法一般适于上、下游管道直径相同时，特别是在平坦地区采用，因为这种衔接方法较管顶平接方法要求下游埋深小。水面平接法如图 9.4（a）所示。

管顶平接是指上、下游管道顶部保持相等高度。管顶平接法一般会使上、下游管道内水平有一定落差，因而不容易产生回水，但下游管道的埋深可能增加，在地面平坦地区会增大管网造价。因而管顶平接法适于地面坡度较大或下游管道直径大于上游管道直径时采用。管顶平接法如图 9.4（b）所示。

在特殊情况下，如下游管道地面坡度急增时，下游管径可能小于上游管道，此时应采用管底平接方法，即保持上、下游管道底部标高相等。

图 9.4　污水管道衔接示意图

(a) 水面平接；(b) 管顶平接

9.4　污水管网水力计算

污水管网管段设计流量确定之后,即可由上游管段开始,进行各管段的水力计算,在符合设计规范要求的条件下,确定管段直径和敷设坡度,使管道能够顺利通过设计流量。

确定管段直径和坡度是污水管网设计的主要内容,也是决定污水管网技术合理性和经济性的关键步骤。管道坡度的确定应参考地面坡度和保证自净流速的最小坡度,一方面要使管道坡度尽可能与地面坡度平行,以减少管渠埋深,同时也必须保证合理的设计流速,使管渠不发生淤积和冲刷。在保证合理流速和充满度的前提下,选择不同的管径,则要求不同的坡度,也就形成不同的本管段造价(包括管材费用和敷设施工费用),同时对下游管段的造价影响也不同。因此,有必要在选择管径及确定相应的坡度时考虑经济性问题。

(1) 不计算管段的确定

在设计计算中,应首先考虑"不计算管段"。按规范规定,在街区和厂区内最小管径为 200mm,在街道下的最小管径为 300mm,通过水力分析表明,当设计污水流量小于一定值时,已经没有管径选择的余地,可以不通过计算直接采用最小管径,在平坦地区还可以直接采用相应的最小设计坡度。

通过计算可知,当管道粗糙系数为 $n_M = 0.014$ 时,对于街区和厂区内最小管径 200mm,最小设计坡度为 4‰,当设计流量小于 9.19L/s 时,可以直接采用最小管径;对于街道下的最小管径 300mm,最小设计坡度为 3‰,当设计流量小于 14.63L/s 时,可以直接采用最小管径。

(2) 较大坡度地区管段设计

当管段敷设地点有一定的地形坡度可以利用时,管道可以沿着地面坡度敷设。其特点是,管段一般会具有比较大的流速,满足规范要求的最小流速一般不成问题,在选择管段直径时主要考虑满足最大充满度要求的问题,也就是说要选用满足最大充满度要求的最小直径;另一方面,在同样满足最大充满度要求的情况下,选择较大的管径是没有经济意义的,因为它只会增加本管段的造价,而不会改变下游管段的造价。综上所述,在有较大坡度的地区,管段直径由技术条件确定,计算方法如下:

1) 根据地形和管段两端节点处的埋深条件,用下式计算期望坡度 I:

$$I = \frac{(E_1 - H_1) - (E_2 - H_2)}{L} \tag{9.10}$$

式中　E_1、E_2——管段上、下游节点处的地面高程,m;

　　　H_1、H_2——管段上、下游节点处的埋设深度,m,根据管道衔接等技术条件确定;

L——管段长度，m。

2）根据设计流量、期望坡度和最大充满度（在管径未确定前，先假定采用某档管径最大充满度）进行水力计算，具体方法见第 3 章 3.3 节式（3.37），得出计算管径，然后选取略大于计算管径的标准管径（如果其最大充满度与计算时不符，则应重新计算）。

另一种确定管径的方法是采用附图 1 所示的污水管道直径选用图，在该图中由已知的设计流量和坡度（分别作为横坐标和纵坐标）可以确定一个点，根据该点所处区域即可选定一个合适的管径。以设计流量 $q = 200$L/s，坡度 $I = 6‰$ 为例，从图中可以确定，最合适的管径为 $D = 500$mm。

3）根据设计流量、坡度和管径计算出管内实际的充满度和流速，具体方法见第 3 章 3.3 节中公式（3.32）和（3.33）。

（3）平坦或反坡地区管段设计

当管道敷设地点地形比较平坦甚至是反坡时，管径选择的问题要复杂一些。因为对于给定设计流量的某一管段而言，若选择较小的管径则本段造价较低，但需要较大的敷设坡度，因而使下游管段埋深增加，造价提高；若选择较大的管径则本段造价较高，但其敷设坡度可以降低，因而减小下游管段埋深，可以降低它们的造价。所以，平坦或反坡地区管段设计不但要考虑规范规定的最小流速、最大充满度等技术要求，同时还要认真考虑经济性问题。而实际工程中，多数情况为平坦或反坡地区管段设计问题。

然而，平坦或反坡地区管段设计也有一定的规律可循。首先，可以由技术条件确定一个最大可用管径，根据水力分析可知，在一定的设计流量下，采用较大的管径可以降低坡度要求，但当管径大到一定值时，管内流速将小于规范要求的最小流速，管径再加大时，为满足最小流速要求必须加大水力坡度，显然是不经济的。通过计算可以列出不同设计流量范围内的最大管径供设计参考，见表 9.7。

污水管最大管径 （$n_M = 0.014$）　　　　　表 9.7

设计流量 q（L/s）	最大管径（mm）	设计流量 q（L/s）	最大管径（mm）
$<9.19C$	200	$172.65\sim225.50$	800
$9.19\sim16.60$①	250	$225.50\sim285.39$	900
$16.60\sim23.90$①/ <14.63	300	$285.39\sim379.11$	1000
$23.90\sim39.72$①/ $14.63\sim39.72$	350	$379.11\sim458.72$	1100
$39.72\sim51.88$	400	$458.72\sim545.92$	1200
$51.88\sim65.66$	450	$545.92\sim690.93$	1350
$65.66\sim88.08$	500	$690.93\sim853.00$	1500
$88.08\sim126.84$	600	$853.00\sim1032.13$	1650
$126.84\sim172.65$	700	$1032.13\sim1228.32$	1800

① 对于最小管径为 200mm 时。

　　另外，工程统计资料表明，对污水管道的造价影响最大的埋深因素，相比之下管径增加造成的管材费用增加较小，特别是对于控制下游管段埋深的管网前端管段以及管径较小的管段，它们管径加大所增加的材料费用对总造价影响很小，而它们的坡度变化对本管段和下游管段造价的影响是显著的。因此，这类管段一般应采用表 9.7 所列最大管径。

　　最后，对于管网末端管段或设计流量较大的管段，可以采用表 9.7 所列最大管径和比它们小的标准管径，但一般也只需要考虑小 1～3 级的标准管径，因为当管径小太多时，坡度会显著增加，显然是不经济的。此时，管径设计必须进行一定的方案技术经济比较，或采用优化设计手段。

　　上述平坦或反坡地区管段设计的特点，可以结合附图 1 所示的污水管道直径选用图进行考虑。根据设计流量在该图中确定一个横坐标，该坐标处垂直线首先于较小坡度处与某管径最小流速线相交，该管径即为最大可用管径，随着坡度增加，该垂直线将逐一与较小管径的最大充满度线相交，这些管径从技术上都是可用的，但当管径太小时，坡度显著增加，是不经济的。以设计流量 $q=500L/s$ 为例，从污水管道直径选用图中以可查出，最大可用管径为 $D=1200mm$，与表 9.7 所列相同，相应的最小坡度 $I=0.28‰$，较小的可用管径有 $D=1100$、1000、900、800、700、600、……（mm）等，相应的最小坡度 $I=0.36$、0.61、1.26、2.37、4.82、10.97、……（‰）等，显然，小于 900mm 的管径可能是不能采用的。

　　通过上述方法确定管径后，坡度也随之确定了。最后，还要根据流量、管径和坡度计算管内充满度和流速，方法同前，即见第 3 章 3.3 节式（3.32）和（3.33）。

　　（4）管段衔接设计

　　污水管网设计除了确定各管段的直径和敷设坡度外，还有一项重要内容就是处理好各管段之间的衔接。衔接设计是由上游管段向下游管段进行的，首先是根据上节所述方法确定管段起点埋深，对于非起点管段，则应确定它与上游管段的衔接关系，即根据具体情况选用三种衔接方法（管顶平接、水面平接和管底平接）之一，以确定本管段的起点埋深；然后用本管段设计确定的管径、坡度、充满度等以及管段长度，推求本管段的终端埋深，作为下游管段的衔接条件。管段末端埋深计算公式为：

$$(E_2 - H_2) = (E_1 - H_1) - I \cdot L \tag{9.11}$$

式中　L——管段长度，m；

　　$I \cdot L$——管段降落量，m。其余符号意义同式（9.12）。

　　具体计算方法见例 9.3。

　　（5）水力计算时应注意的问题

　　必须细致研究管道系统的控制点，以便确定管网系统的埋深。这些控制点常位于本区的最远或最低处，它们的埋深控制该地区污水管道的最小埋深。各条管道的起点、低洼地区的个别街坊和污水出口较深的工业企业或公共建筑都是研究控制点的对象。

水力计算自上游依次向下游逐段进行。一般情况下，随着设计流量逐段增加，设计流速也应相应增大。只有当坡度大的管道接到坡度小的管道时，下游管段的流速已大于 1m/s（陶土管）或 1.2m/s（混凝土、钢筋混凝土管道）的情况下，设计流速才允许减小。设计流量逐段增加，设计管径也应逐段增大，但当坡度小的管道接到坡度大的管道时，管径可以减小，但缩小的范围不得超过 50～100mm。

【例 9.3】 继续进行例 9.1 和例 9.2 给出的某城镇居住小区污水管网设计。

拟采用混凝土排水管材，粗糙系数 $N_M = 0.014$，已知节点 1 受工厂排出口埋深的控制，最小埋深为 2.0m，管网其他起点最小埋深要求均小于 1.0m，因此节点 1 作为主干管的起点，控制整个管网埋深。试进行主干管 1～7 的水力计算。

【解】 从节点 1 开始，从上游管段依次向下游管段进行水力计算，计算过程用列表的办法进行，如表 9.8 所示。具体解释如下：

1）首先将管段编号、长度、设计流量、上下端地面标高等已知数据分别填入表中第 1、2、3、10 和 11 等各列，

2）确定管段起点埋深，本例已经给出节点 1 的埋深为 2.0m，实际工程中要考虑与用户管道衔接、管道承受地面荷载与防冻等条件确定，将起点埋深填入表中第 11 列，同时计算出起点管内底标高 86.20－2.00＝84.20m，填入第 14 列。

3）进行 1～2 管段设计：

根据本例所给数据，节点 2 的最小埋深可以采用 1.0m，管内底期望标高为 86.10－1.00＝85.10m，高于节点 1 管内底标高 84.20m，为反坡，而且作为起点管段，可以直接采用最大可用管径，根据设计流量 $q = 25.00L/s$ 查附图 1 得 $D = 350mm$，相应坡度 $I = 2.01‰$，用式（3.32）和（3.33）分别计算出充满度 $h/D = 44.7\%$，流速 $v = 0.60m/s$，分别填入表 9.8 中第 4、5、7 和 6 列。

4）进行 1～2 管段衔接设计：

根据管径和充满度计算管内水深 $h = 0.35 \times 0.447 = 0.16$（m），上端水面标高为 84.20＋0.16＝84.36（m），根据坡度和管长计算管段降落量 $I \cdot L = 0.00201 \times 110 = 0.22$（m），下端水面标高为 84.36－0.22＝84.14（m），下端管内底标高为 84.20－0.22＝83.98（m），下端管道埋深为 86.10－83.98＝2.12（m），计算结果分别填入表 9.8 中第 8、12、9、13、15 和 17 列。

管段 1～2 与 2～3 采用水面平接，即令管段 2～3 的起点水面标高与管段 1～2 终点水面标高相等，即为 84.14m，填入表中第 12 列。

5）进行 2～3 管段设计：

管段 2～3 起点管内底标高与 1～2 管段终点接近，近似为 83.98m，管段 2～

3终点管内底标高期望值为$86.05-1.00=85.05$，所以仍为反坡，直接采用最大可用管径，根据设计流量$q=38.09L/s$查附图1得$D=350mm$，相应坡度$I=1.54‰$，用式（3.32）和（3.33）分别计算出充满度$h/D=62.7\%$，流速$v=0.60m/s$，分别填入表9.8中第4、5、7和6列。

6）进行2～3管段衔接设计：

根据管径和充满度计算水深$h=0.35\times0.627=0.22$（m），上端管内底标高为$84.14-0.22=83.92$（m），根据坡度和管长计算管段降落量$I\cdot L=0.00154\times250=0.39$（m），下端水面标高为$84.14-0.39=83.75$（m），下端管内底标高为$83.92-0.39=83.53$（m），上端管道埋深为$86.10-83.92=2.18$（m），下端管道埋深为$86.05-83.53=2.52$（m），计算结果分别填表入表9.8中第8、14、9、13、15、16和17列。

管段2～3与3～4采用水面平接，即令管段3～4的起点水面标高与管段2～3终点水面标高相等，即为83.75m，填入表中第12列。

依此方法继续进行计算，直到完成表9.8中的所有项目，则水力计算完成。最后得污水管网总出口即节点7处的管道埋深为3.27m。

污水管网主干管水力计算　　表9.8

管段	管段长度	设计流量	管段直径	管段坡度	管内流速	充满度		降落量	标　　　高（m）						埋设深度（m）	
									地　　面		水　　面		管内底			
编号	L（m）	q（L/s）	D（mm）	I（‰）	v（m/s）	h/D（%）	h（m）	$I\cdot L$（m）	上端	下端	上端	下端	上端	下端	上端	下端
1	2	3	4	5	6	7	8	9	10	11	12	13	14	15	16	17
1～2	110	25.00	350	2.01	0.60	44.7	0.16	0.22	86.20	86.10	84.36	84.14	84.20	83.98	2.00	2.12
2～3	250	38.09	350	1.54	0.60	62.7	0.22	0.39	86.10	86.05	84.14	83.75	83.92	83.53	2.18	2.52
3～4	170	39.56	350	1.51	0.60	64.8	0.23	0.26	86.05	86.00	83.75	83.49	83.52	83.26	2.53	2.74
4～5	220	60.92	450	1.12	0.60	61.0	0.27	0.25	86.00	85.90	83.49	83.24	83.22	82.97	2.79	2.93
5～6	240	66.92	500	1.04	0.60	55.4	0.28	0.25	85.90	85.80	83.24	82.99	82.96	82.71	2.94	3.09
6～7	240	84.36	500	0.92	0.60	67.3	0.34	0.22	85.80	85.70	82.99	82.77	82.65	82.43	3.15	3.27

9.5　绘制管道平面图和纵剖面图

污水管网的平面图和纵剖面图，是污水管网设计的主要图纸。根据设计阶段的不同，图纸表现的深度亦有所不同。初步设计阶段的管道平面图就是管道总体布置图，通常采用比例尺1：5000～1：10000，图上有地形、地物、河流、风玫瑰或指南针等。已有和设计的污水管道用粗线条表示，在管线上画出设计管段起讫点的检查井并编上号码，标出各设计管段的服务面积，可能设置的中途泵站，倒虹管及其他的特殊构筑物，污水厂、出口等。初步设计的管道平面图中还应将主干管各设计管段的长度、管径和坡度在图上标明。此外，图上应有管道的主要工程工程项目表和说明。

施工图阶段的管道平面图比例尺常用 1：1000～1：5000，图上内容基本同初步设计，而要求更为详细确切。要求标明检查井的准确位置及污水管道与其他地下管线或构筑物交叉点的具体位置、高程，居住区街坊连接管或工厂废水排出管接入污水干管或主干管的准确位置和高程。图上还应有图例、主要工程项目表和施工说明。

污水管道的纵剖面图反映管道沿线的高程位置，它是和平面图相对应的，图上用单线条表示原地面高程线和设计地面高程线，用双竖线表示检查井，图中还应标出沿线支管接入处的位置、管径、高程；与其他地下管线、构筑物或障碍物交叉点的位置和高程；沿线地质钻孔位置和地质情况等。在剖面图的下方有一表格，表格中列有检查井号、管道长度、管径、坡度、地面高程、管内底高程、埋深、管道材料、接口形式和基础类型等。有时也将流量、流速、充满度等数据标明。采用比例尺，一般横向 1：500～1：2000，纵向 1：50～1：200，对工程量较小，地形、地物较简单的污水管网，亦可不绘制纵剖面图，只需要将管道的直径、坡度、长度、检查井的高程以及交叉点等注明在平面图上即可。

例 9.1～9.3 为初步设计，其设计计算结果用平面图和纵剖面图表示，分别见图 9.1 和图 9.5。

地面标高 (m)	86.20	86.10		86.05		86.00		85.90		85.80		85.70
埋设深度 (m)	2.00	2.12	2.18		2.52	2.53		2.74	2.79		2.93	2.94		3.09	3.15		3.27
管内底标高 (m)	84.20	83.98	83.92		83.53	83.52		83.26	83.22		82.97	82.96		82.71	82.65		82.43
管段长度 (m)	110		250		170		220		240		240	
检查井号	1		2		3		4		5		6		7

图 9.5　某污水管网主干管纵剖面图

思 考 题

1. 污水量标定额一般如何确定，生活污水量计算方法与生活用水量计算方法有何不同？
2. 城市污水设计总流量计算采用什么方法？生活污水总流量的计算也是直接求和吗？
3. 为什么在污水管道设计时，管道底坡（简称管道坡度）与水力坡度是等同的？
4. 污水管道的起点埋深如何确定？在没有确定管径前，起点埋深就一定可以确定吗？
5. 污水管网中管段是如何划分的？何谓本段流量？
6. 在污水管道衔接的各种方法中，哪种方法在什么情况下会使下游管段埋深最大？
7. 在平坦或反坡地区与较大坡度地区的污水管道设计中，哪种情况一般采用最大充满度设计？哪种情况一般采用最小流速设计？
8. 如果在污水管道设计中要考虑经济性因素，那么平坦或反坡地区与较大坡度地区哪一个更容易考虑？为什么？
9. 请解释附图1中不同管径的两类曲线含义是什么？你认为此图有哪些用途？如何使用？
10. 为了使污水管网设计满足规范并尽可能降低造价，有哪些原则应该遵循？

习 题

1. 某肉类联合加工厂每天宰杀活牲畜 258t，废水量标准为 8.2m³/t 活畜，总变化系数为 1.8，三班制生产，每班工作 8h，最大班职工人数 860cap，其中在高温及重污染车间工作的占职工总数的 40%，使用淋浴人数按 85% 计，其余 60% 在一般车间工作，使用淋浴人数按 30% 计，工厂居住区面积 9.5×10⁴m²，人口密度 580cap/10⁴m²，生活污水量标准 160L/(cap·d)，各种污水由管道汇集送至污水处理站，试计算该厂的最大时污水设计流量。
2. 图 9.6 为某工厂工业废水干管平面图，图上注明各废水排出口的位置、设计流量以及各设计管段长度，检查井（节点）处的地面标高，排出口 1 处的管底标高为 218.9m，其余各排出口的管道埋深均不得小于 1.6m。该地区土壤无冰冻。要求列表进行干管设计与水力计算，并将计算结果标注在平面图上。

图 9.6   某工厂工业废水干管平面

3. 试根据图 9.7 所示的街坊平面图，布置污水管道，并从工厂接管点至总出口（污水厂处）进行干管设计与水力计算，绘制管道平面图和干管纵断面图。已知：

1）人口密度为 400 cap/10^4m^2；

2）污水量标准为 140L/（cap·d）；

3）工厂的生活污水和淋浴污水设计流量分别为 8.24L/s 和 6.84L/s，生产污水设计流量为 26.4L/s，工厂排出口地面标高为 43.5m，管底埋深不小于 2.0m，土壤冰冻深度为 0.8m；

4）沿河岸堤坝顶标高 40.0m。

单位：m

图 9.7 某街坊平面

第10章　雨水管网设计与计算

降雨是一种自然过程，降雨的时间和降雨量大小具有一定的随机性，同时又服从一定的统计规律。一般，越大的暴雨出现的几率越少。为了排除会产生严重危害的某一场大暴雨的雨水，必须耗用巨资建设具有相应排水能力的雨水排除系统——雨水管网，而该系统投入使用的机会也许很长时间才会有一次。特别值得注意的是，我国地域宽广，气候差异很大，南方多雨，年平均降雨量可高达1600mm/a，而北方少雨干旱，西北内陆个别地区年平均降雨量少于200mm/a。因此，不同地区的城市排水管网的设计规模和投资具有很大差别。降雨量的计算必须根据不同地区的降雨特点和规律，对正确设计城市雨水管网特别重要。正确计算雨水设计流量，经济合理地设计雨水管道，使之具有合理的和最佳的排水能力，最大限度地及时排除雨水，避免洪涝灾害，又不使建设规模超过实际需求，避免投资浪费，提高工程投资效益，具有非常重要的意义和价值。

10.1　雨量分析与暴雨强度公式

10.1.1　雨量分析

（1）降雨量

指单位地面面积上在一定时间内降雨的雨水体积，其计量单位为体积/（面积·时间）。由于体积除以面积等于长度，所以降雨量的单位又可以采用长度/时间。这时降雨量又称为一定时间内的降雨深度。常用的降雨量统计数据计量单位有：

年平均降雨量：指多年观测的各年降雨量的平均值，计量单位用mm/a；

月平均降雨量：指多年观测的各月降雨量的平均值，计量单位用mm/月；

最大日降雨量：指多年观测的各年中降雨量最大的一日的降雨量，计量单位用mm/d。

（2）自动雨量计的数据整理

自动雨量计所记录的数据一般是每场雨的累积降雨量（mm）和降雨时间（min）之间的对应关系。以降雨时间为横坐标和以累计降雨量为纵坐标绘制的曲线称为降雨量累积曲线。降雨量累积曲线上某一点的斜率即为该时间的降雨瞬时强度。将降雨量在该时间段内的增量除以该时间段长度，可以得到描述单位时间内的累积降雨量，即该段降雨历时的平均降雨强度。

（3）降雨历时和暴雨强度

在降雨量累积曲线上取某一时间段，称为降雨历时。如果该降雨历时覆盖了降雨的雨峰时间，则上面计算的数值即为对应于该降雨历时的暴雨强度，降雨历时区间取得越宽，计算得出的暴雨强度就越小。

暴雨强度习惯上用符号 i 表示，常用单位为 mm/min，也可为 mm/h。在工程上，暴雨强度亦常用单位时间内单位面积上的降雨量 q 表示，单位用 (L/s)/hm^2。

采用以上计量单位时，由于 1mm/min＝1 (L/m^2)/min＝10000 (L/min)/hm^2，可得 i 和 q 之间的换算关系为：

$$q = \frac{10000}{60}i = 167i[(L/s)/hm^2] \tag{10.1}$$

式中　q——降雨强度，(L/s)/hm^2；

　　i——降雨强度，mm/min。

对雨水管网设计而言，有意义的是找出降雨量最大的那个时段内的降水量。因此，暴雨强度的数值与所取的连续时间段 t 的跨度和位置有关。在城市暴雨强度公式推求中，经常采用的降雨历时为 5 min、10 min、15 min、20 min、30 min、45 min、60 min、90 min、120 min 等 9 个历时数值，特大城市可以用到 180 min。

（4）暴雨强度频率

对应于特定降雨历时的暴雨强度的出现次数服从一定的统计规律，可以通过长期的观测数据计算某个特定的降雨历时的暴雨强度出现的经验频率，简称暴雨强度频率。

经验频率的计算公式有多种。常用均值公式或数学期望公式为：

$$F_m = \frac{m}{n+1} \tag{10.2}$$

式中　n——降雨量统计数据总个数；

　　m——将所有数据从大到小排序之后，某个具有一定大小的数据的序号；

　　F_m——相应于第 m 个数据的经验频率，常用单位为％。

F_m 用于近似地表达暴雨强度大于等于第 m 个数据的暴雨事件出现的概率。显然，参与统计的数据越多，这种近似性表示就越精确。根据以上定义可知，当对应于特定降雨历时的暴雨强度的频率越小时，该暴雨强度的值就越大。

当每年只取一个代表性数据组成统计序列时，n 为资料年数，求出的频率值称为"年频率"F_m；而当每年取多个数据组成统计序列时，n 为数据总个数，求出的频率值称为"次（数）频率"，"年频率"和"次（数）频率"统称为经验频率，并统一以 F_m 表示。"次（数）频率"F_m 的计算公式为：

$$F_m = \frac{mM}{nM+1} \tag{10.3}$$

式中 M——每年选取的雨样数。

在坐标纸上以经验频率为横坐标，暴雨强度为纵坐标，按数据点的分布绘出的曲线，称为经验频率曲线，如图 10.1 所示。

图 10.1   经验频率曲线

（5）暴雨强度重现期

工程上常用比较容易理解的"重现期"来等效地替代较为抽象的频率概念。重现期的定义是指在多次的观测中，事件数据值大于等于某个设定值重复出现的平均间隔年数，单位为年（a）。

重现期与经验频率之间的关系可直接按定义由下式表示：

$$P = \frac{1}{F_m} \qquad (10.4)$$

图 10.2   降雨强度、降雨历时
和重现期的关系

需要指出，重现期是从统计平均的概念引出的。某一暴雨强度的重现期等于 P，并不是说大于等于暴雨强度的降雨每隔 P 年就会发生一次。P 年重现期是指在相当长的一个时间序列（远远大于 P 年）中，大于等于该指标的数据平均出现的可能性为 $1/P$，而且这种可能性对于这个时间序列中的每一年都是一样的，发生大于等于该暴雨强度的事件在时间序列中的分布也并不是均匀的。对于某一个具体的 P 年时间段而言，大于等于该强度的暴雨可能出现一次，也可能出现数次或根本不出现。重现期越大，降雨强度越大，如图 10.2 所示。

如果在雨水排水管网的设计中使用较高的设计重现期，则计算的设计排水量就较大，排水管网系统设计规模相应增大，排水顺畅，但该排水系统的建设投资就比较高；反之，则投资较小，但安全性差。确定设计重现期的因素主要有排水区域的重要性、功能（如广场、干道、工厂或居住区）、淹没后果严重性、地形特点和汇水面积的大小等。在一般情况下,低洼地段采用的设计重现期大于高地;干管采用的设计重现期大于支管;工业区采用的设计重现期大于居住区;市区采用的设计重现期大于郊区。

某城市在不同历时的暴雨强度统计数据　　　　　　　　表 10.1

序号	i (mm/min)									经验频率 F_m (%)	重现期 P (a)
	t (min)										
	5	10	15	20	30	45	60	90	120		
1	3.82	2.82	2.28	2.18	1.71	1.48	1.38	1.08	0.97	0.83	122.0
2	2.92	2.19	1.93	1.65	1.45	1.25	1.18	0.92	0.78	4.93	20.3
3	2.56	1.96	1.73	1.53	1.31	1.08	0.98	0.74	0.60	10.74	9.3
4	2.34	1.92	1.58	1.44	1.23	0.99	0.91	0.67	0.57	14.88	6.7
5	2.02	1.79	1.50	1.36	1.15	0.93	0.83	0.63	0.53	20.66	4.8
6	2.00	1.60	1.38	1.26	1.10	0.90	0.77	0.59	0.50	25.62	3.9
7	1.60	1.30	1.13	0.99	0.85	0.68	0.60	0.47	0.40	49.59	2.0
8	1.24	1.05	0.90	0.83	0.69	0.58	0.51	0.40	0.34	75.21	1.3
9	1.10	0.95	0.77	0.71	0.61	0.50	0.44	0.33	0.28	97.52	1.0
10	1.08	0.94	0.76	0.70	0.60	0.50	0.44	0.33	0.27	99.17	1.0

重现期的最小值不宜低于 0.33 年;重要干道、重要立交路口或短期积水即能引起较严重损失的地区,选用的重现期可达 10～20 年。

在同一排水系统中可采用同一重现期或不同重现期。重现期一般选用 0.5～3 年,重要干道、重要地区或短期积水即能引起较严重后果的地区,一般选用 2～5 年,并应与道路设计协调统一。特别重要的地区或次要地区可根据实际情况对重现期值予以调整。

表 10.1 为某城市在不同历时的暴雨强度统计数据,表达了该市的降雨规律。

10.1.2 暴雨强度公式

根据数理统计理论,暴雨强度 i(或 q)与降雨历时 t 和年重现期 P 之间关系,可用一个经验函数表示,称为暴雨强度公式。其函数形式可以有多种。根据不同地区的适用情况,可以采用不同的公式。我国《室外排水设计规范》(1997)中规定我国采用的暴雨强度公式的形式为:

$$q = \frac{167A_1(1 + C\lg P)}{(t + b)^n} \tag{10.5}$$

式中　q——设计暴雨强度,(L/s) /hm²;

　　　t——降雨历时,min;

P——设计重现期，a；

A_1，C，n，b——待定参数。

在具有 10 年以上自动雨量记录的地区，暴雨强度公式中的待定参数可按以下步骤，用统计方法进行计算确定。而在自动雨量记录不足 10 年的地区，可参照附近气象条件相似地区的资料采用。

1）计算降雨历时分别采用 5、10、15、20、30、45、60、90、120 分钟 共 9 个历时。计算降雨重现期一般按 0.25、0.33、0.5、1、2、3、5、10 年统计。当有需要或资料条件较好时（资料年数≥20 年、子样点的排列比较规律），也可统计高于 10 年的重现期。

2）取样方法宜采用每年多个样法。即在每年的每个历时选择 6～8 个最大值，然后不论年次，将每个历时的子样数据按大小次序排列，再从中选择资料年数的 3～4 倍的数目的最大值，作为统计的基础资料。

3）所选取的各降雨历时的数据一般应采用频率曲线加以调整。根据确定的频率曲线，得出重现期、降雨强度和降雨历时三者之间的关系，即 P、i、t 关系值。如图 10.2 所示。

4）根据 P、i、t 关系值求解 A_1、C、b 和 n 各个参数。可用解析法或图解法等方法进行。

我国部分大城市的暴雨强度公式参数表　　　　　　　　表 10.2

序号	城市名称	暴雨强度公式参数				资料年数
		A_1	C	b	n	
1	北京	10.662	8.842	7.857	0.679	40
2	上海	17.812	14.668	10.472	0.796	41
3	天津	49.586	39.846	25.334	1.012	15
4	南京	16.962	11.914	13.228	0.775	40
5	杭州	10.600	7.736	6.403	0.686	15
6	广州	11.163	6.646	5.033	0.625	10
7	成都	20.154	13.371	18.768	0.784	17
8	昆明	8.918	6.133	10.247	0.649	16
9	西安	37.603	50.124	30.177	1.077	19
10	哈尔滨	17.932	17.036	11.770	0.880	34

5）计算抽样误差和暴雨公式均方差。一般按绝对均方差计算，也可辅以相对均方差计算。当计算重现期在 0.25～10 年范围内时，平均绝对均方差不宜大于 0.05 mm/min。在较大降雨强度的地方，平均相对均方差不宜大于 5%。

我国部分大城市的暴雨强度公式（10.5）的参数如表 10.2 所示。其他主要城市的降雨量公式可参见《给水排水设计手册》第 5 册。

10.1.3　汇水面积

汇水面积（也称为流域面积）F 指的是雨水管渠汇集和排除雨水的地面面积。单位常用为 hm² 或 km²。一般的大雷雨能覆盖 $1\sim5$ km² 的地区，有时可高达数千平方公里。一场暴雨在其整个降雨的面积上雨量分布并不均匀。但是，对于城市排水系统，汇水面积一般较小，一般小于 100 km²，其最远点的集水时间往往不超过 $3\sim5$ 小时，大多数情况下，集水时间不超过 $60\sim120$ 分钟。因此，可以假定降雨量在城市排水小区面积上是均匀分布的，采用自记录雨量计所测得的局部地点的降雨量数据可以近似代表整个汇水面积上的降雨量。

10.2　雨水管网设计流量计算

10.2.1　地面径流与径流系数

降落在地面上的雨水在沿地面流行的过程中，一部分雨水被地面上的植物、洼地、土壤或地面缝隙截留，剩余的雨水在地面上沿地面坡度流动，称为地面径流。地面径流的流量称为雨水地面径流量。雨水管渠系统的功能就是排除雨水地面径流量。地面径流量与总降雨量的比值称为径流系数 ψ。径流系数小于 1。

降雨刚发生时，有部分雨水会被植被截留，而且地面比较干燥，雨水渗入地面的渗水量比较大，开始时的降雨量小于地面渗水量，雨水被地面全部吸收。随着降雨时间的增长和雨量的加大，当降雨量大于地面渗水量后，降雨量与地面渗水量的差值称为余水，在地面开始积水并产生地面径流。单位时间内的地面渗水量和余水量分别称为入渗率和余水率。在降雨强度增至最大时，相应产生的地面径流量也最大。此后，地面径

图 10.3　降雨强度与雨水径流量关系

流量随着降雨强度的逐渐减小而减小，当降雨强度降至与入渗率相等时，余水率为 0。但这时由于有地面积水存在，故仍有地面径流，直到地面积水消失，径流才终止。图 10.3 表示降雨强度与地面雨水径流的示意关系。图中的直方图形表示降雨强度，曲线表示地面雨水径流量。

地面径流系数的值与汇水面积上的地面材料性质、地形地貌、植被分布、建筑密度、降雨历时、暴雨强度及暴雨雨型有关。当地面材料透水率较小、植被较

少、地形坡度大、雨水流动快的时候,径流系数较大;降雨历时较长会使地面渗透损失减少而增加径流系数;暴雨强度较大时,会使流入雨水管渠的相对水量增加而增加径流系数;对于最大强度发生在降雨前期的雨型,前期雨量大的径流系数值也大。

目前,在雨水管渠设计中,通常按地面材料性质确定径流系数的经验数值。人们以各种不同材料覆盖的小块场地用自然降雨或人工降雨进行试验,根据式(10.6)实测和计算径流系数。实验中,一般不考虑植物截留和洼地积水的影响,但往往包括地面的初期渗透。我国排水设计规范中有关径流系数的取值规定见表10.3。

不同地面的径流系数 表 10.3

地面种类	径流系数 ψ
各种屋面、混凝土和沥青路面	0.90
大块石铺砌路面和沥青表面处理的碎石路面	0.60
级配碎石路面	0.45
干砌砖石和碎石路面	0.40
非铺砌土地面	0.30
公园或绿地	0.15

如果汇水面积由径流系数不同的地面组合而成,则整个汇水面积上的平均径流系数 ψ_{av} 值可按各类地面的面积用加权平均法计算:

$$\psi_{av} = \frac{\Sigma \psi_i F_i}{F} \qquad (10.6)$$

式中 F_i——为汇水面积上各类地面的面积;

ψ_i——为相应于各类地面的径流系数;

F——为总汇水面积。

实践中,计算平均径流系数 ψ_{av} 时要分别确定总汇水面积上的地面种类及其相应面积,计算工作量较大,有时还得不到所需的准确数据。因此,在工程设计中经常采用所谓"区域综合径流系数"(也称流域径流系数)进行近似的替代。这种系数以典型区域的经验径流系数为根据而确定,数值中已考虑了植被截留、地面初渗、洼地积水等因素,应用方便,但比较粗略。区域综合径流系数的建议值参见表10.4。

区域综合径流系数表 表 10.4

区域情况	区域综合径流系数值
城市市区	0.5~0.8
城市郊区	0.4~0.6

如果能获得城市不透水区域覆盖面积的数据时，区域综合径流系数的值可参考表 10.5。

城市区域综合径流系数表　　　　　　　　表 10.5

不透水面积覆盖情况	区域综合径流系数值
建筑稠密的中心区（不透水覆盖面积＞70％）	0.6～0.8
建筑较密的居住区（不透水覆盖面积 50％～70％）	0.5～0.7
建筑较稀的居住区（不透水覆盖面积 30％～50％）	0.4～0.6
建筑很稀的居住区（市郊，不透水覆盖面积＜30％）	0.3～0.5

10.2.2 断面集水时间与折减系数

集水时间是指雨水从汇水面积上的最远点流到设计的管道断面所需要的时间，记为 τ，常用单位为 min。

对于雨水管道始端的管道断面，上述集水时间即指地面集水时间，就是雨水从汇水面积上的最远点流到位于雨水管道起始端点第一个雨水口所需的地面流行时间。

对于雨水管道中的任一设计断面，集水时间 τ 由地面集水时间 t_1 和雨水在管道中流到该设计断面所需的流行时间 t_2 组成，用下式表示：

$$\tau = t_1 + mt_2 \tag{10.7}$$

$$t_2 = \Sigma \frac{L_i}{60v_i} \quad (\text{min}) \tag{10.8}$$

式中　m——称为折减系数；

　　　L_i——为设计断面上游各管道的长度，m；

　　　v_i——为上游各管道中的设计流速，m/s。

引进折减系数的原因是因为实际雨水管道中的水流并非一直是满管流，各管段中的"洪峰"流量不会同时出现，各管段在不同的时间会出现非满管流，当在某一管道断面上达到"洪峰"流量时，该断面的上游的管道可能处于非满管流状态，管道中的空间对水流可以起到缓冲和调蓄作用，使洪峰流量断面上的水流由于水位升高而使上游的来水流动减缓，使雨水在管段中的实际平均流速是小于理论设计流速。而且，一个设计管段上的汇集水量是沿该管段长度方向分散接入的，并非其上游节点的集中流量，在该管段的计算流量条件下，发生满管流的断面只可能出现在该管段的下游节点处，而发生满管流的断面的上游管道中的水流应是非满管流状态。因此，管道中的流行时间会比按满管流计算的流行时间 t_2 大得多，因此，m 又被称为容积利用系数。

地面集水时间 t_1 视距离长短、地形坡度和地面覆盖情况而定，一般采用 5~15min；折减系数 m 的取值如下：暗管的折减系数 $m=2$，明渠折减系数 $m=1.2$；而在陡坡地区，采用暗管时的折减系数 $m=1.2$~2。

10.2.3 雨水管网设计流量计算

一般城市的雨水管渠的汇水面积较小，在整个汇水面积上能产生全面积的径流，称为完全径流。实际地面径流量可按式（10.9）计算，称为推理公式。

$$Q = \psi q F \tag{10.9}$$

式中 Q——计算汇水面积的设计最大径流量，亦即要排除的雨水设计流量，L/s；

q——为雨峰时段内的平均设计暴雨强度，(L/s) /hm²；

ψ——为径流系数；

F——为计算汇水面积，hm²。

当有生产废水排入雨水管渠时，应将其水量计算在内。

应当注意，在使用式（10.9）时，随着排水管渠计算断面位置的不同，管渠的计算汇水面积也不一样，从汇水面积最远端到不同的计算断面处的集流时间 τ_0（包括管道内的流行时间）也是不一样的，在计算平均设计暴雨强度时，应采用不同的降雨历时 t $(t = \tau_0)$。

由上述计算理论分析，雨水管渠的管段设计流量即该管段上游节点断面的"洪峰"流量。在雨水管渠设计中，应根据各集水断面节点上的集水时间 τ 正确计算各管段的设计流量。对应于集水时间 τ 的暴雨强度公式可写为下列形式：

$$q = \frac{167A_1(1 + C\lg P)}{(t_1 + mt_2 + b)^n} \tag{10.10}$$

式中 q——计算集水断面上对应于降雨历时 $\tau = t_1 + mt_2$ 的降雨强度；

P——设计重现期，a；

P、b、n——暴雨强度公式中的参数。

应用推理公式，管段 i 设计流量计算公式如下：

$$q_i = \frac{167A_1(1 + C\lg P)}{(t_1 + mt_2 + b)^n}\Sigma\psi_k F_k \qquad (L/s) \tag{10.11}$$

式中 F_k、ψ_k——管段 i 承担的各上游汇水区域的面积及相应的径流系数；

t_1——管段 i 承担的汇水区域雨水从最远点开始的地面集水时间，min；

t_2——管段 i 承担的汇水区域雨水从最远点到管段 i 的管道内流行总时间，min；

其余符号意义同前。

如图 10.4 所示，A 点为雨水集水面积上的最远点，从 A 点到雨水管道的地面

图 10.4 雨水管段设计流量计算

集水时间为 t_1，则各管段设计流量为：

$$\begin{cases} q_1 = \dfrac{167A_1(1 + ClgP)}{(t_1 + b)^n}\psi_1 F_1 \\[3mm] q_2 = \dfrac{167A_1(1 + ClgP)}{\left[t_1 + m\left(\dfrac{L_1}{60v_1}\right) + b\right]^n}(\psi_1 F_1 + \psi_2 F_2) \\[3mm] q_3 = \dfrac{167A_1(1 + ClgP)}{\left[t_1 + m\left(\dfrac{L_1}{60v_1} + \dfrac{L_2}{60v_2}\right) + b\right]^n}(\psi_1 F_1 + \psi_2 F_2 + \psi_3 F_3) \end{cases}$$

应用上述推理公式（10.9）计算雨水管段设计流量时，随着计算管段数量的增加，集水面积不断增大，但降雨强度则逐渐减小，因而有可能会出现管网中的下游管段计算流量小于其上游管段的计算流量的结果。也就是说，图 10.4 中的计算流量 q_3 可能会小于 q_2 或 q_1。当出现这种情况时，应设定下游管段设计流量等于其上游管段设计流量。

10.3 雨水管网设计与计算

10.3.1 雨水管网平面布置特点

在雨水水质符合排放水质标准的条件下，雨水应尽量利用自然地形坡度，以重力流方式和最短的距离排入附近的池塘、河流、湖泊等水体中，以减低管渠工程造价。

当地形坡度较大时，雨水干管宜布置在地面标高较低处或溪谷线上；当地形平坦时，雨水干管宜布置在排水流域的中间，以便于支管就近接入，尽可能地扩大重力流排除雨水的范围。

雨水管渠接入池塘或河道的出水口的构造一般是比较简单，造价不高，增多出水口不致大量增加基建费用，而由于雨水就近排放，管线较短，管径也较小，可以降低工程造价.因此雨水干管的平面布置宜采用分散式出水口的管道布置形式,这在技术上、经济上都是较合理的。

当河流的水位变化很大,管道出口离水体很远时,出水口的建造费用很大,这时就不宜采用过多的出水口,而应考虑集中式出水口的管道布置。这时,应尽可能利用地形使管道与地面坡度平行,可以减小管道埋深,并使雨水自流排放而不需设置提升泵站。当地形平坦且地面平均标高低于河流的洪水水位,或管道埋设过深而造成技术经济上的不合理时,就要将管道出口适当集中,在出水口前设置雨水泵站,暴雨期间雨水经提升后排入水体。由于雨水泵站的造价及运行费用很大而且使用的频度不高,因此要尽可能地使通过雨水泵站的流量减小到最小,节省泵站的工程造价和运行费用。

10.3.2   雨水管网设计步骤

(1) 划分排水流域和管道定线

根据地形的分水线和铁路、公路、河道等对排水管道布置的影响情况,并结合城市的总体规划图或工厂的总平面布置,划分排水流域,进行管渠定线,确定雨水排水流向。

(2) 划分设计管段与沿线汇水面积

各设计管段汇水面积的划分应结合地面坡度、汇水面积的大小以及雨水管道布置等情况进行.雨水管渠的设计管段的划分应使设计管段范围内地形变化不大,管段上下端流量变化不多,无大流量交汇,一般以 100～200m 左右为一段,如果管段划得较短,则计算工作量增大,设计管段划得太长,则设计方案不经济。管渠沿线汇水面积的划分,要根据实际地形条件而定。当地形平坦时,则根据就近排除的原则,把汇水面积按周围管渠的布置用等分角线划分。当有适宜的地形坡度时,则按雨水汇入低侧的原则划分,按地面雨水径流的水流方向划分汇水面积,并将每块面积进行编号,计算其面积,并在图中注明。根据管道的具体位置,在管道转弯处、管径或坡度改变处、有支管接入处或两条以上管道交汇处以及超过一定距离的直线管段上,都应设置检查井。把两个检查井之间流量没有变化且预计管径和坡度也没有变化的管段定为设计管段,设计管段上下游端点的检查井设为节点,并从管段上游往下游按顺序进行设计管段和节点的编号。

图 10.5 表示一个地块雨水排水区域,根据地形和建设规划,雨水管道布置如图中带有箭头方向的实线所示,排水节点编码依次为 A、B、C、D、E、F 和 G,设计管段编号依次为①、②、③、④、⑤和⑥。与各管段两侧相邻的地块即为该管段的排水量计算流域,根据各计算流域的面积、降雨强度和径流系数即各计算该管段的本管段设计流量。图 10.6 表示一个城区雨水排水区域布置方案。

(3) 确定设计计算基本数据

图 10.5 雨水管道布置和
　　　 沿线汇水面积

图 10.6 城区雨水管道布置
　　　 和沿线汇水面积

根据各流域的具体条件，确定设计暴雨的重现期、地面径流系数和集水时间。通常根据排水流域内各类地面的面积或所占比例，计算出该排水流域的平均径流系数。也可根据规划的地区类别采用区域综合径流系数。确定雨水管渠的设计暴雨重现期的原则前面已叙述过，设计时应结合该地区的地形特点、汇水面积的地区建筑性质和气象特点选择设计重现期。根据建筑物的密度情况、地形坡度和地面覆盖种类、街坊内设置雨水暗管与否等确定雨水管道的地面集水时间。

（4）确定管渠的最小埋深

在保证管渠不被压坏、不冻坏和满足街坊内部沟道的衔接的要求下，确定沟道的最小埋深。管顶最小的覆土厚度，在车行道下时一般不小于 0.7m，管道基础应设在冰冻线以下。

（5）设计流量的计算

根据流域条件，选定设计流量的计算方法，列表计算各设计管段的设计流量。

（6）雨水管网的水力计算，确定雨水管道的坡度、管径和埋深

计算确定出各设计管段的管径、坡度、流速、沟底标高和沟道埋深。

（7）绘制雨水管道平面图及纵剖面图

10.3.3　雨水管渠设计参数

为使雨水管渠正常工作，避免发生淤积、冲刷等现象，对雨水管渠水力计算的基本参数作如下的一些技术规定。

（1）设计充满度

如前所述的原因，雨水较污水清洁得多，对环境的污染较小，加上暴雨径流量大，而相应的较高设计重现期的暴雨强度的降雨历时一般不会很长，且从减少工程投资的角度来讲，雨水管渠允许溢流。故雨水管渠的充满度按满流考虑，即 $h/D=1$，明渠则应有等于或大于 0.2m 的超高，街道边沟应有等于或大于 0.03m 的超高。

（2）设计流速

由于雨水中夹带的泥沙量比污水大得多，则相对污水管道而言，为了避免雨水所夹带的泥沙等无机物在管渠内沉淀下来而堵塞管渠，所用的最小设计流速应大于污水管渠，满流时管道内的最小设计流速为 0.75m/s。而明渠由于便于清除疏通，可采用较低的设计流速，一般明渠内最小设计流速为 0.4m/s。

为了防止管壁和渠壁的冲刷损坏，影响及时排水，雨水管道的设计流速不得超过一定的限度。由于这项最大流速只发生在暴雨时，历时较短，所以雨水管道内的最高容许流速可以高一些。对雨水管渠的最大设计流速规定为：金属管最大流速为 10m/s，非金属最大流速为 5m/s，明渠最大设计流速则根据其内壁建筑材料的耐冲刷性质，按设计规范规定选用，见表 10.6。

明渠最大设计流速　　　　　　　　　　　　　表 10.6

明渠类别	最大设计流速（m/s）
粗砂或低塑性粉质黏土	0.8
粉质黏土	1.0
黏土	1.2
石灰岩或中砂岩	4.0
草皮护面	1.6
干砌块石	2.0
浆砌块石或浆砌砖	3.0
混凝土	4.0

注：1. 表中数适用于明渠水深为 $h=0.4\sim1.0m$ 范围内。

2. 如 h 在 $0.4\sim1.0m$ 范围以外时，表中规定的最大流速应乘以下系数：

$h<0.4m$，系数 0.85；

$h>1.0m$，系数 1.25；

$h>=2.0m$，系数 1.40。

（3）最小坡度

为了保证管内不发生沉积，雨水管内的最小坡度应按最小流速计算确定。在街区内，一般不宜小于 0.004，在街道下，一般不宜小于 0.0025，雨水口连接管的最小坡度不小于 0.01。

（4）最小管径

为了保证管道在养护上的便利，便于管道的清除阻塞，雨水管道的管径不能太小，因此规定了最小管径。街道下的雨水管道，最小管径为 300mm，相应的最小坡度为 0.003；街坊内部的雨水管道，最小管径一般采用 200mm，相应的最小坡度为 0.01。

10.3.4 雨水管渠断面设计

在城市市区或工厂内，由于建筑密度较高，交通量大，雨水管渠一般采用暗管。在地形平坦地区，管道埋设深度或出水口设置深度受到限制的地区，可采用加盖板渠道排除雨水的方案，比较经济有效，且维护和管理方便。

在城市郊区当建筑密度较低，交通量较小时，可考虑采用明渠，可以节约工程投资，降低管道造价。当排水区域到出水口的距离较长时，也宜采用明渠。路面雨水应尽可能采用道路边沟排水，在雨水干管的起端，利用道路的边沟排除雨水，通常可以减少暗管约100～150m长度，这对于降低整个管渠工程的造价是很有意义的。在实际工程中，应结合实际情况，充分考虑各方面的因素，力争实现整个工程系统的最优化。

当管道接入明渠时，在管道接口处应设置挡土的端墙，连接处的土明渠应加铺砌，铺砌高度不低于设计超高，铺砌长度自管道末端算起3～10m，最好适当跌水，当跌水高差为0.3～2m时，需作45°斜坡，斜坡应加铺砌。当跌差大于2m时，应按水工构筑物设计。

当雨水排水系统设计管段的计算流量确定之后，即可使用水力学计算公式计算合理的管渠断面尺寸，并绘制设计图纸和编写设计文件。设计计算步骤与污水管道相同，可参见第9章。

10.3.5 设计计算实例

【例 10.1】 某城区雨水管网规划如图10.7所示。

已知城市暴雨强度公式为：

$$q = \frac{2928.3(1 + 0.951\lg P)}{(t_1 + mt_2 + 11.77)^{0.88}}[(L/s)/hm^2]$$

城市综合径流系数 $\psi = 0.62$，河流常水位58m，最高洪水位（50年一遇）61m，设计重现期取 $P = 1a$。

1）为了保证城市在暴雨期间排水的可靠性，拟在8～9管段终点设提升泵站，提升水头为2m。试进行该雨水排水系统的水力计算。

2）在提升泵站处设溢流口与9～10管段连接，其管内底标高为61.680m，试校核在泵站不运行条件下，管网系统的排水能力。

【解】 1）根据该规划区的条件和管网定线情况，采用暗管排水，$t_1 = 10$min，$m = 2$，汇水面积和管道长度均从规划资料数据中取得，具体计算过程详见表10.7。根据水力计算结果，管网终点管内底标高为59.005m，在常水位以上，但在洪水位以下。1～9设计计算结果不变，9～10管段的埋深提高2m，终点管内底标高为

图10.7　某市区雨水管道平面布置图

设计管段编号	管长(m)	埋深(m)	设计管内底标高(m)	设计地面标高(m)	节点
10		2.500	61.000	63.500	10
	400	2.220	61.680		9
9	330	4.215	59.685	63.90	
		3.936	60.114		8
8	330	3.736	60.314	64.050	
		3.558	60.842		7
7	330	3.458	60.942	64.400	
		3.412	61.338		6
6	330	3.212	61.588	64.800	
		3.099	61.951		5
5	180	3.099	61.951	65.050	
		3.137	62.133		4
4	180	2.987	62.263	65.250	
		3.30	62.461		3
3	180	2.739	62.761	65.500	
		2.425	63.175		2
2	330	2.125	63.475	65.600	
1		1.50	64.300	65.800	1

图10.8　某市雨水管网纵剖面图（初步设计）

61.000m，在洪水位以上。根据水力计算结果绘制的管网纵剖面图见图10.8。管段11～6、14～7、17～8和20～9的水力计算结果满足系统接管上的要求，不影响主干管的埋深。

2）在泵站不运行条件下，管网系统必须经溢流口向河道排水，溢流口内底标

图 10.9　某市雨水管网纵剖面图（压力流）

高高于 8～9 管段终点 2m，所以，管网系统只能在压力流条件下工作。管道压力流的水力坡度与管的坡度无关，仅与管段上下游水位差有关。管段 1～9 水力计算的水面落差为 3.315m，在满流条件下，1～2 管段起端管顶至溢流口（设 9～10 管段也为满流）的水位差为 1.320m，小于 3.315m，不能正常排出 $P=1a$ 的降水径流量。

现考虑 $P=0.5a$ 的条件下的系统的排水能力，水力计算过程详见表 10.8。

由表 10.8 知，1～9 管段终点水面标高为 63.588m，高于溢流口底标高（61.680m）1.908m。在 $P=0.5a$ 条件下，流入泵站的流量为 2326L/s，与 9～10 管段的满流过水能力 4737L/s 之比为 $Q/Q_0 \approx 0.5$，经计算（或查表）可得，9～10

雨水干管水力计算表　　表10.7

设计管段编号	管长 L (m)	汇水面积 A (10⁴m²)	管内雨水流行时间 (min) $t_2=\Sigma \dfrac{L}{v}$	$\dfrac{L}{v}$	单位面积径流量 q_0 (L/(s·10⁴m²))	设计流量 Q (L/s)	管径 D (mm)	水力坡度 S (‰)	流速 v (m/s)	管道输入能力 Q (L/s)	坡降 S·L (m)	设计地面标高 (m) 起点	终点	设计管内底标高 (m) 起点	终点	埋深 (m) 起点	终点
1	2	3	4	5	6	7	8	9	10	11	12	13	14	15	16	17	18
1~2	330	1.485	0	5.73	123.21	182.97	500	2.5	0.96	189	0.825	65.800	65.600	64.300	63.475	1.50	2.125
2~3	180	7.425	5.73	2.38	84.92	630.54	800	2.3	1.26	634	0.414	65.600	65.500	63.175	62.761	2.425	2.739
3~4	180	13.365	8.11	2.78	75.48	1008.84	1100	1.1	1.08	1025	0.198	65.500	65.250	62.461	62.263	3.039	2.987
4~5	180	19.305	10.89	2.83	66.93	1292.18	1250	0.9	1.06	1300	0.162	65.250	65.050	62.133	61.951	3.137	3.099
5~6	330	23.76	13.72	4.70	60.11	1428.23	1250	1.1	1.17	1440	0.363	65.050	64.800	61.951	61.588	3.099	3.212
6~7	330	47.52	18.42	3.96	51.54	2449.19	1500	1.2	1.39	2448	0.396	64.800	64.400	61.338	60.942	3.412	3.458
7~8	330	71.28	22.38	3.29	46.10	3286.04	1600	1.6	1.67	3350	0.528	64.400	64.050	60.842	60.314	3.558	3.736
8~9	330	95.04	25.67	3.37	42.43	4032.44	1800	1.3	1.63	4140	0.429	64.050	63.900	60.114	59.685	3.936	4.215
9~10	400	118.8	29.04	3.58	39.26	4664.18	1800	1.7	1.86	4737	0.68	63.900	63.500	61.680	61.000	2.220	2.500

压力流条件下雨水干管水力计算表　　表10.8

设计管段编号	管长 L (m)	汇水面积 A (10⁴m²)	管内雨水流行时间 (min) $t_2=\Sigma \dfrac{L}{v}$	$\dfrac{L}{v}$	单位面积径流量 q_0 (L/(s·10⁴m²))	设计流量 Q (L/s)	管径 D (mm)	水力坡度 S (‰)	流速 v (m/s)	管道输入能力 Q (L/s)	坡降 S·L (m)	设计地面标高 (m) 起点	终点	设计管内压标高 (m) 起点	终点
1	2	3	4	5	6	7	8	9	10	11	12	13	14	15	16
1~2	333	1.485	0	8.21	87.97	130.64	500	1.2	0.67	131.0	0.396	65.800	65.600	64.800	64.304
2~3	180	7.425	8.21	3.80	53.65	398.34	800	0.9	0.79	397	0.162	65.600	65.500	64.304	64.242
3~4	180	13.365	12.01	4.62	45.73	611.17	1100	0.4	0.65	618	0.072	65.500	65.250	64.242	64.172
4~5	180	19.305	16.63	4.92	38.90	750.96	1250	0.3	0.61	753	0.054	65.250	65.050	64.172	64.116
5~6	330	23.76	21.55	7.75	33.66	799.69	1250	0.4	0.71	869	0.132	65.050	64.800	64.116	63.984
6~7	330	47.52	29.30	6.88	27.87	1324.54	1500	0.4	0.8	1413	0.132	64.800	64.400	63.984	63.852
7~8	330	71.28	36.18	5.91	24.25	1728.86	1600	0.5	0.93	1877	0.165	64.400	64.050	63.852	63.687
8~9	330	95.04	42.09	7.05	21.86	2077.26	1800	0.3	0.78	1990	0.099	64.050	63.900	63.687	63.588
9~10	400	118.8	49.14		19.58	2326.22	1800					63.900	63.500		

管段的充满度为 $h/D=0.5$，则溢流口水位标高为 $61.680+1.800 \times 0.5=62.580$，与 1~9 管段终点水面标高差为 $63.588-62.580=1.008$m，如果再加上各检查井处的水头损失（进口和出口），可以达到安全排水。

当 1~2 管段起端水位达到地面时，系统为不发生溢流的极限条件，其上下游水位差最大，等于 $65.800-63.480=2.320$m，也小于 3.315m。所以，该系统在泵站不运行时，管网处于压力流排水状态，管网不能排除 $P=1$a 的降雨径流水量，但可以安全排除 $P=0.5$a 的降雨径流水量。

根据表 10.8 可绘制管道纵剖面图 10.9。

10.4　雨水径流调节

雨水管渠系统设计流量包含了雨峰时段的降雨径流量，设计流量较大，管渠系统工程造价昂贵。在条件允许情况下，可以考虑降低雨峰设计流量，将雨峰流量暂时蓄存在具有一定调节容量的沟道或水池等调节设施中，待雨峰流量过后，再从这些调节设施中排除所蓄水量，可以削减洪峰流量，减小下游管渠系统高峰排水流量，减小下游管渠断面尺寸，降低工程造价。

调节管渠高峰径流量的方法有两种：1）利用管渠本身的调节能力蓄洪，称为管渠容量调洪法。该方法调洪能力有限，适用于一般较平坦的地区，约可节约管渠造价 10% 左右；2）另外建造人工调节池或利用天然洼地、池塘、河流等蓄洪，该法蓄洪能力可以很大，可有效地节约调节池下游管渠造价，经济效益显著，在国内外的工程实践中日益得到重视和应用。在下列情况下设置调节池，通常可以取得良好的技术经济效果。

1）在雨水干管的中游或有大流量交汇处设置调节池，可降低下游各管段的设计流量；

2）正在发展或分期建设的区域，可用以解决旧有雨水管渠排水能力不足的问题；

3）在雨水不多的干旱地区，可用于蓄洪养鱼和灌溉；

4）利用天然洼地或池塘、公园水池等调节径流，可以补充景观水体，美化城市。

图 10.10 表示雨水调节池的三种设置形式。其中，溢流堰式是在雨水管道上设置溢流堰，当雨水在管道中的流量增大到设定流量时，由于溢流堰下游管道变小，管道中水位升高产生溢流，流入雨水调节池。当雨水排水径流量减小时，调节池中的蓄存雨水开始外流，经下游管道排出。流槽式调节池是雨水管道流经调节池中央，雨水管道在调节池中变成池底的一道流槽。当雨水在上游管道中的流量增大到设定流量时，由于调节池下游管道变小，使雨水不能及时全部排出，即

在调节池中淹没流槽，雨水调节池开始蓄存雨水，当雨水量减小到小于下游管道排水能力时，调节池中的蓄存雨水开始外流，经下游管道排出。泵汲式调节池适用于下游管渠较高的情况，可以减小下游管渠的埋设深度。

溢流堰　　　　流槽　　　　侧堰

(a)　　　　　(b)　　　　　(c)

图 10.10　雨水调节池设置形式

(a) 溢流堰式；(b) 流槽式；(c) 泵汲式

调节池的位置对于排水管渠工程的经济效益和使用效果有着重要的影响。同样容积的调节池，其设置的位置不同，经济效益和使用效果具有明显的差别。

调节池的入流管渠过水能力决定最大设计入流量，出流管渠泄水能力根据调节池泄空流量决定（要求泄空调节水量的时间≤24h）。调节池最高水位以不使上游地区溢流积水为控制条件，最高与最低水位间的容积为有效调节容积。

重力排水管渠系统中调节池容积的计算原理，是用径流过程线，以调节控制后的排水流量过程线切割洪峰，将被切割的洪峰部分的流量作为调节池设计容积。

根据前苏联学者的研究，建议采用下式计算调节池容积：

$$V = (1 - \alpha)^{1.5} Q_{max} t_c \tag{10.12}$$

式中　V——调节池容积，m^3；

Q_{max}——调节池上游干管设计流量，m^3/s；

t_c——对应于 Q_{max} 的设计降雨历时，s；

α——下游干管设计流量的降低系数，$\alpha = Q_{下游} / Q_{max}$；

$Q_{下游}$——调节池下游出口干管设计流量，m^3/s。

调节池容积计算还有其他一些方法，请读者在使用中比较选用。

10.5　排洪沟设计与计算

位于山坡或山脚下的工厂和城镇，除了应及时排除区内的暴雨径流外，还应及时拦截并排除建成区以外、分水线以内沿山坡倾泻而下的山洪流量。为了尽量减少洪水造成的危害，保护城市、工厂的工业生产和生命财产安全，必须根据城市或工厂的总体规划和流域防洪规划，合理选用防洪标准，建设好城市或工厂的防洪设施，提高城市或工厂的抗洪能力。

由于山区地形坡度大，集水时间短，洪水历时也不长，所以水流急，流势猛，且水流中还夹带着砂石等杂质，冲刷力大，容易使山坡下的工厂和城镇受到破坏而造成严重损失。因此，须在受山洪威胁的工厂和城镇外围设置防洪设施以拦截山洪，并通过排洪沟道将洪水引出保护区排入附近水体。排洪沟设计的任务就在于开沟引洪，整治河道，修建防洪排洪构筑物等，以便及时地拦截并排除山洪径流，保护山区的工厂和城镇的安全。

10.5.1 防洪设计标准

在进行防洪工程设计时，首先要确定洪峰设计流量，然后根据该流量拟定工程规模。为了准确、合理地拟定某项工程规模，需要根据该工程的性质、范围以及重要性等因素，选定某一降雨频率作为计算洪峰流量的依据，称为防洪设计标准。实际工作中，常用暴雨重现期衡量设计标准的高低，即重现期越大，则设计标准就越高，工程规模也就越大；反之，设计标准低，工程规模小。我国现有的山洪防治标准及城市防洪标准分别见表10.9和表10.10。此外，我国的水利电力，铁路，公路等部门，根据所承担的工程性质、范围和重要性，也制定了部门防洪标准。

城市防洪标准　　　　　　　　　　　　　　　　　表10.9

工程等级	防护对象			防洪标准	
	城市等级	人口（万人）	重要性	频率（%）	重现期（a）
一	大城市、重要城市	>50	重要政治、经济、国防中心，交通枢纽，特别重要工业企业	<1	>100
二	中等城市	20～50	比较重要政治、经济中心，大型工业企业，重要中型工业企业	2～1	50～100
三	小城市	<20	一般性小城市，中小型工业企业	5～2	20～50

山洪防治标准　　　　　　　　　　　　　　　　　表10.10

工程等级	防护对象	防洪标准	
		频率（%）	重现期（a）
二	大型工业企业、重要中型工业企业	2～1	50～100
三	中小型工业企业	5～2	20～50
四	工业企业生活区	10～5	10～20

10.5.2 洪水设计流量计算

排洪沟属于小汇水面积上的排水构筑物。一般情况下，小汇水面积没有实测资料，往往采用实测暴雨资料记录，间接推求设计洪水量和洪水频率。同时，考虑山区河流流域面积一般只有几平方公里至几十平方公里，平时水量小，河道干枯；汛期水量急增，集流快，几十分钟内即可形成洪水。因此，在排洪沟设计计算中，以推求洪峰流量为主，对洪水总量及其径流过程则忽略。我国各地区计算小汇水面积的暴雨洪峰流量主要有以下三种方法。

（1）洪水调查法

包括形态调查法和直接类比法两种。

形态调查法是通过深入现场，勘察洪水位的痕迹，推导洪水位发生的频率，选择和测量河道过水断面，按公式 $v = \dfrac{1}{n} R^{\frac{2}{3}} I^{\frac{1}{2}}$ 计算流速，然后按公式 $Q = Av$ 计算出洪峰流量。式中，n 为河槽的粗糙系数；R 为河槽的过水断面水力半径；J 为水面比降，可用平均比降代替。最后通过流量变差系数和模比系数法，将调查得到的某一频率的流量换算该成设计频率的洪峰流量。

（2）推理公式法

中国水利科学研究院等提出如下推理公式：

$$Q = 0.278 \times \frac{\psi \cdot S}{\tau^n} \cdot F \tag{10.13}$$

式中 Q——设计洪峰流量，m^3/s；

　　　　ψ——洪峰径流系数；

　　　　S——暴雨强度，即与设计重现期相应的最大的 1 小时降雨量，mm/h；

　　　　τ——流域的集流时间，h；

　　　　n——暴雨强度衰减指数；

　　　　F——流域面积，km^2。

用该推理公式求设计洪峰流量时，需要较多的基础资料，计算过程也较繁琐。当流域面积为 $40\sim50km^2$ 时，此公式的适用效果最好。

（3）经验公式法

常用的经验公式有多种形式，在我国应用比较普遍的以流域面积 F 为参数的一般地区性经验公式如下：

$$Q = K \cdot F^n \tag{10.14}$$

式中 Q——设计洪峰流量，m^3/s；

　　　　F——流域面积，km^2；

　　K，n——随地区及洪水频率变化的系数和指数。

该法使用方便，计算简单，但地区性很强。相邻地区采用时，必须注意各地区的具体条件，不宜任意套用。地区经验公式可参阅各地区当地的水文手册。

对于以上三种方法，应特别重视洪水调查法。在此法的基础上，可再运用其他方法试算，进行比较和验证。

10.5.3 排洪沟设计要点

(1) 排洪沟布置应与区域总体规划统一考虑

在城市或工矿企业建设规划设计中，必须重视防洪和排洪问题。应根据总图规划设计，合理布置排洪沟，城市建筑物或工矿厂房建筑均应避免设在山洪口上，不与洪水主流发生顶冲。

排洪沟布置还应与铁路、公路、排水等工程相协调，尽量避免穿越铁路、公路，以减少交叉构筑物。同时，排洪沟应布置在厂区、居住区外围靠山坡一侧，避免穿绕建筑群，以免因沟渠转折过多而增加桥、涵建筑，这样不仅会造成投资浪费，还会造成沟道水流不畅。排洪沟与建筑物之间应留有 3m 以上的距离，以防洪水冲刷建筑物。

(2) 排洪沟应尽可能利用原有天然山洪沟道

原有山洪沟道是洪水常年冲刷形成的，其形状、底床都比较稳定，应尽量利用作为排洪沟。当原有沟道不能满足设计要求而必须加以整修时，亦应尽可能不改变原有沟道的水力条件，而要因势利导，使洪水排泄畅通。

(3) 排洪沟应尽量利用自然地形坡度

排洪沟的走向，应沿大部分地面水流的垂直方向，因此应充分利用自然地形坡度，使洪水能以重力通过最短距离排入受纳水体。一般情况下，排洪沟上不设中途泵站。

(4) 排洪渠平面布置的基本要求

1) 进口段：为使洪水能顺利进入排洪沟，进口形式和布置很重要。排洪沟的进口应直接插入山洪沟，衔接点的高程为原山洪沟的高程。该形式适用于排洪沟与山沟夹角小的情况，也适用于高速排洪沟。另外一种方式是以侧流堰作为进口，将截流坝的顶面作成侧流堰渠与排洪沟直接相接。此形式适用于排洪沟与山洪沟夹角较大且进口高程高于原山洪沟底高程的情况。

进口段的形式应根据地形、地质及水力条件进行合理的方案比较和选择。进口段的长度一般不小于 3m，并应在进口段上段一定范围内进行必要的整治，使之衔接良好，水流通畅，具有较好的水流条件。为防止洪水冲刷，进口段应选择在地形和地质条件良好的地段。

2) 出口段：排洪沟出口段布置应不致冲刷排放地点（河流、山谷等）的岸坡，因此，应选择在地质条件良好的地段，并采取护砌措施。此外，出口段宜设置渐变段，逐渐增大宽度，以减少单宽流量，降低流速，或采用消能、加固等措施。出口标高宜在相应的排洪设计重现期的河流洪水位以上，一般应在河流常水位以上。

3) 联接段：当排洪沟受地形限制而不能布置成直线时，应保证转弯处有良好的水流条件,平面上的转弯沟道的弯曲半径一般不小于设计水面宽度的 5~10 倍。排洪沟的设计安全超高一般采用 0.3~0.5m。

（5）排洪沟纵向坡度的确定

排洪沟的纵向坡度应根据地形、地质、护砌材料、原有天然排洪沟坡度以及冲淤情况等条件确定,一般不小于 1%。工程设计时,要使沟内水流速度均匀增加,以防止沟内产生淤积。当纵向坡度很大时,应考虑设置跌水或陡槽,但不得设在转弯处。一次跌水高度通常为 0.2~1.5m。很多地方采用条石砌筑的梯级渠道,每级梯级高 0.3~0.6m,有的多达 20~30 级,消能效果很好。陡槽也称急流槽,纵向坡度一般为 20%~60%,多采用块石或条石砌筑,也有采用钢筋混凝土浇筑的。陡槽终端应设消能设施。

（6）排洪沟的断面形式、材料及其选择

排洪明渠的断面形式常用矩形或梯形断面,最小断面 $B \times H = 0.4m \times 0.4m$;沟渠材料及加固形式应根据沟内最大流速、当地地形及地质条件、当地材料供应情况确定。一般常用片石、块石铺砌。不宜采用土明沟。

图 10.11 为常用排洪明渠断面及其加固形式。图 10.12 为设在较大坡度的山坡上的截洪沟断面及使用的铺砌材料。

图 10.11   排洪沟断面示意图

a—梯形断面;b—矩形断面

图 10.12   截洪沟断面示意图

a—梯形断面;b—矩形断面

（7）排洪沟最大流速的规定

为了防止山洪冲刷,应按流速的大小选用不同铺砌的加固形式。表 10.11 规定了不同铺砌的排洪沟的最大设计流速。

排洪沟最大设计流速 表 10.11

沟渠护砌条件	最大设计流速（m/s）
浆砌块石	2.0～4.5
坚硬块石浆砌	6.5～12.0
混凝土护面	5.0～10.0
混凝土浇制	10.0～20.0
草皮护面	0.9～2.2

10.6 合流制管网设计与计算

10.6.1 合流制管网的使用条件和布置特点

因合流制排水系统在同一管网内排除所有的污水和雨水，所以管线单一，管渠的总长度减小。但是，合流制截流管、提升泵站以及污水厂的设计规模都较分流制排水系统大，截流管的埋深也比单设的雨水管渠的埋深大。在暴雨期间，有一部分带有生活污水和工业废水的混合污水溢入水体，使水体仍会受到污染。另外，由于合流制排水管渠的过水断面很大，晴天流量很小，流速很低，往往在管底造成淤积。降雨时，雨水将沉积在管底的大量污物冲刷起来带入水体，形成污染。因此，排水体制的选择，应根据城镇和工业企业的规划、环境保护要求、污水利用情况、原有排水设施、水质、水量、地形、气候和水体等条件，从全局出发，通过经济技术比较，综合考虑确定。

在下述情形下可考虑采用合流制：

1) 排水区域内有一处或多处水量充沛的水体，其流量和流速都足够大，一定量的混合污水排入后对水体造成的污染危害程度在允许的范围以内。

2) 街坊和街道的建设比较完善，必须采用暗埋管渠排除雨水，而街道横断面又较窄，管渠的设置位置受到限制时，可考虑选用合流制。

3) 地面有一定的坡度倾向水体，当水体高水位时，岸边不受淹没。污水在中途不需要中途泵站。

在采用合流制管渠系统时，应首先满足环境境保护的要求，即保证水体所受的污染程度在允许的范围内，只有在这种情况下才可根据当地城市建设及地形条件合理地选用合流制管渠系统。

当采用截流式合流制管网时，其布置特点是：

1) 管网的布置应使所有服务面积上的生活污水、工业废水和雨水都能合理地排入管渠，并能以可能的最短距离坡向水体。

2) 沿水体岸边布置与水体平行的截流干管，在截流干管的适当位置上设置溢流井，使超过截流干管设计输水能力的那部分混合污水能顺利地通过溢流井就近排入水体。

3）必须合理地确定溢流井的数目和位置，以便尽可能减少对水体的污染、减小截流干管的断面尺寸和缩短排放渠道的长度。从对水体的污染情况看，合流制管网中的初雨水虽被截流处理，但溢流的混合污水仍受到污染。为改善水体环境卫生，溢流井的数目宜少，且其位置应尽可能设置在水体的下游。从经济上讲，为了减小截流干管的尺寸，溢流井的数目多一点好，这可使混合污水及早溢入水体，降低截流干管下游的设计流量。但是，溢流井过多，增加溢流井和排放渠道的造价，特别在溢流井离水体较远、施工条件困难时更是如此。当溢流井的溢流堰口标高低于水体最高水位时，需在排放渠道上设置防潮门、闸门或排涝泵站，为降低泵站的造价和便于管理，溢流井应适当集中，不宜过多。

4）在合流制管网的上游排水区域，如果雨水可沿地面的街道边沟排泄，则该区域可只设置污水管道。只有当雨水不能沿地面排泄时，才考虑布置合流管网。

目前，我国许多城市的旧市区多采用合流制，而在新建区和工矿区则一般多采用分流制，特别是当生产污水中含有毒物质，其浓度又超过允许的卫生标准时，则必须预先对这种污水单独进行处理到符合排放水质标准后，再排入合流制管网。

10.6.2 合流制排水管网设计流量

（1）完全合流制排水管网设计流量

完全合流制排水管渠系统应按下式计算管道的设计流量：

$$Q_z = Q_s + Q_g + Q_y = Q_h + Q_y(L/s) \tag{10.15}$$

式中 Q_z——完全合流制管网的设计流量，L/s；

Q_s——设计生活污水量，L/s；

Q_g——设计工业废水量，L/s；

Q_y——设计雨水量，L/s；

Q_h——为生活污水量 Q_s 和工业废水量 Q_g 之和，L/s。

Q_h 不包括检查井、管道接口和管道裂隙等处的渗入地下水和雨水，相当于在无降雨日的城市污水量，所以 Q_h 也称为旱流污水量。

截流式合流制排水管网中的溢流井上游管渠部分实际上也相当于完全合流制排水管网，其设计流量计算方法与上述方法完全相同。

（2）截流式合流制排水管网设计流量

当采用截流式合流制排水体制时，当溢流井上游合流污水的流量超过一定数值以后，就有部分合流污水经溢流井直接排入接纳水体。当溢流井内的水流刚达到溢流状态的时候，合流管和截流管中的雨水量与旱流污水量的比值称为截流倍数。截流倍数应根据旱流污水的水质和水量及其总变化系数、水体卫生要求、水文、气象条件等因素计算确定。显然，截流倍数的取值也决定了其下游管渠的大小和污水处理厂的设计负荷。

溢流井下游截流管道的设计流量可按下式计算：

$$Q_j = (n_0 + 1)Q_h + Q'_h + Q'_y(\text{L/s}) \tag{10.16}$$

式中　Q_j——截流式合流排水管网溢流井下游截流管道的总设计流量，L/s；

　　　n_0——设计截流倍数；

　　　Q_h——从溢流井截流的上游日平均旱流污水量，L/s；

　　　Q'_h——溢流井下游纳入的旱流污水量，L/s；

　　　Q'_y——溢流井下游纳入的设计雨水量，L/s。

截流干管和溢流井的设计与计算，要合理地确定所采用的截流倍数 n_0 值。从环境保护的要求出发，为使水体少受污染，应采用较大的截流倍数。但从经济上考虑，截流倍数过大，将会增加截流干管、提升泵站以及污水厂的设计规模和造价，同时造成进入污水厂的污水水质和水量在晴天和雨天的差别过大，带来很大的运行管理困难。调查研究表明，降雨初期的雨污混合水中 BOD 和 SS 的浓度比晴天污水中的浓度明显增高，当截流雨水量达到最大小时污水量的 2～3 倍时（若小时流量变化系数为 1.3～1.5 时，相当于平均小时污水量的 2.6～4.5 倍），从溢流井中溢流出来的混合污水中的污染物浓度将急剧减少，当截流雨水量超过最大小时污水量的 2～3 倍时，溢流混合污水中的污染物浓度的减少量就不再显著。因此，可以认为截流倍数 n_0 的值采用 2.6～4.5 是比较经济合理的。

我国《室外排水设计规范》规定截流倍数 n_0 的值按排放条件的不同采用 1～5，并必须经当地卫生主管部门的同意。我国多数城市一般采用截流倍数 $n_0 = 3$。美国、日本及西欧各国，多采用截流倍数 $n_0 = 3 \sim 5$。

一条截流管渠上可能设置了多个溢流井与多根合流管道连接，因此设计截流管道时要按各个溢流井接入点分段计算，使各段的管径和坡度与该段截流管的水量相适应。

根据合流排水体制的工作特点可知，在无雨的时候，不论是合流管道还是截流管道，其输送的水量就是旱流污水量。所以在无雨的时候，合流管道或截流管道中的流量变化必定就是旱流流量的变化。这个变化范围对管道的工程设计意义不大，因为在一般情形下，合流管或截流管道中的雨水量必定大大超出旱流流量的变化幅度，使设计雨水量的影响总会覆盖旱流流量的变化，因而在确定合流管道或截流管道管径的时候，一般忽略旱流流量变化的影响。

在降雨的时候，完全合流制管道或截流式合流制管道可以达到的最大流量即为式（10.15）或式（10.16）的计算值，一般为管道满流时所能输送的水量。

10.6.3　合流制排水管网的水力计算要点

合流制排水管网一般按满管流设计。水力计算的设计数据，包括设计流速、最小坡度和最小管径等，和雨水管网设计基本相同。合流制排水管网水力计算内容包括：

1）溢流井上游合流管渠的计算；

2）截流干管和溢流井的计算；

3）晴天旱流情况校核。

溢流井上游合流管网的计算与雨水管网的计算基本相同，只是它的设计流量要包括雨水、生活污水和工业废水。合流管网的雨水设计重现期一般应比分流制雨水管网的设计重现提高10％～25％，因为虽然合流管网中混合废水从检查井溢出的可

图 10.13 截流槽式溢流井

能性不大，但合流管渠一旦溢出，混合污水比雨水管网溢出的雨水所造成的污染要严重得多，为了防止出现这种可能情况，合流管网的设计重现期和允许的积水程度一般都需更加安全。

溢流井是截流干管上最重要的构筑物。最简单的溢流井是在井中设置截流槽，槽顶与截流干管管顶相平，如图 10.13 所示。也可采用溢流堰式或跳越堰式的溢流井，其构造分别如图 10.14 和图 10.15。

图 10.14 溢流堰式溢流井

1—合流干管；2—截流干管；

3—溢流管；4—溢流堰

1—1剖面

图 10.15 跳越堰式溢流井

1—雨水入流干管；2—雨水出流干管；

3—初期雨水截流干管；4—隔墙

关于晴天旱流流量校核，应使旱流时流速能满足污水管渠最小流速要求。当不能满足这一要求时，可修改设计管段的管径和坡度。应当指出，由于合流管渠中旱流流量相对较小，特别是在上游管段，旱流校核时往往不易满足最小流速的要求，此时可在管渠底设置缩小断面的流槽以保证旱流时的流速，或者加强养护管理，利用雨天流量冲洗管渠，以防淤塞。

10.6.4　城市旧合流制排水管网的改造

城市排水管网一般随城市的发展而相应地发展。最初，城市往往用合流明渠直接排除雨水和少量污水至附近水体。随着工业的发展和人口的增加与集中，为保证市区的卫生条件，便把明渠改为暗管渠，污水仍基本上直接排入附近水体，也就是说，大多数的大城市，旧的排水管网一般都采用完全合流制排水。据有关资料介绍，日本有70%左右、英国有67%左右的城市采用合流制排水系统。我国绝大多数的大城市也采用这种系统。随着工业与城市的进一步发展，直接排入水体的污水量迅速增加，势必造成水体的严重污染，为保护水体，理所当然地提出了对城市已建旧合流制排水管渠系统的改造问题。

目前，对城市旧合流制排水系统的改造，通常有如下几种途径：

（1）改为分流制

将合流制改为分流制可以完全控制混合污水对水体的污染，因而是一个比较彻底的改造方法。这种方法由于雨污水分流，需要处理的污水量将相对减少，污水在成分上的变化也相对较小，所以污水厂的运行管理容易控制。通常，在具有下列条件时，可考虑将合流制改造为分流制：

1）住房内部有完善的卫生设备，便于将生活污水与雨水分流；

2）工厂内部可清浊分流，可以将符合要求的生产污水接入城市污水管网，将较清洁的生产废水接入城市雨水管渠系统，或可将其循环使用；

3）城市街道的横断面有足够的位置，允许增建分流制污水管道，并且不对城市的交通造成严重影响。一般地说，住房内部的卫生设备目前已日趋完善，将生活污水与雨水分流比较易于做到；但工厂内的清浊分流，因已建车间内工艺设备的平面位置与竖向布置比较固定而不太容易做到；至于城市街道横断面的大小，则往往由于旧城市（区）的街道比较窄，加之年代已久，地下管线较多，交通也较频繁，使改建工程的施工极为困难。

（2）改造为截流式合流制管网

由于将合流制改为分流制往往因投资大、施工困难等原因而较难在短期内做到，所以目前旧合流制排水系统的改造多采用保留合流制，修建截流干管，即改造成截流式合流制排水系统。这种系统的运行情况已如前述。但是，截流式合流制排水系统并没有杜绝污水对水体的污染。溢流的混合污水不仅含有部分旱流污水，而且夹带有晴天沉积在管底的污物。据调查，1953～1954 年，由伦敦溢流入泰晤士河的混合污水的 5 日生化需氧量浓度平均高达 221mg/L，而进入污水厂的污水的 5 日生化需氧量也只有 239～281mg/L。由此可见，溢流混合污水的污染程度仍然是相当严重的，足以对水体造成局部或全局污染。

（3）对溢流混合污水进行适当处理

由于从截流式合流制排水管网溢流的混合污水直接排入水体仍会造成污染，其污染程度随工业与城市的进一步发展而日益严重，为了保护水体，可对溢流混合污水进行适当处理。处理措施包括细筛滤、沉淀，有时还通过投氯消毒后再排入水体。也可增设蓄水池或地下人工水库，将溢流的混合污水储存起来，待暴雨过后再将它抽送入截流干管进污水厂处理后排放。这样，可以较好地解决溢流混合污水对水体的污染问题。

（4）对溢流混合污水量进行控制

为减少溢流混合污水对水体的污染，在土壤有足够渗透性且地下水位较低（至少低于排水管底标高）的地区，可采用提高地表持水能力和地表渗透能力的措施来减少暴雨径流，从而降低溢流的混合污水量。例如，据美国的研究结果，采用透水性路面或没有细料的沥青混合料路面，可削减高峰径流量的 83%，且载重运输工具或冰冻不会破坏透水性路面的完整结构，但需定期清理路面以防阻塞。也可采用屋面、街道、停车场或公园里为限制暴雨进入管道的临时蓄水塘等表面蓄水措施，削减高峰径流量。

应当指出，城市旧合流制排水系统的改造是一项很复杂的工作，必须根据当地的具体情况，与城市规划相结合，在确保水体免受污染的条件下，充分发挥原有排水系统的作用，使改造方案有利于保护环境，经济合理，切实可行。

思　考　题

1. 暴雨强度与哪些因素有关？为什么降雨历时越短、重现期越长，暴雨强度越大？
2. 折减系数的含义是什么？为什么计算雨水管道设计流量时，要考虑折减系数？
3. 为什么污水管道的设计流量在没有确定管径前可以计算出来，而雨水管道不能？
4. 下游雨水管道的设计流量可能比上游管道小吗？为什么？如果出现这种情况怎么办？
5. 你认为计算雨水设计流量的推理公式有何缺陷？什么情况下其计算会不正确？
6. 为什么雨水和合流制排水管网的管渠要按满流设计？
7. 试比较设计规范规定的污水、雨水和合流制管渠的设计参数或其确定方法有何异同？
8. 雨水径流调节有何意义？通常如何调节？调节容积如何计算？
9. 排洪沟的作用是什么？如何进行设计？其设计标准比雨水管网高还是低？
10. 什么情况下考虑采用合流制排水系统？合流制管网的设计有何特点？
11. 合流制雨水管网溢流井上、下游管道的设计流量计算有何不同？如何合理确定截流倍数？
12. 为什么城市合流制排水系统改造具有必要性？如何因地制宜进行改造？

习　题

1. 从某市一场暴雨自记雨量中求得 5、10、15、20、30、45、60、90、120min 的最大降雨分别是 13.0、20.7、27.2、33.5、43.9、45.8、46.7、47.3、47.7mm，试计算各降雨历时的最大平均暴雨强度 i 和 q 值。

2. 北京某小区面积共 220000m² （即 22hm²），其中屋面面积占该区面积的 30%，沥青道路面积占 16%，级配碎石路面积占 12%，非铺砌土路面积占 4%，绿地面积占 38%。计算该区的平均径流系数。当采用设计重现期为 $P=5a$、$2a$、$1a$、$0.5a$ 时，计算设计降雨历时 $t=20min$ 时的各雨水设计流量。

3. 某雨水管网平面布置如图 10.16 所示，各汇水区域面积 (hm²) 及进入管渠点如图中所标，已知设计重现期 $P=1a$，暴雨强度公式：

$$i = \frac{20.154}{(t+18.768)^{0.784}}(\text{mm/min})$$

经计算，径流系数 $\psi=0.6$，地面集水时间 $t_1=10min$，折减系数 $m=2$，各管长 (m) 与流速 (m/s) 为：$L_{1\sim2}=120$、$L_{2\sim3}=130$、$L_{4\sim3}=200$、$L_{3\sim5}=200$，$v_{1\sim2}=1.0$、$v_{2\sim3}=1.2$、$v_{4\sim3}=0.85$、$v_{3\sim5}=1.2$。试计算各管段雨水设计流量。

4. 某市一工业区拟采用合流制排水系统，其管网布置如图 10.17 所示，各管段长度、排水面积、工业废水量如表 10.12 所示。设计人口密度 300cap/hm²，生活污水量标准 100L/ (cap·d)；截流干管的截流倍数 $n_0=3$；设计重现期 $P=1a$，地面集水时间 $t_1=10min$，径流系数 $\psi=0.45$，暴雨强度公式：

$$q = \frac{10020(1+0.56\lg P)}{t+36}[(\text{L/s})/\text{hm}^2]$$

试计算：1) 各管段设计流量；2) 若在节点 5 设置溢流堰式溢流井，则 5～6 管段的设计流量及节点 5 的溢流量各为多少？此时 5～6 管段的设计管径可比不设溢流井时的设计管径小多少？

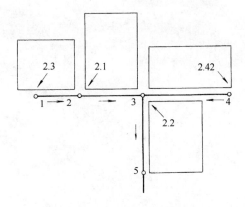

图 10.16　某雨水管网平面布置

设计管段的长度排水面积和工业废水量　　　　表 10.12

管段编号	管段长度 (m)	排水面积 (hm²)				本段工业废水流量 (L/s)	备　注
		面积编号	本段面积	转输面积	合　计		
1～2	85	<1>	1.20			20	
2～3	128	<2>	1.79			10	
3～4	59	<3>	0.83			60	
4～5	138	<4>	1.93			0	
5～6	165.5	<5>	2.12			35	

图 10.17 某市一工业区合流管网平面布置

第 11 章 给水排水管道材料和附件

11.1 给水排水管道材料

管道是给水排水工程中投资最大并且作用最为重要的组成部分，管道的材料和质量是给水排水工程质量和运行安全的关键保障。管道是工厂化生产的现成产品，通过采购和运输过程，在施工现场埋设和连接。给水排水管道有多种制作材料和产品规格。

11.1.1 给水管道材料

给水管道可分金属管（铸铁管、钢管等）和非金属管（预应力钢筋混凝土管、玻璃钢管、塑料管等）。管道材料的选择，取决于管道承受的水压、外部荷载、地质及施工条件、市场供应情况等。按照给水工程设计和运行的要求，给水管道应具有良好的耐压力和封闭性，管道材料应耐腐蚀，内壁不结垢、光滑、管路畅通，使管网运行可靠、安全，水质稳定，节省输水能量。

在管网中的专用设备包括：阀门、消火栓、通气阀、放空阀、冲洗排水阀、减压阀、调流阀、水锤消除器、检修人孔、伸缩器、检测设备等。

（1）铸铁管

根据铸铁管制造过程中采用的材料和工艺的不同，可分为灰铸铁管和球墨铸铁管，后者的质量和价格比前者高得多，但产品规格基本相同，其外形如图11.1 所示,连接方式主要有两种形式:承插式和法兰式，如图 11.2 所示。

承插式接口适用于埋地管线，安装时将插口插入承口内，两口之间的环形空隙用接口材料填实，接口时施工麻烦，劳动强度大。接口材料，一般可用橡胶圈、膨胀性水泥或石棉水泥，特殊情况下也可用青铅接口。膨胀性填料接口是利用材料的膨胀性达到接口密缝的目的。

图 11.1 铸铁管敷设施工现场

承插式铸铁管采用橡胶圈接口时,安装时无需敲打接口,因而减轻了劳动强度,并加快施工进度。

图 11.2　铸铁管连接方式
(a) 承插式连接；(b) 法兰连接；(c) 承插式法兰加固连接

　　法兰接口的优点是接头严密,检修方便,常用以连接泵站内或水塔的进、出水管。为使接口不漏水,在两法兰盘之间嵌以 3～5mm 厚的橡胶垫片。

　　在管线转弯、分支、直径变化以及连接其他附属设备处,须采用各种标准铸铁水管配件。例如承接分支管用丁字管和十字管；管线转弯处采用各种角度的弯管；变换管径处采用渐缩管；改变接口形式处采用短管,如连接法兰式和承插式铸铁管处用承盘短管；还有修理管线时用的配件,接消火栓用的配件等,见表 11.1。

GB3420 — 82 规格铸铁管　　　　　　　　　　表 11.1

序　号	名　　　称	图形标示	公称口径 DN（mm）
1	承盘短管	⊢⊣	75～1500
2	插盘短管	⊢⊣	75～1500

续表

序 号	名 称	图形标示	公称口径 DN（mm）
3	套管		75～1500
4	90°双盘弯管		75～1000
5	45°双盘弯管		75～1000
6	90°双承弯管		75～1500
7	45°双承弯管		75～1500
8	$22\frac{1}{2}$°双承弯管		75～1500
9	$11\frac{1}{4}$°双承弯管		75～1500
10	90°承插弯管		75～700
11	45°承插弯管		75～700
12	$22\frac{1}{2}$°承插弯管		75～700
13	$11\frac{1}{4}$°承插弯管		75～700
14	乙字管		75～500
15	全承丁字管		75～1500
16	三盘丁字管		75～1000

序　号	名　　　称	图形标示	公称口径 DN（mm）
17	双承丁字管		75～1500
18	承插单盆排气丁字管		150～1500
19	承插泄水丁字管		700～1500
20	全承十字管		200～1500
21	承插渐缩管		75～1500
22	插承渐缩管		75～1500

　　1）灰铸铁管

　　连续铸铁管或称灰铸铁管，有较强的耐腐蚀性，以往使用最广。但由于连续铸管工艺的缺陷，质地较脆，抗冲击和抗震能力较差，重量较大，且经常发生接口漏水、水管断裂和爆管事故，给生产带来很大的损失。灰铸铁管的性能虽相对较差，但可用在直径较小的管道上，同时采用柔性接口，必要时可选用较大一级的壁厚，以保证安全供水。

　　2）球墨铸铁管

　　球墨铸铁管既具有灰铸铁管的许多优点，而且机械性能有很大提高，其强度是灰铸铁管的多倍，抗腐蚀性能远高于钢管，因此是理想的管材。球墨铸铁管的重量较轻，很少发生爆管、渗水和漏水现象，可以减少管网漏损率和管网维修费用。球墨铸铁管采用推入式楔形胶圈柔性接口，也可用法兰接口，施工安装方便，接口的水密性好，有适应地基变形的能力，抗震效果好。

　　球墨铸铁管在给水工程中已有 50 多年的使用历史，在欧美发达国家已基本取代了灰铸铁管。近年来，随着工业技术的发展和给水工程质量要求的提高，我国已开始推广和普及使用球墨铸铁管，逐步取代灰铸铁管，目前全国球墨铸铁管的年生产能力已经达到 150 万 t。据统计，球墨铸铁管的爆管事故发生率仅为普通灰铸铁管的 1/16。球墨铸铁管主要优点是耐压力高，管壁比非铸铁管薄 30%～40%，因而重量较灰铸铁管轻，同时，它的耐腐蚀能力大大优于钢管，使用寿命长。据统计，球墨铸铁管的使用寿命是灰铸铁管的 1.5～2.0 倍，是钢管的 3～4 倍。已经成为我国城市供水管道工程中的推荐使用管材。

国外工业发达国家从 20 世纪 60 年代开始逐渐淘汰了普通灰铸铁管，普遍采用了球墨铸铁管，产品规格为 $DN50～DN2900$。我国目前球墨铸铁管产品规格 $DN200～1400$。国内亦有不少铸管厂家利用原有设备适当改造，生产出稀土铸铁管（蠕墨铸铁管）及微延伸率的铸态球墨铸铁管。球墨铸铁管已被国内建设主管部门和供水企业选定为今后首选的管道材料，逐步推广使用。

（2）钢管

钢管有无缝钢管和焊接钢管两种。钢管的特点是能耐高压、耐振动、重量较轻、单管的长度大和接口方便，但承受外荷载的稳定性差，耐腐蚀性差，管壁内外都需有防腐措施，并且造价较高。在给水管网中，通常只在管径大和水压高处，以及因地质、地形条件限制或穿越铁路、河谷和地震地区时使用。

钢管用焊接或法兰接口。所用配件如三通、四通、弯管和渐缩管等，由钢板卷焊而成，也可直接用标准铸铁配件连接。

图 11.3 预应力钢筋混凝土管

（3）预应力和自应力钢筋混凝土管

预应力钢筋混凝土管分普通和加钢套筒两种，其特点是造价低，抗震性能强，管壁光滑，水力条件好，耐腐蚀，爆管率低，但重量大，不便于运输和安装。预应力钢筋混凝土管在设置阀门、弯管、排气、放水等装置处，须采用钢管配件。其外形见图 11.3。预应力钢筒混凝土管是在预应力钢筋混凝土管内放入钢筒，其用钢量比钢管省，价格比铜管便宜。接口为承插式，承口环和插口环均用扁钢压制成型，与钢筒焊成一体。

自应力管是用自应力混凝土并配置一定数量的钢筋制成的。制管工艺简单，成本较低。制管用的自应力水泥是用 425 号或 525 号普通硅酸盐水泥、325 号或 425 号矾土水泥和二水石膏，按适当比例加工制成，所用钢筋为低碳冷拔钢丝或钢丝网。国内生产的自应力管规格在 100～600mm 之间，年产量超过 1000km。但由于容易出现二次膨胀及横向断裂，目前主要用于小城镇及农村供水系统中。

钢筋混凝土管在 20 世纪 70 年代和 80 年代应用比较普遍，但由于这类管材施工比较困难，接口处因材料刚性和强度方面比较脆弱，容易出现脱节和开裂事故。

近年来，一种新型的钢板套筒加强混凝土管（称为 PCCP 管）正在大型输水工程项目中得到应用，受到设计和工程主管部门的重视。钢筒预应力管是管芯中间夹有一层 1.5mm 左右的薄钢筒，然后在环向施加一层或二层预应力丝。这一技术是法国 Bonna 公司最先研制。世界上使用钢筒预应力管最多的国家是美国和加拿大，目前世界上规模最大的钢筒预应力管工程在利比亚，全长 1900km，直径 4m，工压 2.8MPa，现工程已全部完工。国内在 20 世纪 90 年代引进这一制管工艺，其中主要设备有薄钢板直缝焊卷筒设备，钢筒水压检验设备，管芯振动成型蒸养设备，混凝土搅拌、提升设备，预应力钢丝缠绕设备，砂浆喷涂设备，承、插口环成型、高频对焊设备。目前制造的最大管径达 $DN2600$，单根管材长度为 6m，工作压力 0.2～2.5MPa。

（4）玻璃钢管

玻璃钢管是一种新型的非金属材料，以玻璃纤维和环氧树脂为基本原料预制而成，耐腐蚀，内壁光滑，重量轻。

在玻璃钢管的基础上发展起来的玻璃纤维增强塑料夹砂管（简称玻璃钢夹砂管或 RPM 管），增加了玻璃钢管的刚性和强度，在我国给水管道中也开始得到应用。RPM 管用高强度的玻纤增强塑料作内、外面板，中间以廉价的树脂和石英砂作芯层组成一夹芯结构，以提高弯曲刚度，并辅以防渗漏和满足功能要求（例如达到食品级标准或耐腐蚀）的内衬层形成一复合管壁结构，满足地下埋设的大口径供水管道和排污管道使用要求。

RPM 管直管的公称直径 $DN600～2500mm$；工作压力 PN0.6～2.4MPa（4～6 倍的安全系数）；标准的刚度等级为 2500、5000、10000N/m²。RPM 管的配件如三通、弯管等可用直管切割加工并拼接粘合而成。直管的连接可采用承插口和双"0"形橡胶圈密封，也可将直管与管件的端头都制成平口对接，外缠树脂与玻璃布。拼合处需用树脂、玻璃布、玻璃毡和连续玻璃纤维等局部补强。玻璃钢管亦可制成法兰接口，与其他材质的法兰连接。

（5）塑料管

塑料管具有强度高、表面光滑、不易结垢、水头损失小、耐腐蚀、重量轻、加工和接口方便等优点，但是管材的强度较低，膨胀系数较大，用作长距离管道时，需考虑温度补偿措施，例如伸缩节和活络接口。

塑料管有多种，如聚丙烯腈—丁二烯—苯乙烯塑料管（ABS）、聚乙烯管（PE）和聚丙烯塑料管（PP）、硬聚氯乙烯塑料管（UPVC）等，其中以 UPVC 管的力学性能和阻燃性能好，价格较低，因此应用较广。塑料管已在大中城市广泛应用。

与铸铁管相比，塑料管的水力性能较好，由于管壁光滑，在相同流量和水头损失情况下，塑料管的管径可比铸铁管小；塑料管相对密度在1.40左右，比铸铁管轻，又可采用胶圈柔性承插接口，抗震和水密性较好，不易漏水，既提高了施工效率，又可降低施工费用。可以预见，塑料管将成为城市供水中中小口径管道的一种主要管材。

硬聚氯乙烯（UPVC）管是一种新型管材，其工作压力宜低于2.0MPa，用户进水管约常用管径为$DN25$和$DN50$，小区内为$DN100 \sim DN200$，管径一般不大于$DN400$。为了推广应用，还须开发质量高、规格齐全的管配件和阀门。管道接口在无水情况下可用胶合剂粘接，承插式管可用橡胶圈柔性接口，也可用法兰连接。塑料管在运输和堆放过程中，应防止剧烈碰撞和阳光曝晒，以防止变形和加速老化。

上述各种材料的给水管多数埋在道路下。水管管顶以上的覆土深度，在不冰冻地区由外部荷载、水管强度以及与其他管线交叉情况等决定，金属管道的管顶覆土深度通常不小于0.7m。非金属管的管顶覆土深度应大于1~1.2m，覆土必须夯实，以免受到动荷载的作用而影响水管强度。冰冻地区的覆土深度应考虑土壤的冰冻线深度。在土壤耐压力较高和地下水位较低处，水管可直接埋在管沟中未扰动的天然地基上。

一般情况下，铸铁管、钢管、承插式钢筋混凝土管可以不设基础。在岩石或半岩石地基处，管底应垫砂铺平夯实，砂垫层厚度，金属管和塑料管至少为100mm，非金属管道不小于150~200mm。如遇流砂或通过沼泽地带，承载能力达不到设计要求时，需进行基础处理，根据一些地区的施工经验，可采用各种桩基础。

11.1.2 排水管道材料

排水管网一般采用预制的圆形管道铺成，口径一般小于2m。当管道设计断面较大时，不采用预制管道而就地按图建造，断面不限于圆形，称为沟渠。排水管道和沟渠统称为管渠。管渠必须不漏水，不能渗入，亦不能渗出。如果地下水渗入管渠，则会增加管渠流量，降低管渠的排水能力。假如污水从管渠中渗出，将污染临近地下水。在大孔性土壤地区，渗出水将破坏土壤结构，降低地基承载力，并可能造成管道本身下陷或邻近建筑业破坏。某些污水和地下水有侵蚀性，排水管渠应能抵抗这种侵蚀。为了使水流畅通，管道的内壁面应整齐光滑。在管道强度方面，管渠不仅要能承担外压力（土压力和车辆压力），而且应当有足够的强度保证在运输和施工中不致破裂。由于管道的造价是整个排水系统造价的主要部分，管渠材料的正确选择，对降低整个管渠系统的造价具有重要意义。

（1）非金属管道

非金属管道一般是预制的圆形断面管道，水力性能好，便于预制，使用材料经济，能承受较大荷载，且运输和养护也较方便。绝大多数的非金属管道的抗腐蚀性和经济性均优于金属管。只有在特殊情况下才采用金属管。

在我国，城市和工厂中最常用的排水管道是混凝土管、钢筋混凝土管和陶土管。低压石棉水泥管也有使用，瓦管（不上釉的陶土管）和沥青混凝土管在某些地方已经采用。下面分别介绍常用的几种非金属排水管道。

1）混凝土管

混凝土管适用于排除雨水、污水。管口通常有承插式、企口式和平口式（图11.4 和 11.5）。混凝土管的管径一般小于 450mm，长度一般为 1m，用捣实法制造的管长仅 0.6m。

图 11.4　混凝土和钢筋混凝土排水管道的管口形式

(1) 承插式；(2) 企口式；(3) 平口式

图 11.5　混凝土排水管

混凝土管一般在专门的工厂预制，但也可现场浇制。混凝土管的制造方法主要有三种：捣实法、压实法和振荡法。捣实法是用人工捣实管模中的混凝土；压实法是用机器压制管胚（适用于制造管径较小的管子）；振荡法是用振荡器振动管模中的混凝土，使其密实。

混凝土管的原料充足，设备、制造工艺简单，所以被广泛采用。它的缺点是抗蚀性较差，既不耐酸也不耐碱；抗渗性能也较差；管节短、接头多。

2）钢筋混凝土管

口径500mm以及更大的混凝土管通常都加钢筋，口径700mm以上的管子采用内外两层钢筋，钢筋的混凝土保护层为25mm。钢筋混凝土管适用于排除雨水、污水等。当管道埋深较大或敷设在土质条件不良的地段，以及穿越铁路、河流、谷地时都可采用钢筋混凝土管。管径从500mm至1800mm，最大直径可达2400mm，长度在1～3m之间。

钢筋混凝土管的管口有三种做法：承插、企口和平口。采用顶管法施工时常用平口管，以便施工。

钢筋混凝土管制造方法主要有三种：捣实法、振荡法和离心法。前面两种方法和混凝土管的捣实、振荡制造法基本相同，做出的管子为承插管（小管）或企口管（大管，口径700mm以上的管子多用企口）。离心法制造的管子一般都是平口，长度在2.5m以上，最长可达6.5m。

钢筋混凝土管的钢筋扎成一个架子，有纵向（与管轴平行的）钢筋和横向（与管口平行的）钢筋。横向钢筋是主要受力钢筋。

3）陶土管

陶土管能满足污水管道在技术方面的各种要求，耐酸性很好，在世界各国被广泛采用，特别适用于排除酸性废水。陶土管的缺点是质脆易碎，不宜敷设在松土中。

陶土管是由塑性耐火黏土制成的。为了防止在焙烧过程中产生裂缝应加入耐火黏土（有时并掺有若干矿砂）。在焙烧过程中向窑中撒食盐，目的在于食盐和黏土的化学作用而在管子的内外表面形成一种酸性的釉，使管子表面光滑、耐磨、防蚀、不透水。陶土管的管径一般不超过600mm，因为口径大的管子烧制时容易变形，难以接合，废品率高；其管长在0.8～1.0m之间，在平口端的齿纹和钟口端的齿纹部分都不上釉，以保证接头填料和管壁牢固接合。

4）塑料排水管

如在给水管道中的应用一样，由于塑料管具有表面光滑、水力性能好、水头损失小、耐腐蚀、不易结垢、重量轻、加工和接口方便、漏水率低等优点，在排水管道建设中也正在逐步得到应用和普及。塑料排水管的制造材料亦主要是聚丙烯腈—丁二烯—苯乙烯（ABS）、聚乙烯（PE）、高密度聚乙烯（HDPE）、聚丙

（PP）、硬聚氯乙烯（UPVC）等，其中 PE、HDPE 和 UPVC 管的应用较广。

在国内，已有许多企业通过技术创新和引进国外先进技术，采用不同材料和制造工艺，批量生产各种规格的塑料排水管道，管道内径从 15mm 到 4000mm，可以满足室内外排水及工业废水排水管道建设的需要。在排水管道工程设计中，可以根据工程要求和技术经济比较进行选择和应用。

（2）金属管

通用的金属管是铸铁管和钢管，由于价格较昂贵，在排水管网中一般较少采用。只有在外力荷载很大或对渗漏要求特别高的场合下才采用金属管。例如，在穿过铁路时或在贴近给水管道或房屋基础时，一般都采用金属管，在土崩或地震地区最好用钢管。此外，在压力管线（倒虹管和水泵出水管）上和施工特别困难的场合（例如地下水高，流砂情况严重），亦常采用金属管。

在排水管道系统中采用的金属管主要是铸铁管。钢管亦可使用无缝钢管或焊接钢管。采用钢管时必须衬涂刷防腐涂料，并注意绝缘。

在选择排水管道时，应尽可能就地取材，采用易于制造、供应充足的。在考虑造价时，既要考虑沟管本身的价格，还要考虑施工费用和使用年限。例如，在施工条件差（地下水位高或有流砂等）的场合，采用较长的管道可以减少管接头，可以降低施工费用；在地基承载力差的场合，强度高的长管对基础要求低，可以减少敷设费用。在有内压力的沟段上，就必须用金属管、钢筋混凝土管或石棉水泥管；输送侵蚀性漏水或管外有侵蚀性地下水时，最好用陶土管；当侵蚀性不太强时，也可以考虑用混凝土管或特种水泥浇制的混凝土管以及石棉水泥管。

（3）沟渠

沟渠的口径比较大。内径大于 1.5m 时，通常在现场浇制或砌装。使用的材料可为混凝土，钢筋混凝土，砖、石、混凝土块，钢筋混凝土块等。其断面形式一般不采用圆形，而是根据力学、水力学、经济性和养护管理上的要求来选择沟渠的断面形式。图 11.6 为常用的沟渠断面形式。

半椭圆形断面在土压力和荷载较大时，可以较好地分配管壁压力，因而可减小管壁厚度。在污水流量无大变化及沟渠直径大于 2m 时，采用此种形式的断面较为合适。

马蹄形断面，其高度小于宽度。在地质条件较差或地形平坦需尽量减少埋深时，可采用此种形式的断面。由于这种断面下部较大，适宜于输送流量变化不大的大流量污水。

蛋形断面由于底部较小，从理论上讲，在小流量时仍可维持较大的流速，从而可减少淤积。以往，在合流制沟道中较多采用。但实践证明，这种断面的渠道淤积相当严重，养护和清通工作比较困难。

矩形断面可以按需要增加深度，以增大排水量。工业企业的污水沟道、路面

图 11.6 常用沟渠断面

(1) 圆形；(2) 半椭圆形；(3) 马蹄形；(4) 拱顶矩形；(5) 蛋形；
(6) 矩形；(7) 弧形流槽的矩形；(8) 带低流槽的矩形；(9) 梯形

狭窄地区的排水沟道以及排洪沟道常采用这种断面形式。

在矩形断面基础上加以改进，可做成拱顶矩形，弧底矩形，凹底矩形。凹底矩形断面的管渠，适用于合流制排水系，以保持一定的充满度和流速，减轻淤积程度。

梯形断面适用于明渠，它的边坡取决于土壤性质和铺砌材料。

11.2 给水管网附件

给水管网的附件主要有调节流量用的阀门、供应消防用水的消火栓、监测管网流量的流量计等，其他还有控制水流方向的单向阀、安装在管线高处的排气阀和安全阀等。

(1) 阀门

阀门用来调节管线中的流量或水压。阀门的布置要数量少而调度灵活。主要管线和次要管线交接处的阀门常设在次要管线上。承接消火栓的水管上要安装阀门。

阀门的口径一般和水管的直径相同，但当管径较大以致阀门价格较高时，为了降低造价，可安装口径为水管直径 0.8 倍的阀门。

阀门内的闸板有楔式和平行式两种。根据阀门使用时阀杆是否上下移动，可分为明杆和暗杆两种。明杆是阀门启闭时，阀杆随之升降，因此易于掌握阀门启闭程度，适宜于安装在泵站内。暗杆适用于安装和操作地位受到限制之处，否则，当阀门开启时因阀杆上升而妨碍工作。一般采用的手动法兰暗杆楔式阀门,如图 11.7 所示,由手工启闭,用法兰连接,阀杆不上下移动,闸板为楔式。

图 11.7   手动法兰暗杆楔式阀门   图 11.8   蝶阀

大口径的阀门,在手工开启或关闭时,很费时间,劳动强度也大。所以直径较大的阀门有齿轮传动装置,并在闸板两侧接以旁通阀,以减小水压差,便于启闭。开启阀门时先开旁通阀,关闭阀门时则后关旁通阀,或者应用电动阀门以便于启闭。安装在长距离输水管上的电动阀门,应限定开启和闭合的时间,以免因启闭过快而出现水锤现象使水管损坏。

蝶阀(图 11.8)的作用和一般阀门相同,但结构简单,开启方便,旋转 90°,就可全开或全关。蝶阀宽度较一般阀门为小,但闸板全开时将占据上下游管道的位置,因此不能紧贴楔式和平行式阀门旁安装。蝶阀可用在中、低压管线上,例如水处理构筑物和泵站内。

(2) 止回阀

止回阀(图 11.9)是限制压力管道中的水流朝一个方向流动的阀门。阀门的闸板可绕轴旋转。水流方向相反时,闸板因自重和水压作用而自动关闭。止回阀一般安装在水压大于 196kPa 的泵站出水管上,防止因突然断电或其他事故时水流倒流而损坏水泵设备。

在直径较大的管线上,例如工业企业的冷却水系统中,常用多瓣阀门的单向阀,由于几个

图 11.9   旋启式止回阀

阀瓣并不同时闭合,所以能有效地减轻水锤所产生的危害。

止回阀的类型除旋启式外,微阻缓闭止回阀和液压式缓冲止回阀还有防止水锤的作用。

(3) 排气阀和泄水阀

排气阀安装在管线的隆起部分,使管线投产时或检修后通水时,管内空气可经此阀排出。平时用以排除从水中释出的气体,以免空气积在管中,以致减小过水断面积和增加管线的水头损失。长距离输水管一般随地形起伏敷设,在高处设排气阀。

一般采用的单口排气阀见图 11.10,垂直安装在管线上。排气阀口径与管线直径之比一般采用 1:8~1:12。排气阀放在单独的阀门井内,也可和其他配件合用一个阀门井。

在管线的最低点须安装泄水阀,它和排水管连接,以排除水管中的沉淀物以及检修时放空水管内存水。泄水阀和排水管的直径,由所需放空时间决定。放空时间可按一定工作水头下孔口出流公式计算。为加速排水,可根据需要同时安装进气管或进气阀。

排气阀

水管

图 11.10 给水管道排气阀

(a) 阀门构造;(b) 安装方式

(4) 消火栓

消火栓分地上式和地下式,其安装情况见图 11.11 和图 11.12。每个消火栓的流量为 10~15L/s。

地上式消火栓一般布置在交叉路口消防车可以驶近的地方。地下式消火栓安装在阀门井内。

图 11.11   地上式消火栓

1—SS100 地上式消火栓；2—阀杆；3—阀门；

4—弯头支座；5—阀门套筒

图 11.12   地下式消火栓

1—SX100 消火栓；2—消火栓三通；

3—阀门井

11.3   给水管网附属构筑物

（1）阀门井

管网中的附件一般应安装在阀门井内。为了降低造价，配件和附件应布置紧凑。阀门井的平面尺寸，取决于水管直径以及附件的种类和数量。但应满足阀门操作和安装拆卸各种附件所需的最小尺寸。井的深度由水管埋设深度确定。但是，井底到水管承口或法兰盘底的距离至少为 0.1m，法兰盘和井壁的距离宜大于 0.15m，从承口外缘到井壁的距离，应在 0.3m 以上，以便于接口施工。

阀门井一般用砖砌，也可用石砌或钢筋混凝土建造。阀门井的形式根据所安装的附件类型、大小和路面材料而定。例如直径较小、位于人行道上或简易路面以下的阀门，可采用阀门套筒（图 11.13），但在寒冷地区，因阀杆易被渗漏的水冻住，因而影响开启，所以一般不采用阀门套筒。安装在道路下的大阀门，可采用图 11.14 所示的阀门井。位于地下水位较高处的阀门井，井底和井壁应不透水，在水管穿越井壁处应保持足够的水密性。阀门井应有抗浮稳定性。

（2）支墩

承插式接口的管线，在弯管处、三通处、水管尽端的盖板上以及缩管处，都会产生拉力，接口可能因此松动脱节而使管线漏水，因此在这些部位须设置支墩以承受拉力和防止事故。但当管径小于 300mm 或转弯角度小于 10°，且水压力不超过 980kPa 时，因接口本身足以承受拉力，可不设支墩。

图 11.13　阀门套筒　　　　　　　　　　图 11.14　阀门井
1—铸铁阀门井套筒；2—混凝土管；3—砖砌井

给水承插铸铁管道的支墩可参见标准图。图 11.15 表示水平方向弯管的支墩构造，用砖、混凝土或浆砌块石砌成。

图 11.15　水平方向弯管支墩

(3) 管线穿越障碍物

给水管线通过铁路、公路和河谷时，必须采取安全防护措施。

管线穿越铁路时，穿越地点、方式和施工方法应遵守有关铁道部门穿越铁路的技术规范。根据铁路的重要性，采取如下措施：穿越临时铁路或一般公路，或非主要路线且水管埋设较深时，可不设套管，但应尽量将铸铁管接口放在铁路两股道之间，并用青铅接头，钢管则应有防腐措施；穿越较重要的铁路或交通频繁的公路时，水管须放在钢筋混凝土套管内，套管直径根据施工方法而定，大开挖施工时应比给水管直径大 300mm，顶管法施工时应较给水管的直径大 600mm。穿越铁路或公路时，水管管顶应在铁路路轨底或公路路面以下 1.2m 左右。管道穿越铁路时，两端应设检查井，井内设阀门或排水管等。

管线穿越河川山谷时，可利用现有桥梁架设水管，或敷设倒虹管，或建造水管桥，应根据河道特性、通航情况、河岸地质地形条件、过河管材料和直径、施工条件选用。

给水管架设在现有桥梁下跨越河流最为经济，施工和检修比较方便，通常水管架在桥梁的人行道下。

倒虹管从河底穿越，其优点是隐蔽，不影响航运，但施工和检修不便。倒虹管设置一条或两条，在两岸应设阀门井。阀门井顶部标高应保证洪水时不致淹没。井内有阀门和排水管等。倒虹管顶在河床下的深度，一般不小于0.5m，但在航道线范围内不应小于1m。

倒虹管一般用钢管，并须加强防腐措施。当管径小、距离短时可用铸铁管，但应采用柔性接口。倒虹管直径按流速大于不淤流速计算，通常小于上下游的管线直径，以降低造价和增加流速，减少管内淤积。

图 11.16 水塔

大口径水管由于重量大，架设在桥下有困难时，或当地无现成桥梁可利用时，可建造水管桥，架空跨越河道。水管桥应有适当高度以免影响航行。架空管一般用钢管或铸铁管，为便于检修可以用青铅接口，也有采用承插式预应力钢筋混凝土管。在过桥水管或水管桥的最高点，应安装排气阀，并且在桥管两端设置伸缩接头。在冰冻地区应有适当的防冻措施。

钢管过河时，本身也可作为承重结构，称为拱管，施工简便，并可节省架设水管桥所需的支承材料。一般拱管的矢高和跨度比约为1/6～1/8，常用的是1/8。拱管一般由每节长度为1～1.5m的短管焊接而成，焊接的要求较高，以免吊装时拱管下垂或开裂。拱管在两岸有支座，以承受作用在拱管上的各种作用力。

（4）调节构筑物

调节构筑物用来调节管网内的流量，有水塔和水池等。建于高地的水池其作用和水塔相同，既能调节流量，又可保证管网所需的水压。当城市或工业区靠山或有高地时，可根据地形建造高地水池。如城市附近缺乏高地，或因高地离给水区太远，以致建造高地水池不经济时，可建造水塔。中小城镇和工矿企业等建造水塔以保证水压的情况比较普遍。

1）水塔

多数水塔采用钢筋混凝土或砖石等建造，但以钢筋混凝土水塔或砖支座的钢筋混凝土水柜用得较多。

塔体用以支承水柜，常用钢筋混凝土、砖石或钢材建造。近年来也采用装配式和预应力钢筋混凝土水塔。装配式水塔可以节约模板用量。塔体形状有圆筒形和支柱式。

水塔基础可采用单独基础、条形基础和整体基础。

砖石水塔的造价比较低，但施工费时，自重较大，宜建于地质条件较好地区。从就地取材的角度，砖石结构可和钢筋混凝土结合使用，即水柜用钢筋混凝土，塔体用砖石结构。

给水工程中，常用钢筋混凝土水池、预应力钢筋混凝土水池和砖石水池等，其中以钢筋混凝土水池使用最广。一般做成圆形或矩形，见图11.16。

2）水池

水池应有单独的进水管和出水管，安装地位应保证池内水流的循环。此外应有溢水管，管径和进水管相同，管端有喇叭口，管上不设阀门。水池的排水管接到集水坑内，管径一般按2h内将池水放空计算。容积在1000m³以上的水池，至少应设两个检修孔。为使池内自然通风，应设若干通风孔，高出水池覆土面0.7m以上。池顶覆土厚度视当地平均室外气温而定，一般在0.5～1.0之间，气温低则覆土应厚些。当地下水位较高，水池埋深较大时，覆土厚度需按抗浮要求决定。为便于观测池内水位，可装置浮标水位尺或水位传示仪。

预应力钢筋混凝土水池可做成圆形或矩形（见图11.17），它的水密性高，对于大型水池，可较钢筋混凝土水池节约造价。

装配式钢筋混凝土水池近年来也有采用。水池的柱、梁、板等构件事先预制，各构件拼装完毕后，外面再加钢箍，并加张力，接缝处喷涂砂浆使不漏水。砖石水池具有节约木材、钢筋、水泥，能就地取材，施工简便等特点。我国中南、西南地区，盛产砖石材料，尤其是丘陵地带，地质

图 11.17 圆形钢筋混凝土水池

条件好，地下水位低，砖石施工的经验也丰富，更宜于建造砖石水池。但这种水池的抗拉、抗渗、抗冻性能差，所以不宜用在湿陷性的黄土地区、地下水过高地区或严寒地区。

思 考 题

1. 常用给水排水管道材料有几种？各有何特点？你认为哪些管材较有发展前途？

2. 铸铁管有哪些主要配件？在何种情况下使用？

3. 下部面积小，上部面积大的排水沟渠有何优点？什么情况下使用？

4. 阀门有哪些种类？它们各自的主要作用是什么？管网什么地方需要安装排气阀和泄水阀？

5. 哪些情况下管道安装要设支墩？应放在哪些部位？

6. 水塔和水池应布置哪些管道？

第 12 章　给水排水管网管理与维护

给水排水管网的管理和维护是保证给水排水系统安全运行的重要日常工作，内容包括：

1）建立完整和准确的技术档案及查询系统；

2）管道检漏和修漏；

3）管道清垢和防腐蚀；

4）用户接管的安装、清洗和防冰冻；

5）管网事故抢修；

6）检修阀门、消火栓、流量计和水表等。

为了做好上述工作，必须熟悉管网的情况、各项设备的安装部位和性能、用户接管的位置等，以便及时处理。平时要准备好各种管材、阀门、配件和修理工具等，便于紧急事故的抢修。

12.1　给水排水管网档案管理

12.1.1　管网技术资料管理

技术管理部门应有给水管网平面图，图上标明管线、泵站、阀门、消火栓、窨井等的位置和尺寸。大中城市的给水排水管网可按每条街道为区域单位列卷归档，作为信息数据查询的索引目录。

管网技术资料主要有：

1）管线图，表明管线的直径、位置、埋深以及阀门、消火栓等的布置，用户接管的直径和位置等。它是管网养护检修的基本资料；

2）管线过河、过铁路和公路的构造详图；

3）各种管网附件及附属设施的记录数据和图文资料，包括安装年月、地点、口径、型号、检修记录等；

4）管网设计文件和施工图文件、竣工记录和竣工图；

5）管网运行、改建及维护记录数据和文档资料。

管线埋在地下，施工完毕覆土后难以看到，因此应及时绘制竣工图，将施工中的修改部分随时在设计图纸中订正。竣工图应在管沟回填土以前绘制，图中标明给水管线位置、管径、埋管深度、承插口方向、配件形式和尺寸、阀门形式和位置、其他有关管线（例如排水管线）的直径和埋深等。竣工图上的管线和配件位置可用搭角线表示，注明管线上某一点或某一配件到某一目标的距离，便于及时进行养护检修。节点详图不必按比例绘制，但管线方向和相对位置须与管网总图一致，图的大小根据节点构造的复杂程度而定。

　　图 12.1 为给水管网中的节点详图示例，图上标明消火栓位置，各节点详图上标明所需的阀门和配件。管线旁注明的是管线长度（m）和管径（mm）。

图 12.1　给水管网节点详图

12.1.2　给水排水管网地理信息系统

　　随着城市设施的不断完善和给水排水管网设计和运行的智能化和信息化技术发展，建立完整、准确的管网管理信息系统，可以提高供水系统管理的效率、质量和水平，是现代化城市发展和管理的需求。

　　地理信息系统（Geographic Information System，简称 GIS）是以收集、存储、管理、描述、分析地球表面及空间和地理分布有关的数据的信息系统，具有四部分主要功能：信息获取与输入、数据存储与管理、数据转换与分析和成果生成与输出。

　　城市给水排水地理信息系统（可以称为给水排水 GIS）是融计算机图形和数据库于一体，储存和处理给水排水系统空间信息的高新技术，它把地理位置和相关属性有机结合起来，根据实际需要准确真实、图文并茂地输出给用户，借助其独有的空间分析功能和可视化表达，进行各项管理和决策。满足管理部门对供水系统的运行管理、设计和信息查询的需要。给水排水地理信息系统可以将给水系统和排水系统分开处理，也可以统一成一个整体的信息系统。

　　给水排水管网地理信息管理（可简称给水排水管网 GIS）的主要功能是给水排

水管网的地理信息管理，包括泵站、管道、管道阀门井、水表井、减压阀、泄水阀、排气阀、用户资料等。建立管网系统中央数据库，全面实现管网系统档案的数字化管理，形成科学、高效、丰富、翔实、安全可靠的给水排水管网档案管理体系。为管网系统规划、改建、扩建提供图纸及精确数据，准确定位管道的埋设位置、埋设深度、管道井、阀门井的位置、供水管道与其他地下管线的布置和相对位置等，以减少由于开挖位置不正确造成的施工浪费和开挖时对通讯、电力、煤气等地下管道的损坏带来的经济损失甚至严重后果。提供管网优化规划设计、实时运行模拟、状态参数校核、管网系统优化调度等技术性功能的软件接口，实现给水管网系统的优化、科学运行、降低运行成本。

管网地理信息系统的空间数据信息主要包括与给水系统有关的各种基础地理特征信息，如地形、土地使用、地表特征、地下构筑物、河流等，和给水系统的本身的各地理特征信息，如检查井、水表、管道、泵站、阀门、水厂等。

管网地理信息系统框图如图 12.2 所示。

图 12.2　管网地理信息系统框图

管网属性数据可按实体类型包括节点属性、管道属性、阀门属性、水表属性等。节点属性主要包括节点编号、节点坐标 (X、Y、Z)、节点流量、节点所在道路名等。管道属性包括管道编号、起始节点号、终止节点号、管长、管材、管道粗糙系数、施工日期、维修日期等。阀门属性主要包括阀门编号、阀门坐标 (X、Y、Z)、阀门种类、阀门所在道路名等。水表属性主要包括水表编号、水表坐标 (X、Y、Z)、水表种类、水表用户名等。

在管网系统中采用地理信息技术，可以使图形和数据之间的互相查询变得十分方便快捷。由于图形和属性可被看做是一体的，所以得到了图形的实体号也就得到了对应属性的记录号，并获得了对应数据，而不用在属性数据库中从头到尾地搜索一遍来获取数据。

　　GIS与管网水力水质模型相连接后，水力及水质模型可以调用GIS属性数据库中的相关数据对供水系统进行模拟、分析和计算，并将模拟结果存入GIS属性数据库，通过GIS将模拟所得的数据与空间数据相连接。建立管网地理信息管理系统，利用计算机系统实现对供水管网的全面动态管理是市政设施信息化建设和管理的重要组成部分，也是城市市政设施现代化管理水平的重要体现。

12.2　给水管网监测与检漏

12.2.1　管网水压和流量测定

　　测定管网的水压，应在有代表性的测压点进行。测压点的选定既要能真实反映水压情况，又要均匀合理布局，使每一测压点能代表附近地区的水压情况。测压点以设在大中口径的干管线上为主，不宜设在进户支管上或有大量用水的用户附近。测压时可将压力表安装在消火栓或给水龙头上，定时记录水压，能有自动记录压力仪则更好，可以得出24h的水压变化曲线。

　　测定水压，有助于了解管网的工作情况和薄弱环节。根据测定的水压资料，按0.5～1.0m的水压差，在管网平面图上绘出等水压线，由此反映各条管线的负荷。整个管网的水压线最好均匀分布，如某一地区的水压线过密，表示该处管网的负荷过大，因而指出所用的管径偏小。水压线的密集程度可作为今后放大管径或增敷管线的依据。

　　由等水压线标高减去地面标高，得出各点的自由水压，即可绘出等自由水压线图，据此可了解管网内是否存在低水压区。

　　给水管网中的流量测定是现代化供水管网管理的重要手段，普遍采用电磁流量计或超声波流量计，安装使用方便，不增加管道中的水头损失，容易实现数据的计算机自动采集和数据库管理。

　　（1）电磁流量计

　　电磁流量计由变送器和转换器两部分组成。变送器被安装在被测介质的管道中，将被测介质的流量变换成瞬时的电信号，而转换器将瞬时电信号转换成0～10mA或4～20mA的统一标准直流信号，作为仪表指示、记录、传送或调节的基础信息数据。

　　电磁流量计的原理如图12.3所示，在磁感应强度均匀的磁场中，垂直该管道上与磁场垂直方向设置一对同被测介质相接触的电极A、B，管道与电极之间绝缘。当导电流体流过管道时，相当于一根长度为管道内径D的导线在切割磁力线，因而产生了感应电势，并由两个电极引出。

　　当管道直径一定，磁场强度不变时，则感应电势的大小仅与被测介质的流速

图12.3 电磁流量计原理图

有关，即：

$$e = kBdv \qquad (12.1)$$

式中 e——感应电势；

k——常数；

B——磁场强度；

D——管道内径，即切割磁力线的导体长度；

v——流体的流速。

由管道流量 $Q = \dfrac{\pi D^2}{4} v$，代入上式可得：

$$e = \frac{4kB}{\pi D} Q = KQ \qquad (12.2)$$

式中 K——仪表常数。

由上式可知，电磁流量计的感应电势与流量成线性关系。感应电势经过放大，送至显示仪表，可转换为流量读数。

电磁流量计有如下主要特点：电磁流量变送器的测量管道内无运动部件，因此使用可靠，维护方便，寿命长，而且压力损失很小，也没有测量滞后现象，可以用它来测量脉冲流量；在测量管道内有防腐蚀衬里，故可测量各种腐蚀性介质的流量；测量范围大，满刻度量程连续可调，输出的直流毫安信号可与电动单元组合仪表或工业控制机联用等。

（2）超声波流量计

超声波流量计的测量原理主要是声波传播速度差。将流体流动时与静止时超声波在流体中传播的情形进行比较，由于流速不同会使超声波的传播速度发生变化。若静止流体中的声速为 c，流体流动的速度为 v，当声波的传播方向与流体流动方向一致（顺流方向）时，其传播速度为 $(c+v)$，而声波传播方向与流体流动方向相反（逆流方向）时，其传播速度为 $(c-v)$。在距离为 L 的两点上放两组超声波发生器与接收器，可以通过测量声波传播时间差求得流速 v。传播速度法从原

图 12.4   超声波流量仪原理图

理上看是测量超声波传播途径上的平均流速,因此,该测量值是平均值。所以,它和一般的面平均(真平均流速)不同,其差异取决于流速的分布。将用超声波传播速度差测量的流速 v 与真正的平均流速之比称为流量修正系数,其值可以作为雷诺数 Re 的函数表示,其中一个简单公式为

$$k = 1.119 - 0.11 \lg Re \qquad (12.3)$$

式中 k——流量修正系数;

Re——雷诺数。

瞬时流量可以用经修正后的平均流速和传播速度差与水流的横截面积的乘积来表示:

$$Q = \frac{\pi D^2}{4k} v \qquad (12.4)$$

超声波流量计的主要优点是在管道外测流量,实现无妨碍测量,只要能传播超声波的流体皆可用此法来测量流量,也可以对高粘度液体、非导电性液体或者气体进行测量。

12.2.2   管网检漏

检漏是给水管网管理部门的一项日常工作。减少漏水量既可降低给水成本,也等于新辟水源,具有很大的经济意义。位于大孔性土壤地区的一些城市,如有漏水,不但浪费水量,而且影响建筑物基础的稳固,更应严格防止漏水。水管损坏引起漏水的原因很多,例如:因水管质量差或使用期长而破损;由于管线接头不密实或基础不平整引起的损坏;因使用不当(例如阀门关闭过快产生水锤)以致破坏管线;因阀门锈蚀、阀门磨损或污物嵌住无法关紧等,都会导致漏水。

检漏的方法,应用较广且费用较省的有直接观察和听漏,个别城市采用分区

装表和分区检漏，可根据具体条件选用先进且适用的检漏方法。

1) 实地观察法是从地面上观察漏水迹象，如排水窨井中有清水流出，局部路面发现下沉，路面积雪局部融化，晴天出现湿润的路面等。本法简单易行，但较粗略。

2) 听漏法使用最久，听漏工作一般在深夜进行，以免受到车辆行驶和其他杂声的干扰。所用工具为一根听漏棒，使用时棒一端放在水表、阀门或消火栓上，即可从棒的另一端听到漏水声。这一方法的听漏效果凭各人经验而定。

3) 检漏仪是比较好的检漏工具。所用仪器有电子放大仪和相关检漏仪等。前者是一个简单的高频放大器，利用晶体探头将地下漏水的低频振动转化为电讯号，放大后即可在耳机中听到漏水声，也可从输出电表的指针摆动看出漏水情况。相关检漏仪是由漏水声音传播速度，即漏水声传到两个拾音头的时间先后，通过计算机算出漏水地点，该类仪器价格昂贵，使用时需较多人力，对操作人员的技术要求高，国内正在推广使用。管材、接口形式、水压、土壤性质等都会影响检漏效果。优点是适用于寻找疑难漏水点，如穿越建筑物和水下管道的漏水。

分区检漏是用水表测出漏水地点和漏水量，一般只在允许短期停水的小范围内进行。方法是把整个给水管网分成小区，凡是和其他地区相通的阀门全部关闭，小区内暂停用水，然后开启装有水表的一条进水管上的阀门，使小区进水。如小区内的管网漏水，水表指针将会转动，由此可读出漏水量。水表装在直径为 $10\sim20mm$ 的旁通管上，如图 12.5 所示。查明小区内管网漏水后，可按需要再分成更小的区，用同样方法测定漏水量。这样逐步缩小范围，最后还需结合听漏法找出漏水的地点。

漏水地位查明后，应做好记录以便于检修。

图 12.5 分区检漏法

12.3　管道防腐蚀和修复

12.3.1　管道防腐蚀

腐蚀是金属管道的变质现象，其表现方式有生锈、坑蚀、结瘤、开裂或脆化等。金属管道与水或潮湿土壤接触后，因化学作用或电化学作用产生的腐蚀而遭到损坏。按照腐蚀过程的机理，可分为没有电流产生的化学腐蚀，以及形成原电池而产生电流的电化学腐蚀（氧化还原反应）。给水管网在水中和土壤中的腐蚀，以及流散电流引起的腐蚀，都是电化学腐蚀。

影响电化学腐蚀的因素很多，例如，钢管和铸铁管氧化时，管壁表面可生成氧化膜，腐蚀速度因氧化膜的作用而越来越慢，有时甚至可保护金属不再进一步腐蚀，但是氧化膜必须完全覆盖管壁，并且附着牢固、没有透水微孔的条件下，才能起保护作用。水中溶解氧可引起金属腐蚀，一般情况下，水中含氧越多，腐蚀越严重，但对钢管来说，此时在内壁产生保护膜的可能性越大，因而可减轻腐蚀。水的 pH 值明显影响金属管的腐蚀速度，pH 值越低腐蚀越快，中等 pH 值时不影响腐蚀速度，pH 值高时因金属管表面形成保护膜，腐蚀速度减慢。水的含盐量对腐蚀的影响是，含盐量越高则腐蚀加快。

防止给水管腐蚀的方法有：

1）采用非金属管材，如预应力或自应力钢筋混凝土管、玻璃钢管、塑料管等。

2）在金属管表面上涂油漆、水泥砂浆、沥青等，以防止金属和水相接触而产生腐蚀。例如可将明设钢管表面打磨干净后，先刷 1～2 遍红丹漆，干后再刷两遍热沥青或防锈漆；埋地钢管可根据周围土壤的腐蚀性，分别选用各种厚度的正常、加强和特强防腐层。

3）阴极保护。采用管壁涂保护层的方法，并不能做到非常完美。这就需要进一步寻求防止水管腐蚀的措施。阴极保护是保护水管的外壁免受土壤侵蚀的方法。根据腐蚀电池的原理，两个电极中只有阳极金属发生腐蚀，所以阴极保护的原理就是使金属管成为阴极，以防止腐蚀。

阴极保护有两种方法。一种是使用消耗性的阳极材料，如铝、镁等，隔一定距离用导线连接到管线（阴极）上，在土壤中形成电路，结果是阳极腐蚀，管线得到保护，如图 12.6（a）所示。这种方法常在缺少电源、土壤电阻率低和水管保护涂层良好的情况下使用。

另一种是通入直流电的阴极保护法，如图 12.6（b）所示，埋在管线附近的废铁和直流电源的阳极连接，电源的阴极接到管线上，可防止腐蚀，在土壤电阻率高（约 $2500\Omega \cdot cm$）或金属管外露时使用较宜。

图 12.6 金属管道阴极保护

(a) 不用外加电流阴极保护法；(b) 应用外加电流阴极保护法

但是，有了阴极保护措施还必须同时重视管壁保护涂层的作用，因为阴极保护也不是完全可靠的。

12.3.2 管道清垢和涂料

由于输水水质、水管材料、流速等因素，水管内壁会逐渐腐蚀而增加水流阻力，水头损失逐步增长，输水能力随之下降。根据有些地方的经验，涂沥青的铸铁管经过 10～20 年使用，粗糙系数 n 值可增长到 0.016～0.018 左右，内壁未涂水泥砂浆的铸铁管，使用 1～2 年后 n 值即达到 0.025，而涂水泥砂浆的铸铁管，虽经长期使用，粗糙系数可基本上不变。为了防止管壁腐蚀或积垢后降低管线的输水能力，除了新敷管线内壁事先采用水泥砂浆涂衬外，对已埋地敷设的管线则有计划地进行刮管涂料，即清除管内壁积垢并加涂保护层，以恢复输水能力，节省输水能量费用和改善管网水质，这也是管理工作中的重要措施。

（1）管线清垢

产生积垢的原因很多，例如，金属管内壁被水浸蚀，水中的碳酸钙沉淀，水中的悬浮物沉淀，水中的铁、氯化物和硫酸盐的含量过高，以及铁细菌、藻类等微生物的滋长繁殖等。要从根本上解决问题，改善所输送水的水质是很重要的。

金属管线清垢的方法很多，应根据积垢的性质来选择。

对松软的积垢，可提高流速进行冲洗。冲洗时流速比平时流速提高 3～5 倍，但压力不应高于允许值。每次冲洗的管线长度为 100～200m。冲洗工作应经常进行，以免积垢变硬后难以用水冲去。

用压缩空气和水同时冲洗，效果更好，其优点是：

1）清洗简便，水管中无需放入特殊的工具；

2）操作费用比刮管法、化学酸洗法为低；

3）工作进度较其他方法迅速；

4）用水流或气－水冲洗并不会破坏水管内壁的沥青涂层或水泥砂浆涂层；

水力清管时，管垢随水流排出。起初排出的水浑浊度较高，以后逐渐下降，冲洗工作直到出水完全澄清时为止。

用这种方法清垢所需的时间不长，管内的绝缘层不会破损，所以也可作为新敷设管线的清洗方法。

气压脉冲射流法清洗管道的效果也是很好的，冲洗过程见图 12.7，贮气罐中的高压空气通过脉冲装置 1、橡胶管 3、喷嘴 6 送入需清洗的管道中，冲洗下来的锈垢由排水管 5 排出。该法的设备简单，操作方便，成本不高。进气和排水装置可安装在检查井中，因而无需断管或开挖路面。

图 12.7　气压脉冲法冲洗管道

1—脉冲装置；2—贮气罐；3—橡胶管；4—压力表；5—排水管；6—喷嘴

坚硬的积垢须用刮管法清除。刮管法所用刮管器有多种形式，都是用钢绳绞车等工具使其在积垢的水管内来回拖动。图 12.8 所示的一种刮管器是用钢丝绳连接到绞车，适用于刮除小口径水管内的积垢。它由切削环、刮管环和钢丝刷组成。使用时，先由切削环在水管内壁积垢上刻划深痕，然后刮管环把管垢刮下，最后用钢丝刷刷净。

刮管器

图 12.8　刮管器安装

大口径管道刮管时，可用旋转法刮管（图 12.9）情况和刮管器相类似，但钢丝绳拖动的是装有旋转刀具的封闭电动机。刀具可用与螺旋桨相似的刀片，也可用装在旋转盘上的链锤，刮垢效果较好。

刮管法的优点是工作条件较好，刮管速度快。缺点是刮管器和管壁的摩擦力很大，往返拖动相当费力，并且管线不易刮净。

图 12.9 旋转法刮管器

也有用软质材料制成的清管器清通管道。清管器用聚氨酯泡沫制成，其外表面有高强度材料的螺纹，外径比管道直径稍大，清管操作由水力驱动，大小管径均可适用。其优点是成本低，清管效果好，施工方便，且可延缓结垢期限，清管后如不衬涂也能保持管壁表面的良好状态。它可清除管内沉积物和泥砂，以及附着在管壁上的铁细菌、铁锤氧化物等，对管壁的硬垢，如钙垢、二氧化硅垢等也能清除。清管时，通过消火栓或切断的管线，将清管器塞入水管内，利用水压力以 2～3km/h 的速度在管内移动。约有 10％的水从清管器和管壁之间的缝隙流出，将管垢和管内沉淀物冲走。冲洗水的压力随管径增大而减小。软质清管器可任意通过弯管和阀门。这种方法具有成本低、效果好、操作简便等优点。

除了机械清管法以外还可用酸洗法。将一定浓度的盐酸或硫酸溶液放进水管内，浸泡 14～18h 以去除碳酸盐和铁锈等积垢，再用清水冲洗干净，直到出水不含溶解的沉淀物和酸为止。由于酸溶液除能溶解积垢外，也会侵蚀管壁，所以加酸时应同时加入缓蚀剂，以保护管壁少受酸的侵蚀。这种方法的缺点是酸洗后，水管内壁变得光洁，如水质有侵蚀性，以后锈蚀可能更快。

（2）管壁防腐涂料

管壁积垢清除以后，应在管内衬涂保护涂料，以保持输水能力和延长水管寿命。一般是在水管内壁涂水泥砂浆或聚合物改性水泥砂浆。前者涂层厚度为 3～5mm，后者约为 1.5～2mm。水泥砂浆用 M50 硅酸盐水泥或矿渣水泥和石英砂，按水泥：砂：水＝1：1：0.37～0.4 的比例拌合而成。聚合物改性水泥砂浆由 M50 硅酸盐水泥、聚醋酸乙烯乳剂、水溶性有机硅、石英砂等按一定比例配合而成。

衬涂砂浆的方法有多种。在埋管前预先衬涂，可用离心法，即用特制的离心装置将涂料均匀地涂在水管内壁上。对已埋管线衬涂时，也有用压缩空气的衬涂设备，利用压缩空气推动胶皮涂管器，由于胶皮的柔顺性，可将涂料均匀抹到管壁上。涂管时，压缩空气的压力为 29.4～49.0kPa。涂管器在水管内的移动速度为 1～12m/s；不同方向反复涂两次。

在直径 500mm 以上的水管中，可用特制的喷浆机喷涂水管内壁。

根据喷浆机的大小，一次喷浆距离约为 20～50m。图 12.10 为喷浆机的工作情况。

图 12.10　喷浆机工作情况（单位：m）

清除水管内积垢和加衬涂料的方法，对恢复输水能力的效果很明显，所需费用仅为新埋管线的 1/10～1/12，亦有利于保证管网的水质。但对地下管线清垢和涂料时，所需停水时间较长，影响供水，使用上受到一定限制。

12.4　排水管道养护

排水管渠在建成通水后，为保证其正常工作，必须经常进行养护和管理。排水管渠内常见的故障有：污物淤塞管道；过重的外荷载、地基不均匀沉陷或污水的侵蚀作用，使管渠损坏、裂缝或腐蚀等。管理养护的任务是：1）验收排水管渠；2）监督排水管渠使用规则的执行；3）经常检查、冲洗或清通排水管渠，以维持其通水能力；4）修理管渠及其构筑物，并处理意外事故等。

12.4.1　排水管渠清通

管渠系统管理养护经常性的和大量的工作是清通排水管渠。在排水管渠中，往往由于水量不足，坡度较小，污水中污物较多或施工质量不良等原因而发生沉淀、淤积，淤积过多将影响管渠的通水能力，甚至使管渠堵塞。因此，必须定期清通。清通的方法主要有水力方法和机械方法两种。

（1）水力清通

水力清通方法是用水对管道进行冲洗。可以利用管道内污水自冲，也可利用自来水或河水。用管道内污水自冲时，管道本身必须具有一定的流量，同时管内淤泥不宜过多（20%左右）。用自来水冲洗时，通常从消防龙头或街道集中给水栓取水，或用水车将水送到冲洗现场，一般在街坊内的污水支管，每冲洗一次需水约 2000～3000L。

图 12.11 为水力清通方法操作示意图。首先用一个一端由钢丝绳系在绞车上的橡皮气塞或木桶橡皮刷堵住检查井下游管段的进口,使检查井上游管段充水。待上游管中充满并在检查井中水位抬高至 lm 左右以后,突然放走气塞中部分空气,使气塞缩小,气塞便在水流的推动下往下游浮动而刮走污泥,同时水流在上游较大水压作用下,以较大的流速从气塞底部冲向下游管段。这样,沉积在管底的淤泥便在气塞和水流的冲刷作用下排向下游检查井,管道得到清洗。

图 12.11 水力清通操作示意图
(1) 橡皮气塞;(2) 木桶橡皮刷

污泥排入下游检查井后,可用吸泥车抽吸运走。图 12.12 为真空吸泥车的照片。因为污泥含水率很高,采用泥水分离吸泥车,可以减少污泥的运输量,同时可以回收其中的水用于下游管段的清通。使用泥水分离吸泥车时,污泥被安装在卡车上的真空泵从检查井吸上来后,进入储泥罐经过筛板和工业滤布组成的脱水装置连续真空吸滤脱水。脱水后的污泥储存在罐内,而滤出的水则经车上的储水箱排至下游检查井内,整个操作过程均由液压控制系统自动控制。

图 12.12 真空吸泥车   图 12.13 水力冲洗车

近年来,有些城市采用水力冲洗车(图 12.13)进行管道的清通。这种冲洗车由大型水罐、机动卷管器、加压水泵、高压胶管、射水喷头和冲洗工具箱等部分组成。它的操作过程系由汽车发动机供给动力,驱动加压水泵,将从水罐抽出的

水加压到 $1.1\sim1.2MPa$；高压水沿高压胶管流到射水喷嘴，水流从喷嘴强力喷出，推动喷嘴向反方向运动，同时带动胶管在排水管道内前进；强力喷出的水柱也冲动管道内的沉积物使之成为泥浆并随水流流至下游检查井。当喷头到达下游检查井时，减小水的喷射压力，由卷管器自动将胶管抽回，抽回胶管时仍继续从喷嘴喷射出低压水，以便将残留在管内的污物全部冲刷到下游检查井，然后由吸泥车吸出。对于表面锈蚀严重的金属排水管道，可采用在射高压水中加入硅砂的喷枪冲洗，其效果更佳。

水力清通方法操作简便，效率较高，操作条件好，目前已得到广泛采用。

（2）机械清通

当管渠淤塞严重，淤泥已粘结密实，水力清通的效果不好时，需要采用机械清通方法。图12.14所示为机械清通的操作情况。它首先用竹片穿过需要清通的管渠段，一端系上钢丝绳，绳上系住清通工具的一端。在清通管渠段两端检查井上各设一架绞车，当竹片穿过管渠段后将钢丝绳系在一架绞车上，清通工具的另一端通过钢丝绳系在另一架绞车上。然后利用绞车往复绞动钢丝绳，带动清通工具将淤泥刮至下游检查井内，使管渠得以清通。绞车的动力可以是手动，也可以是机动，例如以汽车发动机为动力。

图12.14　机械清通操作示意图

机械清通工具的种类很多，工具的大小应与管道管径相适应，当淤泥数量较多时，可先用小号清通工具，待淤泥清除到一定程度后再用与管径相适应的清通工具。

新型的排水管道清通工具还有气动式通沟机与钻杆通沟机。气动式通沟机借压缩空气把清泥器从一个检查井送到另一个检查井，然后用绞车通过该机尾部的钢丝绳向后拉，清泥器的翼片即行张开，把管内淤泥刮到检查井底部。钻杆通沟机是通过汽油机或汽车发动机带动一机头旋转，把带有钻头的钻杆通过机头中心由检查井通入管道内，机头带动钻杆转动，使钻头向前钻进，同时将管内的淤物清扫到另一个检查井中。淤泥被冲到下游检查井后，通常也可采用吸泥车吸出。

（3）操作安全

排水管渠的养护工作必须注意安全。管渠中的污水通常能析出硫化氢、甲烷、二氧化碳等气体，某些生产污水能析出石油、汽油或苯等气体，这些气体与空气中的氮混合能形成爆炸性气体，如图12.15所示。煤气管道失修、渗漏也能导致煤气逸入管渠中造成危险。如果养护人员要下井，除应有必要的劳保用具外，下井前必须先将安全灯放入井内，如有有害气体，由于缺氧，灯将熄灭。

图 12.15　排水管道中有害气体和管壁腐蚀

如有爆炸性气体，灯在熄灭前会发出闪光。在发现管渠中存在有害气体时，必须采取有效措施排除，例如将相邻两检查井的井盖打开一段时间，或者用抽风机吸出气体。排气后要进行复查。即使确认有害气体已被排除，养护人员下井时仍应有适当的预防措施，例如在井内不得携带有明火的灯，不得点火或抽烟，必要时可戴上附有气带的防毒面具，穿上系有绳子的防护腰带，井上留人，以备随时给予井下的人员以必要的援助。

12.4.2　排水管渠修复

系统地检查管渠的淤塞及损坏情况，有计划地安排管渠的修复，是养护工作的重要内容。当发现管渠系统有损坏时，应及时修复，以防损坏处扩大而造成事故。管渠的修复有大修与小修之分，应根据各地的技术和经济条件来划分。修理内容包括检查井、雨水口顶盖等的修理与更换；检查井内踏步的更换，砖块脱落后的修理；局部管渠段损坏后的修补；由于出户管的增加需要添建的检查井及管渠；或由于管渠本身损坏严重、淤塞严重，无法清通时所需的整段开挖翻修。

为减少地面开挖，20 世纪 80 年代初开始，国外采用了"热塑内衬法"技术和"胀破内衬法"技术进行排水管道的修复。

"热塑内衬法"技术的主要设备是，一辆带吊车的大卡车、一辆加热锅炉挂车、一辆运输车、一只大水箱。其操作步骤是，在起点窨井处搭脚手架，将聚酯纤维软管管口翻转后固定于导管管口上，导管放入窨井，固定在管道口，通过导管将水灌入软管的翻转部分，在水的重力作用下，软管向旧管内不断翻转、滑入、前进，软管全部放完后，加 65℃热水 1 小时，然后加 80℃热水 2 小时，再注入冷水固化 4 小时，最后在水下电视帮助下，用专用工具，割开导管与固化管的连接，修补管渠的工作全部完成。图 12.16 为"热塑内衬法"技术示意图。

"胀破内衬法"是以硬塑管置换

图 12.16　热塑内衬法技术示意图

旧管道,如图 12.17 所示。其操作步
骤是,在一段损坏的管道内放入一节
硬质聚乙烯塑料管,前端套接一钢
锥,在前方窨井设置一强力牵引车,
将钢锥拉入旧管道,旧管胀破,以塑
料管替代;一根接一根直达前方检查

图 12.17　胀破内衬法技术示意图

井。两节塑料管的连接用加热加压法。为保护塑料管免受损伤,塑料管外围可采
用薄钢带缠绕。

上述两种技术适用于各种管径的管道,且可以不开挖地面施工,但费用较高。

当进行检查井的改建、添建或整段管渠翻修时,常常需要断绝污水的流通,应
采取措施,例如安装临时水泵将污水从上游检查井抽送到下游检查井,或者临时
将污水引入雨水管渠中。修理项目应尽可能在短时间内完成,如能在夜间进行更
好。在需时较长时,应与有关交通部门取得联系,设置路障,夜间应挂红灯。

12.4.3　排水管道渗漏检测

排水管道的渗漏检测是一项重要的日常管理工作,但常常受到忽视。如果管
道渗漏严重,将不能发挥应有的排水能力。为了保证新管道的施工质量和运行管
道的完好状态,应进行新建管道的防渗漏检测和运行管道的日常检测。图 12.18 表
示一种低压空气检测方法,是将低压空气通入一段排水管道,记录管道中空气压
力降低的速率,检测管道的渗漏情况。如果空气压力下降速率超过规定的标准,则
表示管道施工质量不合格,或者需要进行修复。

图 12.18　排水管道渗漏的低压空气检测示意图

思 考 题

1. 为了管理管网，平时应该积累哪些技术资料？

2. 何为 GIS，它有哪些功能？其主要优点是什么？

3. 管网压力和流量如何测定？常用仪表有哪些？

4. 如何发现管网漏水部位？常用仪表和方法有哪些？

5. 为什么给水排水管道都要经常维护？主要有哪些维护工作内容？

附 录

居民生活用水定额(L/(cap·d))　　　　　　附表 1 (a)

城市规模	特大城市		大城市		中、小城市	
分区 ＼ 用水情况	最高日	平均日	最高日	平均日	最高日	平均日
一	180～270	140～210	160～250	120～190	140～230	100～170
二	140～200	110～160	120～180	90～140	100～160	70～120
三	140～180	110～150	120～160	90～130	100～140	70～110

注：Cap 表示"人"的计量单位。

综合生活用水定额(L/(cap·d))　　　　　　附表 1 (b)

城市规模	特大城市		大城市		中、小城市	
分区 ＼ 用水情况	最高日	平均日	最高日	平均日	最高日	平均日
一	260～410	210～340	240～390	190～310	220～370	170～280
二	190～280	150～240	170～260	130～210	150～240	110～180
三	170～270	140～230	150～250	120～200	130～230	100～170

注：1. 特大城市指：市区和郊区非农业人口 100 万及以上的城市；

　　大城市指：市区和郊区非农业人口 50 万及以上，不满 100 万的城市；

　　中、小城市指：市区和郊区非农业人口不满 50 万的城市。

2. 一区包括：贵州、四川、湖北、湖南、江西、浙江、福建、广东、广西、海南、上海、云南、江苏、安徽、重庆；

　　二区包括：黑龙江、吉林、辽宁、北京、天津、河北、山西、河南、山东、宁夏、陕西、内蒙古河套以东和甘肃黄河以东的地区；

　　三区包括：新疆、青海、西藏、内蒙古河套以西和甘肃黄河以西的地区。

3. 经济开发区和特区城市，根据用水实际情况，用水定额可酌情增加。

工业企业内工作人员淋浴用水量　　　　　　　附表 2

分级	车间卫生特征			用水量 (L/(cap·班))
	有毒物质	生产性粉尘	其他	
1 级	极易经皮肤吸收引起中毒的剧毒物质（如有机磷、三硝基甲苯、四乙基铅等）		处理传染性材料、动物原料（如皮、毛等）	60
2 级	易经皮肤吸收或有恶臭的物质或高毒物质（如丙烯腈、吡啶、苯酚等）	严重污染全身或对皮肤有刺激的粉尘（如炭黑、玻璃棉等）	高温作业、井下作业	60
3 级	其他毒物	一般性粉尘（如棉尘）	重作业	40
4 级	不接触有毒物质及粉尘，不污染或轻度污染身体（如仪表、机械加工、金属冷加工等）			40

城镇、居住区的室外消防用水量　　　　　　　附表 3

人数（万人）	同一时间内的火灾次数（次）	一次灭火用水量（L/s）
≤1.0	1	10
≤2.5	1	15
≤5.0	2	25
≤10.0	2	35
≤20.0	2	45
≤30.0	2	55
≤40.0	2	65
≤50.0	3	75
≤60.0	3	85
≤70.0	3	90
≤80.0	3	95
≤100.0	3	100

注：城镇的室外消防用水量包括居住区、工厂、仓库（含堆场、储罐）和民用建筑的室外消火栓用水量。当工厂、仓库和民用建筑的室外消火栓用水量按附表 5 计算，其值与本表计算不一致时，应取其较大值。

工厂、仓库和民用建筑同时发生火灾次数　　　　附表 4

名　称	基地面积 (hm²)	附有居住区人数 (万人)	同时发生的火灾次数	备　注
工　厂	≤100	≤1.5	1	按需水量最大的一座建筑物（或堆场）计算
工　厂	≤100	>1.5	2	工厂、居住区各考虑一次
工　厂	>100	不限	2	按需水量最大的两座建筑物（或堆场）计算
仓库、民用建筑	不限	不限	1	按需水量最大的一座建筑物（或堆场）计算

建筑物的室外消火栓用水量 附表 5

耐火等级	建筑物名称和火灾危险性		建筑物体积（m³）					
			≤1500	1501～3000	3001～5000	5001～20000	20001～50000	＞50000
			一次灭火用水量（L/s）					
一、二级	厂房	甲	10	15	20	25	30	35
		乙、丙	10	15	20	25	30	40
		丁、戊	10	10	10	15	15	20
	库房	甲	15	15	25	25	/	/
		乙、丙	15	15	25	25	35	45
		丁、戊	10	10	10	15	15	20
	民用建筑		10	15	15	20	25	30
三级	厂房或库房	乙、丙	15	20	30	40	45	/
		丁、戊	10	10	15	20	25	35
	民用建筑		10	15	20	25	30	/
四级	丁、戊类厂房或库房		10	15	20	25	/	/
	民用建筑		10	15	20	25	/	/

注：1. 室外消火栓用水量应按消防需水量最大的一座建筑物或一个防火分区计算；

2. 耐火等级和生产厂房的火灾危险性，详见《建筑设计防火规范》。

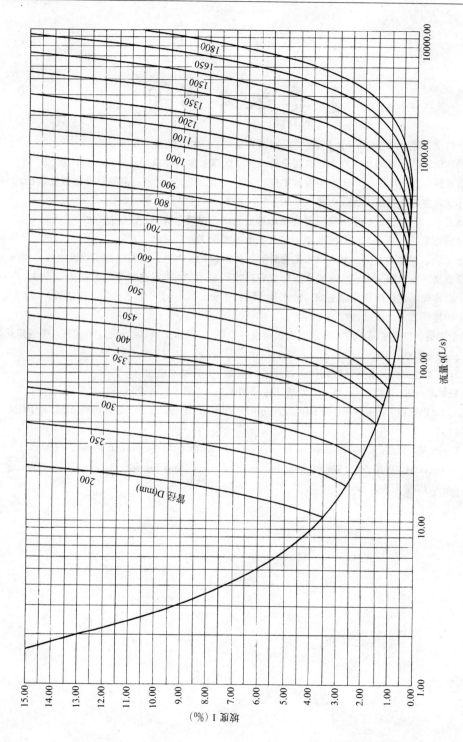

附图 1 污水管道 ($n_M = 0.014$) 直径选择图

主要参考书目

1. 严煦世、范瑾初主编．给水工程（第四版）．北京：中国建筑工业出版社，1999
2. 严煦世、赵洪宾编著．给水管网理论和计算．北京：中国建筑工业出版社，1986
3. 高廷耀、顾国维主编．水污染控制工程，上册（第二版）．北京：高等教育出版社，1999
4. 孙慧修主编．排水工程，上册（第四版）．北京：中国建筑工业出版社，1999
5. 周玉文、赵洪宾著．排水管网理论和计算．北京：中国建筑工业出版社，2000
6. 戴慎志主编．城市工程系统规划．北京：中国建筑工业出版社，1999
7. 彭永臻、崔福义主编．给水排水工程计算机程序设计．北京：中国建筑工业出版社，1998
8. 崔福义、彭永臻主编．给水排水工程仪表与控制．北京：中国建筑工业出版社，1999
9. 上海市政工程设计研究院主编．给水排水设计手册，第 10 册：技术经济（第二版）．北京：中国建筑工业出版社，2000
10. 于尔捷、张杰主编．给水排水工程快速设计手册 2：排水工程（第一版）．北京：中国建筑工业出版社，1996
11. 日本水道协会．水道设施设计指针（2000 年版）．日本水道协会，2000
12. 松本顺一郎．西堀清六著．下水道工学（第 3 版）．日本：朝仓书店株式会社，2001
13. A. C. TWORT, etc. Water Supply, Fourth Edition. Edward Arnold (Press), LONDON, 1994
14. Larry W. MAYS. Water Distribution System Handbook. McGraw-Hill Press, 2000
15. Thomas M. WALSKI. Water Distribution Modeling, First Edition. Haestad Press, Waterbury. CT, USA, 2001